西北河湖

水生态环境治理实践

主　编　雷智昌

副主编　张志强　李效禄　王淑贤

中国水利水电出版社

www.waterpub.com.cn

·北京·

内 容 提 要

本书以西北河湖为研究对象，列举了 33 个工程实例，全面展示了河湖水生态环境治理和建设情况，介绍了河湖水生态环境治理的新理念、新技术、新方法、新材料，体现了新时期水生态治理的科技水平。

书稿采用图文并茂的形式，分三部分进行介绍。第一部分介绍河流综合治理及城市水系规划，包括城市河流水环境综合治理、大江大河治理；第二部介绍河流治理工程设计，包括防洪及水景观工程、湿地生态修复工程；第三部分介绍水资源利用工程，包括多泥沙河流水库、抽水站更新改造工程等。

图书在版编目（CIP）数据

西北河湖水生态环境治理实践 / 雷智昌主编 ；陕西水环境工程勘测设计研究院组编. -- 北京 ：中国水利水电出版社，2022.7
ISBN 978-7-5226-0821-1

Ⅰ．①西… Ⅱ．①雷… ②陕… Ⅲ．①水环境－生态环境－综合治理－研究－西北地区 Ⅳ．①X143

中国版本图书馆CIP数据核字(2022)第114649号

书　名	西北河湖水生态环境治理实践 XIBEI HEHU SHUISHENGTAI HUANJING ZHILI SHIJIAN
作　者	主　编　雷智昌 副主编　张志强　李效禄　王淑贤
出版发行	中国水利水电出版社 （北京市海淀区玉渊潭南路1号D座　100038） 网址: www.waterpub.com.cn E-mail: sales@mwr.gov.cn 电话: (010) 68545888（营销中心）
经　售	北京科水图书销售有限公司 电话: (010) 68545874、63202643 全国各地新华书店和相关出版物销售网点
排　版	北京金五环出版服务有限公司
印　刷	北京天工印刷有限公司
规　格	210mm×297mm　16开本　20.75印张　372千字
版　次	2022年7月第1版　2022年7月第1次印刷
定　价	**198.00元**

编委会

前　言

　　在人们以往的印象中，祖国的西北地区由于受到自然条件的限制及历史上人为不合理开发等因素影响，广袤的土地基本被黄土沟壑、沙漠戈壁、光山秃岭、干涸的河流、稀疏的植被所侵蚀覆盖，区域内人民群众生活困苦，经济发展相对落后。新中国成立后，时代发生了巨变，尤其是改革开放后近 20 年来，在中国共产党的正确领导下，人们从中华民族的千秋大业与永续发展的根本理念出发，不断丰富与创新生态保护与修复的理念与措施，生态文明建设驶入了快车道，系统治理、生态治理、生态保护、人水和谐、建设生态美丽河湖的理念逐步深入人心，西北地区生态已旧貌换新颜，由点到面，一条条流域披上了绿装，一处处河湖日夜常流，生态环境不断改善，"河畅、水清、岸绿、景美"的生态画卷逐步呈现；河湖治理对经济带动作用凸显，绿水青山成为真正的金山银山，"人富、和谐、美丽"逐步成为现实。

　　改革开放以来，在"十五"期间，党和国家提出了建设山川秀美的西北地区。党的十八大报告把生态文明建设放在突出地位，并纳入社会主义现代化建设总体布局，树立尊重自然、顺应自然、保护自然的生态文明理念；党的十九大报告提出建设美丽中国的目标，提出"绿水青山就是金山银山"的发展理念，统筹山水林田湖草沙系统治理。

　　陕西水环境工程勘测设计研究院作为行业内生态建设的重要参与者，在西北地区生态文明建设的伟大征程中，以时代要求为己任，始终站在河湖生态治理与保护技术创新的前沿，紧跟时代脉搏，积极探索，锐意创新，勇于实践，取得了较为丰硕的成果，为西北地区生态面貌的改变做出了很大贡献，获得了社会的赞誉。典型的水生态治理规划项目有陕西省渭河全线整治规划及实施方案、西安沣渭新区河道综合治理规划、陕西省黄河小北干流综合治理规划、陕西省泾河干流综合整治规划、甘肃省平凉市城区段泾河综合治理规划等。已建成的重要河湖生态治理工程有数十项，涉及了西北地区的陕西、新疆、甘肃、内蒙古等省

（自治区），西安、宝鸡、渭南、铜川、延安、神木、韩城等 20 多座大中城市，主要有渭南市渭河城区段综合治理工程、西咸新区沣东新城沣河防洪及水景观工程、韩城市濠水河综合治理工程、延河（延塞段）综合治理工程、延安市西川河下游段湿地生态修复工程等；已建成的生态型水资源利用工程主要有延安袁家沟水库、黄地台水库、渭南东关水库、重泉水库、铜川后河沟水库及渭河下游"二华夹槽"地区应急分洪滞洪工程等。

　　本书按照河流综合治理及城市水系规划、河流治理工程设计、水资源利用工程三部分总结编写，每个工程的主要内容包括：项目基本情况、治理思路、工程规划（总体）设计、创新与总结等。期望本书能够给广大读者以借鉴、启迪。由于编者水平有限，书中难免出现疏漏与不足之处，恳请专家与读者批评指正。

雷智昌

2022 年 1 月于西安

目 录

第三部分　水资源利用工程

第一部分
河流综合治理及城市水系规划

陕西省渭河全线整治规划及实施方案

陕西省黄河小北干流综合治理规划

陕西省泾河干流综合治理规划

西安沣渭新区河道综合治理规划

甘肃省平凉市城区段泾河综合治理规划

西安高陵区泾河综合治理规划

西咸新区沣西新城水系规划

蒲城县城环城水系规划

陕西省渭河全线整治规划及实施方案

1 项目基本情况

1.1 项目背景

渭河是陕西人民的母亲河，灌溉着陕西省关中地区 1400 多万亩良田，养育着陕西省全省 64% 的人口。渭河流域集中着全省 65% 的生产总值，是陕西省的政治、经济、文化和旅游中心。新中国成立后，特别是改革开放以来，沿渭河流域各级党委和政府带领广大人民群众，初步建立了渭河干流及其主要支流防洪工程体系，重点城市段河流生态整治也开始起步。但是自 20 世纪 60 年代初建成黄河三门峡水库后，渭河下游河道淤积持续发展，河床不断抬高，洪水下泄不畅，防洪问题日趋严重，多次发生堤防决口的重大灾害。20 世纪 90 年代以后，在渭河流域经济社会快速发展的同时，流域内水质污染、水资源短缺、河道环境不佳等生态问题也日益严重。

随着 2009 年《关中—天水经济区发展规划》的批复及《陕西省经济社会"十二五"发展规划》的实施，陕西经济社会迎来了一个新的发展阶段，陕西省委、省政府从"坚持科学发展、建设西部强省、富裕三秦百姓"的战略高度作出重要决策部署，在"十二五"期间，集中各方力量治理渭河，进行全线、系统治理。

1.2 存在问题

1.2.1 渭河是一条洪水频发，灾害损失极其严重的河流

历史上渭河多次发生大洪水，从 1401—2010 年，渭河共发生洪水灾害 234 次，平均 2.6 年一次，是典型的洪水灾害多发河流。

1.2.2 渭河是一条泥沙不断淤积，悬河态势继续加剧的河流

渭河洪水具有含沙量大的特点，自三门峡水库修建以来，渭河下游泥沙淤积已达到 12.75 亿 m^3，从西安草滩到潼关约 200km 河床淤积抬升 1~5m，因淤积下游堤防临背差达 3~4.5m。

洪水灾害频发的渭河

因淤积而加高的渭河支流口桥

1.2.3　渭河是一条治理程度低，防洪能力十分脆弱的河流

渭河堤防大多为应急抢险修筑而成，堤防隐患多、质量差，中游堤防有一半达不到设防标准，下游堤防有 70% 为沙土填筑，极易发生管涌决口险情。

中游堤防

下游堤防

支流堤防

1.2.4　渭河是一条污染形势严峻，脏乱差现象尤为突出的河流

渭河接纳了全省 78% 的工业废水和 86% 的生活污水，河道内采砂坑和沙堆遍布，滩地管理无序，汛期大量高秆农作物严重阻碍行洪，影响防汛安全。

水质污染

垃圾乱倒

1.2.5　渭河是一条径流量锐减，水生态日趋恶化的河流

渭河林家村站年径流量 20 世纪 50—80 年代平均为 22 亿 m³，而 90 年代平均则为 10.7 亿 m³，1997 年和 2000 年只有 4 亿多 m³。

河道缺水

1.2.6　渭河是一条兴利程度不高，支撑经济社会发展作用急待提升的河流

渭河综合利用规划滞后，滩岸资源开发混乱，利用程度低，制约了渭河沿岸产业带的聚集和发展。

2　治理思路

2.1　规划目标

按照"安澜惠民、健康和谐、环境改善、持续发展"的新理念，通过防洪体系、水污染防治、生态景观、滩涂开发等工程建设，实现渭河"洪畅、堤固、水清、岸绿、景美"的综合治理目标。把渭河打造成陕西省防洪安澜的屏障、绿色环保的景观长廊、路堤结合的滨河大道、区域经济的产业集群，重现渭河黄金水道的地位和重要作用。

防洪治理目标：通过堤路结合方式，建成以堤防、河道整治、蓄滞洪工程为主体的防洪减灾体系，建成"常遇洪水不成灾、设防洪水保安全、超标洪水有对策"的安澜渭河。

河道整治目标：通过建设河道水景观、滩区绿地、生态湿地、休闲公园、清障疏浚项目，形成以渭河自然河流景观为主，以人工景观为点缀，自然水体与景观湖面相映衬，休闲健身与人水和谐相结合的渭河特色风光带。

生态治理目标：以堤防为依托，以城中河为纽带，把堤防沿线建成"四季常绿、三季有花、两岸风景、一望无际、层次丰富"的绿色生态长廊。

宝鸡段整治效果图　　　杨凌段整治效果图　　　西咸

水污染防治目标：加强入河排污量控制，实时严格监控水质，达到"河水四季清新怡人、排污总量零增长、河道水质不超标"的目标。

经济产业带目标：建成以旅游观光、滨河小镇、新兴产业为主体的低碳环保经济产业带，形成大城市、卫星城、滨河小镇、新农村等星罗棋布的渭河城镇带。

2.2　规划布局

（1）一河。建设生态的、灵动的、宽畅的渭河，形成中小河水静静流淌，大洪水奔腾汹涌的自然景致。

（2）两堤。建设集防洪、交通功能为一体的两岸堤防，筑牢防洪安全屏障，打造宽畅便捷的渭河滨河大道。

（3）三带。建设沿渭经济产业带、旅游观光带和绿色风景带，绘就美丽的民生画卷。

（4）四区。建设宝鸡、杨凌、西咸、渭南四个城市滨河开发区，发挥资源聚集效应及产业辐射作用，形成高新、高端、高效产业集群。

2.3　整治标准

2.3.1　堤防防洪标准

按照渭河沿岸未来经济社会发展需求，确定宝鸡、杨凌、咸阳、渭南等四个城市段防洪标准为 100 年一遇，西安市城区段堤防为 300 年一遇；渭河中游农防段为 30 年一遇，渭河下游农防段为 50 年一遇，335m 高程以下河口汇流段为 5 年一遇；渭河下游南山支流防洪标准华县为 20 年一遇，华阴县为 10 年一遇。

渭南段堤防建设

2.3.2　河道整治标准

按照渭河中下游不同河势特性，确定河道整治控导工程标准为主槽 3000~4000m³/s 平滩流量，堤防护基险工控导工程标准为 5~10 年一遇洪水，稳定中、小洪水主槽流路，逐步实行河滩地退耕，综合开发利用河道滩岸资源。

渭河中下游河道整治工程

2.3.3　水污染整治标准

渭河干流水质达到《陕西省水功能区划》确定的水质标准。

2.3.4　绿化景观标准

按照城市、农村不同区段，堤路、滩岸合理搭配树种，形成统一布局、乔灌结合的景观效果。

渭河干流水质

2.4　整治任务

2.4.1　防洪工程

（1）堤防加固工程。采取堤路结合方式，全面加宽堤防断面，达到堤顶宽度不小于 20m，满足堤防管理和四车道交通需要，在支流入渭口建设与堤顶宽度一致的桥梁，对下游段悬河堤段进行填塘淤背加固。规划加高加宽加固堤防 480.1km，填塘淤背加固堤防 127.5km，建设滨河大道 590km，新建、扩建桥梁 31 座。

（2）河道整治工程。中游河段以堤防护基为主，布设堤防护基工程；下游河段以控导主槽稳定为主，按照规划治导线布设河道控导工程和堤防险工。城市段和重点险段要布设护堤坝垛。规划新建续建护基、控导工程 40.8km，加固护基、控导工程 55.4km。

（3）蓄滞洪区工程。在渭河中下游分别新建武功－兴平、临渭－大荔两个蓄滞洪区，当渭河发生超标准洪水时启用，保护咸阳市、渭南市及"二华夹槽"等重点防护区安全。规划蓄滞洪区面积 120km²。

（4）南山支流整治工程。新建、改建和加固渭河下游南山支流堤防 114.3km；修筑护岸工程 36.8km；疏浚二华排水干支沟 197.6km；重建和改造排水泵站 8 座；新建支流河口拦洪闸 6 座；建设支流蓄洪区 4 处，总面积 4320 亩。

2.4.2　清障治理工程

（1）碍洪桥梁改建。对严重阻水碍洪桥梁进行扩孔改建。

（2）滩区清障整治。限期清除河道内违章设施，整理坑洼不平滩面，清除滩面杂草、垃圾，栽植适生草皮绿化近堤滩面，固沙固土保持河道整洁卫生。

（3）违章采砂整治。加强采砂管理，划定采砂范围，规范采砂行为，随开采随平整，成品砂运出河道外堆放，全部彻底清除河道砂堆和采砂置留障碍物。

（4）河道滩地退耕。河道内滩地实行统一综合利用，城市段河道滩地结合水面或河滨公园建设全部停止耕种，农防段先实行"一水一麦"，停止耕种秋粮作物，采取政策补偿措施 5 年内逐步退耕还河。

2.4.3　生态景观工程

（1）堤岸绿化工程。在堤肩栽植两道行道林；在临河 20m 河滩地和堤防边坡种植草皮或低矮景观树种；在堤防背水侧 50m 护堤地内栽种经济林和绿化林带。

（2）水面景观工程。在城市段河道布设形成不同的水面景观。规划新建水面景观工程 5 处，形成水面积 390 万 m²。

（3）滨河公园工程。在城镇人口密集河段建设适宜健身、休闲、旅游文化、生态观赏为主题的滨河公园，规划各类公园 43 处。

（4）生态湿地工程。在干流河道和支流河口段修建生态湿地，净化和改善水生态环境。规划湿地 22 处，面积 4.73km²。

2.4.4　水污染防治工程

（1）污染物总量控制。新增水体生态监测断面 26 处，限制各行政辖区入河污染排放总量。

（2）提高小城镇污水净化标准。小城镇生活污水净化率不小于 60%，入河污水达到一级水质标准。

2.4.5　经济产业带工程

（1）城市段。发挥渭河两岸滨水环境优越、滩地资源多的优势，布设休闲度假居住、高端商务等服务业区 16 处，规划用地面积 100km²。

（2）城镇段。依据滨河城镇区位环境和基础条件，布设滨河新型工业园及小城镇建设示范区 9 处，规划用地面积 286km²。

（3）农村段。发展滨河高效农业、绿色果品蔬菜、苗木花卉等高效示范基地，规划用地面积 554km²。

3　规划特色

（1）规划提出了实现"洪畅、堤固、水清、岸绿、景美"的综合整治目标，不仅仅是建设常规的以防洪为主的河道整治工程，而是开创性地将建设堤路结合的防洪体系、水质达标、河道水景观、滩区绿地、生态湿地、滨河公园、堤岸绿化等措施纳入了渭河综合整治规划内容之中，不仅要实现渭河防洪安澜，而且要建设渭河景观长廊、特色风光带，服务于人民生活环境的改善和沿岸经济社会发展的新需求；并在全国首次提出了以河道治理带动沿岸经济产业带的形成与发展，以经济产业发展为河流治理提供新动力及资金支持的新模式，解决渭河治理庞大的资金需求。

（2）规划提出了将渭河堤防建设成为堤路结合的沿渭交通干道，通过这一举措将形成横贯关中经济区的渭河南北两岸长度超过 600km 沿渭生态景观主干道路，使渭河堤防防洪标准全面达标，这是一项具有重大意义的创新。

（3）规划提出了在渭河中、下游河道结合采砂扩大主槽行洪能力的新举措，通过采砂既能解决渭河沿岸经济建设对砂料的巨大需求，产生很好的经济效益，又能扩大河道过洪能力，使河道行洪畅通，还能减少洪水漫滩的概率，为滩地利用创造必要条件，节约了堤防工程建设的投资，也是一项重大创新。

（4）规划提出了"划定渭河生态用水补给河流"解决渭河生态水量保障问题的新举措，对保障并增加渭河生态水量发挥了很好的作用。

（5）规划提出了在渭河排污量较大的支流或支流口渭河滩地上，设置人工湿地等生态治污工程，对水污染物进行生物净化的新举措，通过这一措施可解决多年来困扰渭河的水质问题。

（6）规划提出了在渭河中、下游设置蓄滞洪区，解决渭河超标准洪水出路，减少超标洪水淹没范围及损失，保护沿渭河大中城市安全的防洪措施。

4 实施效果

实施渭河全线整治规划是一件利在当今功在后世的宏伟壮举。放眼渭河，清澈的河水，蜿蜒的堤防，如茵的河岸，秀美的河道，宛如一条斑斓的丝带串起了整个关中平原。一条崭新的渭河以全新的姿态展现在三秦大地，沿线产生了明显的产业聚集效应，沿渭千万群众已享受到了渭河治理的成效。据初步统计，全国各省（自治区、直辖市）市（自治州、地区）县（县级市）的党政领导、政府部门、水利管理及勘测设计单位的专业技术人员参观学习人数超过 5 万人次。

5 获奖情况

规划被评为陕西省第十七次优秀工程设计（工业类）二等奖。

2017 年荣获水利部水情教育中心、中国水利报社、阿里巴巴天天正能量、新浪微公益联合主办的首届中国"寻找最美家乡河"大型主题活动的 2017 年度全国"最美家乡河"。

2019 年荣获陕西省职工十大创新创业项目荣誉证书。

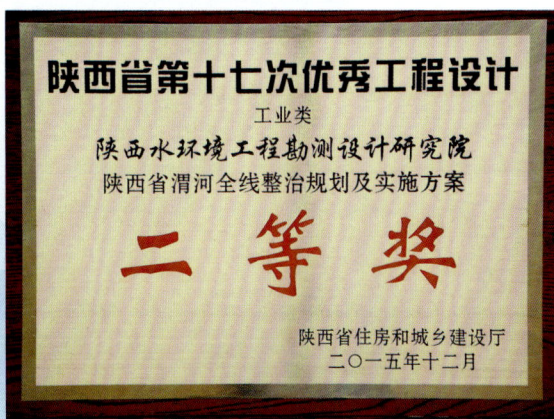

陕西省第十七次优秀工程设计二等奖

陕西省职工十大创新创业项目荣誉证书

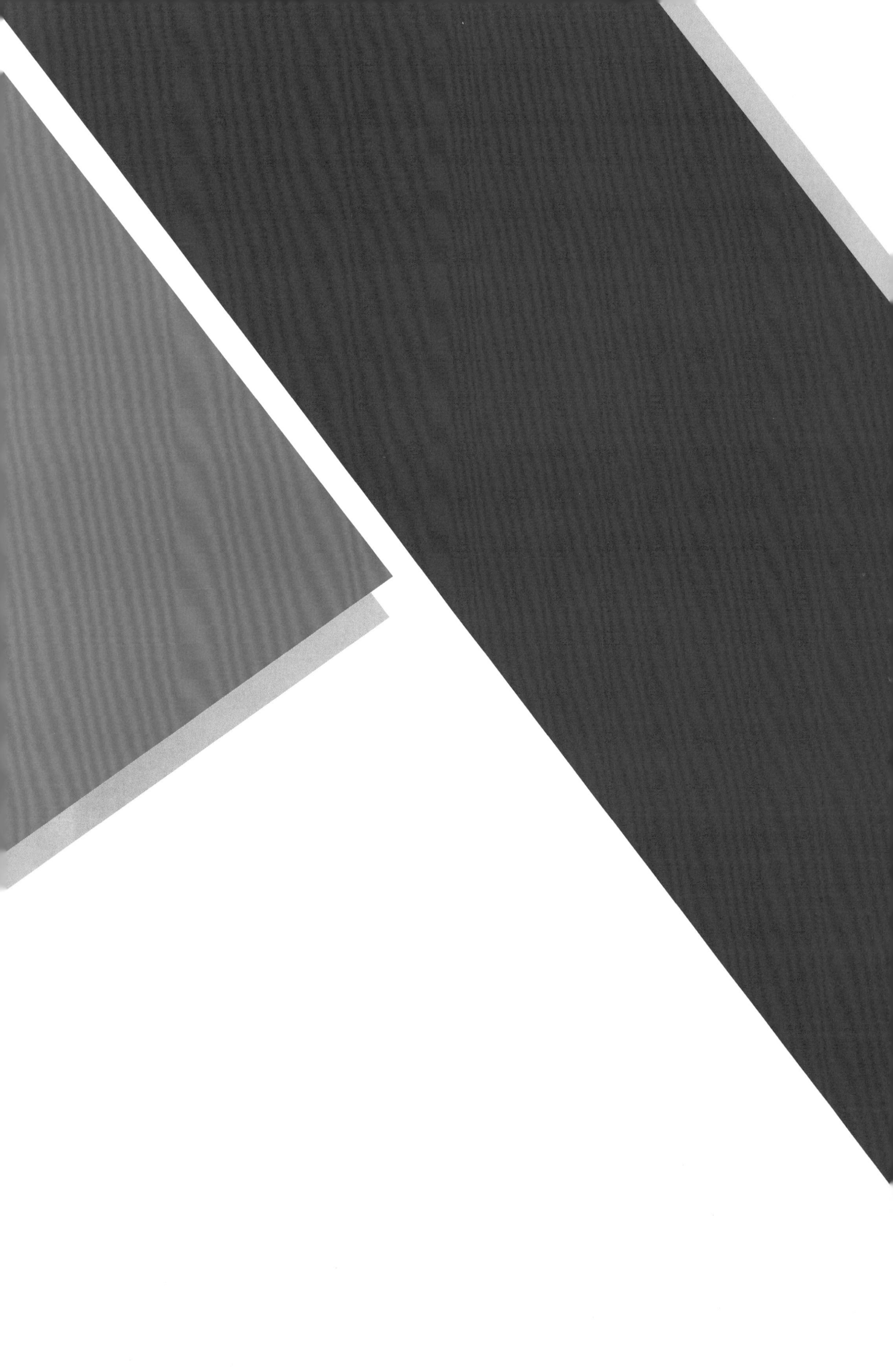

陕西省黄河小北干流综合治理规划

1 项目基本情况

1.1 项目背景

黄河发源于青海高原巴颜喀拉山北麓约古宗列盆地，干流全长 5464km，水面落差 4480m，流域总面积 79.5 万 km²。从禹门口至潼关河段俗称黄河小北干流，为山西、陕西两省天然界河，全长 132.5km，河宽 3~18km，是典型的泥沙堆积游荡性河道，有时还会发生"揭河底"现象，素有"三十年河东，三十年河西"之说。

为了贯彻落实习总书记新时期治水思路及国务院《晋陕豫黄河金三角区域合作规划》，实现省委、省政府建设"富裕陕西、和谐陕西、美丽陕西"及省水利厅"水润三秦、水美三秦、水兴三秦"的目标，依据《黄河流域综合规划》，全面开展黄河小北干流综合治理。

1.2 存在问题

黄河小北干流在陕西省流经韩城市及渭南市的合阳县、大荔县、潼关县。陕西一侧共有滩地 62.49 万亩，滩内农业密布，并居住有返迁移民 3.85 万人。随着沿黄旅游资源的开发，河流沿岸已成为关中东部一条重要的旅游观光带，国家 4A 级旅游景区洽川湿地、全国重点文物司马迁祠及梁带村两周遗址等均位于此处。区内农业资源得天独厚，已成为陕西省重要的粮、棉、油、果品、水产品基地。黄河孕育了沿岸人民，但频繁的灾害也影响和制约着经济社会的发展。由于陕西省一侧防洪工程数量总体偏少，治理相对滞后，致使主流西倒加剧，问题依然很严重。

1.2.1 防洪防凌形势严峻

根据资料统计，1636—2013 年的 378 年间，就有 72 年发生了较大洪水灾害，平均每 5 年发生一次。新中国成立后，共出现过 4 次凌灾。受主流西倒顶冲，洪水冲刷，沿岸塌岸塌村频发，自 1968 年以来，我省沿岸仅滩地就损失了 40 多万亩，韩城市 10 余个村 1.5 万余人先后被迫搬迁 3~4 次。潼关港口抽黄工程一级站严重脱流，被迫建设零级站，渭河入黄口上提 5km，严重影响了返库移民生产生活乃至沿岸各市县的经济社会健康可持续发展。

连坝路被冲毁

洪水淹没朝邑滩耕地

雨林工程水毁抢险

南谢工程抢险

1.2.2　防洪工程体系建设仍不完善

1998 年大洪水以后，国家加大了对大江大河治理的力度。黄河上、下游抗御洪凌能力显著增强。但黄河小北干流治理却相对滞后，工程总体防御标准偏低，截至目前，仅投入 1.08 亿元，仅有 23% 的工程按龙门站 20 年一遇洪水设防，且多为汛期抢险修建，质量较差，无法满足河势控导及防洪保安的需要。现有工程之间无道路连通，在合阳县榆林段—太里段，河长仅 3km，但两处工程需绕行 40km 才能到达，极大地延误了抢险时机。滩区撤退道路建设不足，且多为土路，路况差，一旦发生暴雨洪水，迁安救护极为困难。

1.2.3　管理体制不顺，管理手段落后

陕西省黄河小北干流防洪工程总长 152.66km，其中黄河水利委员会管理 135.56km，地方管理的 17.1km 工程，因常年缺乏维修养护经费，水毁严重，且面貌较差。黄河小北干流防汛信息化程度低，主要靠人工目测、采集、传递信息，工作时效低。

黄河水利委员会管理的太里湾工程

地方管理的太里湾工程

1.2.4 水生态文明建设任重道远。黄河滩内不仅自然景色优美，芦苇遍地，黄河沿岸更是古迹遍布，人文荟萃。然而丰富的自然资源及人文资源没有得到有效整合，带动社会经济发展不足

2 治理思路

2.1 指导思想

以党的十八大、十八届三中全会精神为指导，认真贯彻落实习总书记新时期重要治水思想，按照省委、省政府建设"富裕陕西、和谐陕西、美丽陕西"的要求，紧抓晋、陕、豫金三角区域建设规划实施机遇，以防洪保安、生态保护为重点，统筹规划、科学布局、标本兼治、综合治理，充分发挥黄河小北干流多种功能和综合利用效益，为关中东部乃至全省经济社会持续发展提供有力支撑，实现"水润三秦、水美三秦、水兴三秦"的目标。

2.2 治理目标

遵循"安澜黄河、生态黄河、人文黄河、美丽黄河"的治理理念，通过本规划的实施，使黄河小北干流我省沿岸"堤坝坚固美观，岸线稳定平顺，滩涂综合利用，生态湿地优美，防汛道路畅通，防洪安全保证"，达到"河稳、岸固、路通、景致、民安"的总目标，将该区域打造成横贯黄河金三角区域安澜壮观、形态天然的水生态长廊、旅游休闲胜地、经济社会发展新区。

2.3 规划范围与规划布局

（1）规划范围。上起黄河禹门口，下至潼关铁路桥，涉及 132.5km 长干流和支流入黄口段。

（2）规划布局。为实现黄河小北干流综合治理的总体目标，结合河道特性、工程现状及相关规划，空间上形成"一线一带"总体布局，"一线"即以河道工程、围堤、放淤区为主构成的防洪保障线；"一带"即以湿地保护、林网绿化工程、沟壑治理、滨河景观及特色产业为主构成的水生态文明带；"两大体系"即以"防、抢、撤、管、养"为主的防洪安全保障体系和以"山、水、林、田、景"为主的水生态文明建设体系。

防洪安全保障体系建设是以河势控导工程、护岸工程、围堤工程、路堤工程、放淤区为主的防洪工程体系及以连坝路、堤顶路及防汛抢险撤退路构成的防汛道路体系，并通过科学管理、养护来达到控制河势，防止岸坎坍塌、确保防洪安全的总体格局。

水生态文明建设体系建设主要以绿色生态走廊建设为基础，加强水生态环境保护修复与建设，开发利用沿岸历史文化资源，推进沿黄经济社会发展。

2.4 治理标准及任务

2.4.1 防洪安全保障体系

（1）河道工程建设。黄河小北干流段河道工程主要是控导工程与护岸工程相互配合，缩小主流摆幅，控制河势，减少"横河""斜河"以及岸坎坍塌等发生的概率。规划以河道治导控制线为依据，通过加固、新建、续建河道工程，改善局部不利河势，防止岸坎坍塌后退。控导工程按当地 4000m³/s 设防，现状高于此标准维持不变。共加固 14.47km；

图例　一线　一带

新建或续建 48.83km。护岸工程沿现状岸坎布设，主要布设在现状塌岸严重段、水流顶冲段、防护对象重要段。按龙门站 20 年一遇洪水设防，相应洪峰流量为 20000m³/s。共加固 23.25km；新建 5.33km。

（2）围堤、路堤工程建设。以保护返迁移民、基础设施为重点，在东王工程以下通过新建围堤，加培现有新民军垦堤、朝邑围堤及新华路堤，形成一道防洪保障线，确保在一定标准洪水下围堤不决口，洪水能畅泄，滩区不淹没，最大限度减轻灾害损失，保障沿岸经济社会发展大局稳定。共加固 48.65km，新建 7.15km。

（3）放淤区建设。在具备放淤条件的河段，结合滩面现状及保护对象的重要性，在控导工程间在控导工程间设置回淤口实现分洪水级别的可控放淤，将来自黄土高原的粗泥沙滞留在小北干流沿岸洼地，实现"淤粗排细"，减轻下游淤积。共 5 处，总占地 16.4 万亩。

（4）防汛抢险及撤退道路建设。主要以防洪工程为基础，通过建设连坝路，堤顶路、防汛路及撤退路，形成坝垛相连，堤路相通，内通外联的防汛抢险及撤退通道。共建设 100.65km。

（5）管理养护工程建设。工程建成后，统一由黄河水利委员会管理，并实施黄河小北干流信息化建设，为工程治理开发保护与管理提供决策支持。

2.4.2　水生态文明体系

（1）湿地保护工程。通过对沿河自然湿地保护区及滩区大面积湿地的保护，形成水域、滩涂、草地等多种生态环境和植物群落，提高生物多样性，发挥湿地涵养水源、蓄洪防旱、调节气候、降解环境污染及保护生物遗传资源等方面的作用。湿地规划总面积 6.4 万亩，分

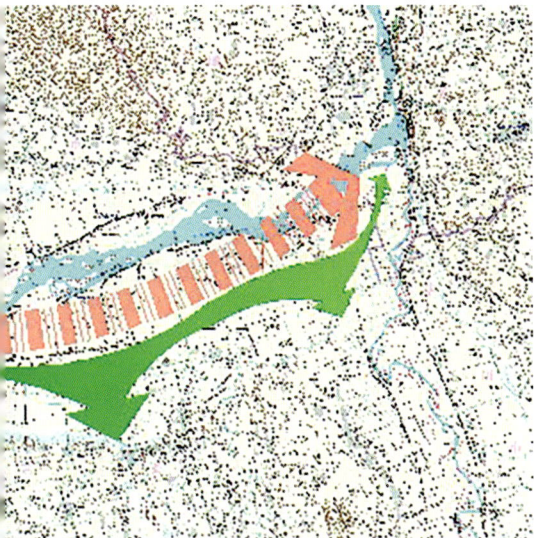

别为洽川湿地和三河汇流口湿地。

（2）林网绿化工程。以连坝路、堤顶路、撤退路及田间道路为基础，建设固滩护岸林；以支流沟道、塬区为主，建设水土保持林及水源涵养林；以农田、渠道、村庄为主建设农田防护林、护村林。共建成各类林1238.21km。

（3）沟壑及支流口治理工程。在支流入黄河口1.5km 范围内，建设以林草植被、护岸工程及河口湿地为主体的综合防治体系，共 10 处。

（4）滨河景观开发。突出自然生态，历史文化两条主线，通过滨河公园及历史文化旅游区建设，形成沿黄河人文生态景观长廊。自然景观建设禹门口、黄河魂、洽川湿地、三河汇流四大风景区。历史文化风景区建设"史记韩城·风追司马"司马迁祠墓旅游文化区及潼关历史文化名城，加强梁带村两周古墓遗址保护与开发，形成具有国际影响力的黄河风情旅游带。

（5）特色产业发展。在遵循沿黄各县（市）总体规划的基础上，根据沿黄河地带的自然环境承载力，按照优质、生态、安全的要求，积极发展绿色无公害特色优势农产品和特种渔业，构建人与自然和谐相处的生态化新型区域。生态农业示范区主要利用两岸滩地资源优势，发展莲藕、冬枣等高效农业、绿色果品蔬菜、苗木花卉示范基地，规划面积 25.1 万亩。特种渔业养殖基地以大鲵、罗非鱼、中华鳖等养殖为主，规划面积 11 万亩。

3 规划特色

（1）规划提出了防洪安全保障体系建设是以河势控导工程、护岸工程、围堤、路堤工程、放淤区为主的防洪工程体系及以连坝路、堤顶路及防汛抢险撤退路构成的防汛道路体系，并通过科学管理、养护来达到控制河势，防止岸坎坍塌、确保防洪安全的总体格局，真正意义上实现了黄河防洪安全的工程及非工程措施的结合，通过整体防洪保障体系的建设来保障黄河安澜。

（2）规划提出了水生态文明建设体系主要以绿色生态走廊建设为基础，加强水生态环境保护修复与建设，开发利用沿岸历史和现代文化资源，积极改善基础设施，完善公共服务体系，对探索黄河生态文明建设新路径，为黄河全流域综合治理积累经验，推动晋、陕、豫黄河金三角区域共同发展新格局和支撑黄河沿岸生态经济带的全面崛起都具有深远意义。

（3）规划提出了通过采取有效措施，在黄河小北干流沿岸具备放淤条件的河段，结合滩面利用现状及保护对象的重要性，在控导工程间每隔800m设置一个200m宽回淤口，实现可控洪水量级下的放淤，将来自黄土高原的粗泥沙滞留在小北干流沿岸洼地，实现"淤粗排细"，减轻下游淤积。

（4）规划提出了以连坝路、堤顶路、防汛抢险撤退路及田间道路为基础，建设固滩护岸林；以支流沟道、塬区为主，造林种草，建设水土保持林及水源涵养林；以农田、渠道、村庄为主建设农田防护林、特色经济林、护村林。对同时加强黄河小北干流水源涵养与固滩护岸，都可发挥重要作用，同时在洪水上滩后，护村林及道路两旁林带也可作为救援指引标识。

（5）规划提出了根据城市沿黄地带的自然环境承载力，按照优质、生态、安全的要求，利用朝邑围堤和新民军垦围堤内大面积滩区积极发展绿色无公害特色优势农产品和特种渔业，构建人与自然和谐相处的生态化新型区域。

4 实施效果

黄河小北干流综合治理规划实施后，防洪安全保障体系的建成，可使小北干流河势平顺，工程范围内的塌岸塌滩现象基本得到控制，沿河机电灌站引水条件明显得到改善，防洪安全得到保障；水生态文明体系建成后，滩区内自然景色壮丽，沿岸历史人文景观丰富，特色产业欣欣向荣。黄河小北干流综合治理不仅谱写了防洪保安的新篇章，同时谱写了水生态文明建设的新篇章，社会经济效益与生态效益共赢，人文与自然的融合，开创了陕西省黄河沿岸经济、社会、文化等全面发展的新篇章，对探索黄河流域生态文明建设新路径，为黄河全流域综合治理积累经验，推动晋、陕、豫黄河金三角区域共同发展新格局，支撑黄河沿岸生态经济带的全面崛起都具有深远意义。

南谢工程

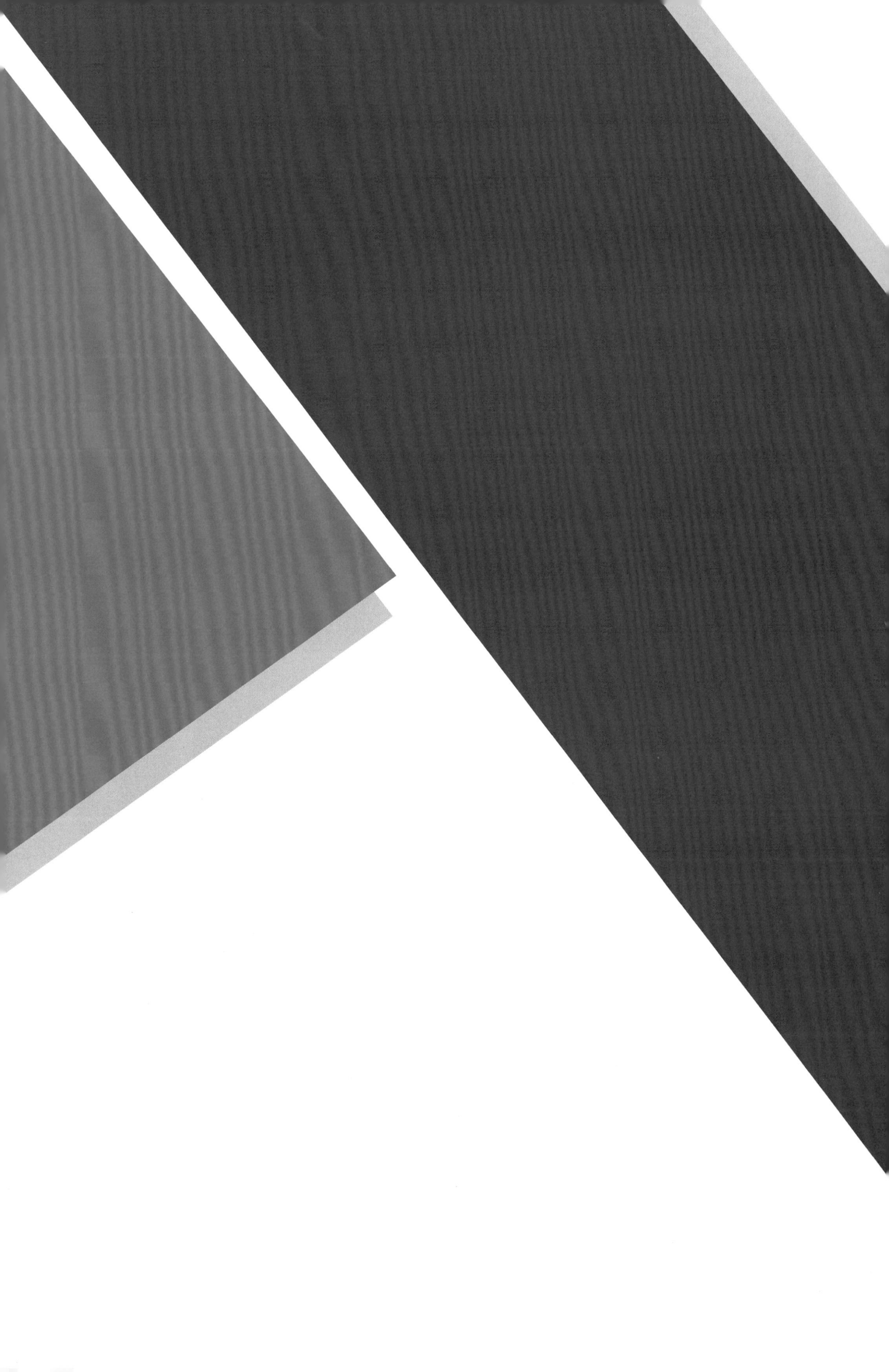

陕西省泾河干流
综合治理规划

1 项目基本情况

1.1 项目背景

泾河是陕西省关中地区的第二大河流，发源于宁夏泾源县，流经宁夏、甘肃、陕西三省（自治区），泾河东流，至西安市高陵区，自泾阳县东界入县，流经泾渭堡村入渭河，全长455.1km，流域面积4.5万km²，陕西省干流长266km，流域面积0.9万km²，沿岸涉及西安、西咸新区和咸阳的10个区（县），72个乡（镇），180万人口，265万亩耕地。

陕西省泾河具有独特的自然地理条件，彬县、长武一带属黄土高原沟壑区，河长78km，河道宽阔、滩槽明显，是渭北黑腰带地区，煤炭资源丰富。永寿、淳化和礼泉的部分地区为丘陵沟壑区，河长127km，河谷狭窄、基岩裸露，水能和旅游资源丰富，是规划建设的东庄水库区。张家山以下为河川阶地区，河长61km，河床宽浅、河曲发育，两岸地势平坦，随着西咸新区、泾河工业园区的发展，将建设国际化大都市生态示范新城，成为我省新的经济发展增长极。

泾河文明历史悠久，文化源远流长。秦修郑国渠卒并诸侯，一统天下。汉修白公渠，润泽两汉四百年，奠定丝路雄风。宋代丰利渠、元代王御史渠、明代广惠渠和通济渠、清代龙洞渠、近代泾惠渠，泾河无不惠泽一方，利及数代。

新中国成立以后，泾河两岸经济社会发生了翻天覆地的变化，泾河在给人民带来了福祉的同时，也出现了水质污染、生态系统恶化等一系列新问题和新情况。"善治秦者先治水"，党的十九大顺利召开，为实施泾河治理进一步指明了方向，为了实现省委、省政府建设"富裕陕西、和谐陕西、美丽陕西"的战略目标，继渭河、汉江综合整治之后，对泾河进行综合整治已成为当务之急。

1.2 存在问题

1.2.1 防洪形势依然严峻

据统计，历史上泾河平均6年发生一次大洪水，是典型的洪水灾害多发区。1966年和

1996年两场洪水，造成淹没耕地3.9万亩，冲毁耕地5200亩；2010年洪水，亭口镇全镇进水，受灾人口2210人，倒塌房屋2800余间。泾河河势控导不足，防洪工程规模偏小，标准普遍偏低，没有形成统一的防御体系。泾河也是渭河泥沙洪水的主要来源，渭河历史上的四场特大洪水，其中三场来源于泾河，且量级都在1万m³/s以上，给泾河和渭河下游造成了惨重的损失。

1.2.2　水生态修复与保护任务艰巨

泾河流域人均水资源量为全国平均值的25%，水资源短缺，供需矛盾突出。干流多年平均生态基流不足5.33m³/s的天数为102天，生态基流得不到保证。流域内结构性工业污染突出、污水处理水平较低，面源影响日渐显著，水污染治理仍然滞后，水环境保护仍显不足，生物多样性有待修复，已成为制约社会经济发展的主要因素。

1.2.3　河流环境与人民群众对美好环境的需求有较大差距

泾河不仅有独特的自然地理地貌，而且人文历史文化厚重，得天独厚的自然人文条件，应该成为人与自然和谐共处的最佳地段，然而现状河道水生态景观效果差，生态效应不明显，缺乏整体规划及系统开发。随着沿岸社会经济的不断发展，泾河将成为一条城中河，但泾河的治理开发与城市建设需求及人民群众对美好环境的向往还存在较大差距，服务于两岸的人文生态景观功能未能充分释放，与生态文明建设要求不相适应。

1.2.4　综合治理程度低，经济产业带动不足

泾河在我省经济社会发展中的地位十分重要，上游段彬长能源基地正在加紧建设，中、下游段绝大部分区域已被纳入大西安城市框架。区位优势明显，特色产业鲜明，是全省重要的经济增长极，发展潜力巨大。随着《关中—天水经济区发展规划》及《关中平原城市群规划》的实施，泾河在支撑经济社会发展中的地位将更加重要。然而，泾河综合治理程度总体偏低，防洪安全得不到保障，区域水资源短缺、河道生态环境较差，严重制约了泾河沿岸的产业聚集和社会经济发展。

1.2.5　河流智慧管理急需加强

泾河干流存在围河造田和建设侵占河道问题，现有监管体制滞后，破毁河道生态环境的行为难以遏制，急需全面推行河长制，开展河道确权划界、落实属地责任和健全管理机制，建设信息化管理系统，提升河流治理管理水平。

2 治理思路

2.1 指导思想

全面贯彻党的十九大精神，牢固树立"创新、协调、绿色、开放、共享"的发展理念，以"节水优先、空间均衡、系统治理、两手发力"新时期治水思路和"绿水青山就是金山银山""山水林田湖草是一个生命共同体"等系统治水思路为统领，落实习近平总书记来陕西讲话要求，紧抓丝绸之路经济带建设机遇，遵循泾河流域综合规划，以实施河长制为抓手，针对泾河河道特性及存在的主要问题，结合沿岸社会经济发展需求，以恢复河流健康为主线，以防治水灾害、修复水生态、改善水环境为重点，统筹兼顾沿河林业、交通、文化、体育等方面建设，全面规划，柔性治水，充分发挥河道的综合服务功能，为实现"富裕陕西、和谐陕西、美丽陕西"做出积极贡献。

2.2 治理目标

树立"保安全、强生态、惠民生、促发展"的理念，通过系统治理，实现泾河"安澜景致、水清岸绿、峡谷湖光、城河交融"的整治目标，使泾河的资源功能、环境功能、生态功能得到充分释放，构建泾河生态廊道，重现大河风光，实现沿岸人民"家乡河"的建设梦想，支撑陕西省关中北部全面崛起。

2.3 规划范围

上起长武县汤渠村，下至高陵区入渭口，包含干流及支流入口河段，总长 266km。

2.4 总体布局

根据泾河的河道特性、自然地理条件以及区域经济社会发展的需求和相关规划，本次陕西省泾河干流综合整治在空间上形成"一河三区"总体布局，建设"四大体系"。

一河：以泾河河道为轴心。充分利用泾河丰富的自然资源，将泾河建设成上有水源涵养、中有峡谷湖光、下有城河交融，集"水安全保障、水生态良好、水景观优美、水文化丰富、水管理智慧"的示范性河流。

三区：根据河道的自然特性及区域经济发展需求，分上、中、下三个区段按照不同的治理思路规划河道综合治理。上段合理控制开发强度，尽量为生活、生态预留足够的空间，通过岸坡防护、滩区清障、水生态修复与保护，减少入库泥沙、涵养入库水源，确保"一河清水"入东庄；中段以最大限度保护原有自然生态为主，营造东庄库区良好的生态环境，建立"泾河国家公园"，适度发展旅游业，打造"关中大峡谷""陕西三峡"；下段通过河道全面柔性生态治理，结合东庄水库的建设运用，充分释放河道功能，在保障沿岸防洪安全的同时，适当建设河道人文自然景观，支撑两岸经济社会发展。

四大体系：防洪安全保障体系、水生态修复与保护体系、水文化弘扬与展现体系、产业融合发展体系。

2.5　整治任务

2.5.1　防洪安全保障体系

结合河道自然特性及东庄水库建设，按照"以泄为主、蓄泄兼顾、守点固线、综合整治"的思路分段治理。上段主要通过河道工程建设，改善局部不利河势，防止岸坎坍塌后退及其引起的水土流失，保障沿河电站顺利引流；中段利用东庄水库建设，拦蓄洪水泥沙、调水调沙；下段加强河道整治以稳定河势，疏通主槽以增加干流排洪能力，建设堤防工程以保障两岸防洪安全。加强岸线及工程管理保护，融入泾河智慧管理系统。

（1）堤防建设。主要布设在地势低洼，人口集中、经济发达、经常遭受洪水淹没的下段关中平原区；上段在基础设施重要的彬长矿区布设一定的堤防工程。按照保护区现状及发展规划，确定泾河上段：彬县县城、彬长矿区段防洪标准为 50 年一遇；泾河下段：东庄水库建成前，西咸新区（泾河新城、秦汉新城、空港新城）段、泾河工业园区段为 30 年一遇；乡村段对保护面积大、保护对象重要河段，防洪标准采用 10 年一遇；东庄水库建成后，西咸新区（泾河新城、秦汉新城、空港新城）段、泾河工业园区段防洪标准可达到 100 年一遇；乡村段可达到 20 年一遇。

对现状已成但不满足防洪要求的工程，应在防洪影响评价的基础上采取合理有效的方案（如退建或改建），以保障防洪安全。高起点、高标准的建设泾河堤防，采用复式断面、梯形缓坡断面等多种生态结构形式，结合滨河交通要求，城市段堤顶宽度不小于 20m，乡村段堤顶宽度不小于 12m，临背水侧坡比不陡于 1：3。规划新建堤防工程 10 处，总长 32km，加固堤防工程 4 处，长 8.8km。

（2）河道整治。河道整治充分利用现有天然岸坎及节点，上段重点防护，下段全线治理。河道工程按照生态治理要，顶部高程与当地岸顶齐平，上段采用坡式防护结构，坡比不陡于 1 : 2，选用格宾、连锁式护坡等形式多样的生态护坡结构，下段结合雁翅坝、磨盘坝、短丁坝进行弯道防护，确保河势安全稳定。规划护岸工程 18 处，17km，河道整治工程 22 处，长 25km，坝垛 417 座。

（3）防汛道路。防汛道路以便于抢险和方便群众的原则布设，与堤顶道路、岸顶道路连接。上段确保一侧河岸道路畅通，下段实现两岸道路全线贯通。考虑防汛抢险与管理、景观功能需求，宽度不小于 8m。统一采用沥青路面，按双向两车道公路标准修建，沥青路面宽 7m。乡村段宽度不小于 12m，城镇段不小于 20m。规划布设防汛道路 12 条，总长 93km，修建跨河桥梁 3 座，长 1180m。

（4）高岸坡。对存在滑坡地质灾害的高岸坡和防护薄弱的支流河口段进行治理。河道高岸进行分级削坡生态防护，规划高岸坡治理 3 段，长 24km。

（5）支流口治理。支流按河口以上 1.5km 范围进行治理，以生态防护为主。规划治理支流 13 条，长 39km，需设河口桥 13 座。

（6）滩区清障。对无序开发和乱堆乱采河滩进行清障疏浚整理，恢复河滩自然性，保护生物多样性，对滩区内影响行洪的建筑物，由当地防汛指挥机构限期清除。规划滩区清障面积 18km^2。

2.5.2 水生态修复与保护体系

按照"控源、治污、修复、保护、监管"的治理思路，建设水生态修复与保护体系，实现干流"基流有保障、水质能达标、水生物多样、水生态良好"的治理目标。

结合流域综合治理，通过划定沿河清洁生产及畜禽禁养区范围来控制源头污染（控源）；通过继续加大流域内污水处理力度，在排污口设置治污湿地进一步净化水质（治污）；通过流域水资源统一调度、推广全流域节水来保障生态基流，在主要支流口或滩区营造人工湿地、对现有硬性工程（护坡为混凝土、浆砌石等刚性结构）进行柔性改造，畅通河水与周围地下水的互补，结合滩面清障，来修复水生态、恢复生物多样性（修复）；通过加强水源地保护、入河排污口设置的论证审批、严控入河排污总量、水生物普查及重点栖息地保护、湿地植被保护、河流自然形态保护、加强涉河建设项目审批管理来保护水生态（保护）；通过建设水生态监测网络，强化跨界断面和行政断面、排污口及重点水域水量水质监测、突发水污染应急监测，加强采砂管理，总体融入泾河智慧管理系统来加强泾河管理（监管）。

（1）水污染防治。通过流域综合治理，实现支流源头保护区污水"零排放"，水土流失治理率达到 75% 以上。沿干流支流管理边界外 1.5km 范围划定为清洁生产及畜禽禁养区；在排污口设置治污湿地工程，通过湿地对达标排放污水进一步净化，削减相应河段达标排放污水与地表水水质标准之间的差值。共建设治污湿地 3 处。

（2）水生态修复。加强水资源统一调度与配置管理，保障泾河河道基流。强化东庄水库水量调度手段，协调生活、生产、生态用水矛盾，满足泾河下游不同时段生态基流要求，全年保障向河道下游下泄生态基流 5.33m³/s，鱼类产卵期 4 月 16 日至 6 月 15 日下泄流量为 5.33m³/s 的 2 倍，汛期 6 月 16 日至 9 月 30 日下泄流量为 5.33m³/s 的 3 倍。泾河沿岸工程全部柔性化，支流口全部建成河口湿地。规划建设小型河口人工湿地 8 处；生态修复岸坡 15.64km。

（3）水生态保护。通过划定保护范围使水源地水质标准维持在三类及以上。泾河干流一级、二级水功能区除彬州市工业排污控制区水质目标为 IV 类外，其他功能区应达到 III 类标准。流域水质优良（达到或优于 III 类）比例总体达到 70% 以上。规划建设 6 处水源保护区，对西安泾渭湿地省级自然保护区加强保护，结合东庄水库建设"泾河国家公园"。

（4）水生态监管。实现对省界、行政边界、城市供水水源地、入河排污口、取水口、湿地、重要栖息地的全面监测，为泾河生态治理提供数据支撑，保障水生态修复与保护目标。规划建设水量监测断面 5 处、水质监测断面 11 处、流动监测实验室 2 个、水环境监测管理中心 2 处、监测管理站 10 个、地下水监测站 14 处；更新改造水文站 3 个。

2.5.3　水文化弘扬与展现体系

依托泾河人文历史资源，按照"生态发展、功能系统、区域互补、凸显特色"的基本思路，秉承延续河流肌理、滩地肌理，建设有特色的水文化景观工程，加快水文化建设与经济、旅游、科技等的融合发展。以水利工程为载体，将水文化、区域人文历史、体育休闲等元素融会贯通，建设沿河文化景观、健身设施、生态林带。

（1）文化景观建设。按照打造泾河轴线生态景观长廊的要求，在靠近城镇、开发区、工业园区或交通要道两岸，依托区域河道自然特性、人文特点和重大历史事件，建设具有泾河特色的景观工程，充分展示泾河自然与历史文化。水景观工程在上段提倡滩地内挖砂成湖、建设河道内水面景观，下段提倡建设堤外滨河公园或人工水面。东庄水库建成后可适当建设水面工程。规划建设水利风景区 3 处、滨河公园 9 处、滨河景区 7 处，滩地公园 6 处、河道水面工程 2 处。

（2）泾河健身长廊。编制泾河健身长廊建设专项规划。依托泾河综合整治工程，建成上下贯穿、主题突出、特色鲜明，集体育、休闲、旅游、观光为一体的全民健身乐园、文化展示平台、旅游休闲目的地，带动城乡生活方式转变。人口密集区以体育公园、运动中心、休闲广场等形式进行建设，非人口密集区充分发挥堤顶绿道作用，选择重点路段配建部分健身及附属设施。推动泾河沿岸体育事业发展和公共文化体系建设。

（3）生态林带建设。在泾河防洪工程建设的基础上，建设行道林、防浪林和防护林三条生态林带。乡村段结合用材林、经济林和苗圃建设，体现生态自然，城市段结合文化景观建设以观赏林为主，最终建成"错落有致、造型新颖，协调美观，四季常青、三季有花"的泾河沿岸生态长廊。规划建设行道林和防护林各174km、防浪林32km。

2.5.4　产业融合发展体系

2.5.4.1　基本思路

按照新时期国家加快经济结构调整、推进经济增长方式转变的战略要求，在泾河综合治理带动下，引导沿岸产业向低碳产业、高新科技产业、绿色环保产业转变，推动沿河各市县产业由分散向集聚、产业层次由低端向高端、增长动力由要素驱动向创新驱动、发展模式由粗放外延向绿色低碳转变，并推动互联网、大数据、人工智能和实体经济深度融合，在中高端消费、创新引领、绿色低碳、共享经济、现代供应链、人力资本服务等领域培育新增长点、形成新动能。

2.5.4.2　基本布局

在遵循泾河沿岸各县（区）总体规划的基础上，根据泾河两岸的自然环境承载力，上段以现代工业园区为主，中段以生态农业为主，下段以文化聚集展示、生态田园为主的低碳环保经济产业带。

（1）沿河产业。依托泾河的自然承载力，在泾河治理的带动下，依据工业"零排放"，农业"零污染"的原则，按照"高效、生态、高产、环保"的要求进行统筹布局，重点培育泾河沿岸低碳环保新兴产业和现代化生态农业等特色产业。

（2）滨河低碳交通。结合乡村振兴战略，促进城乡融合发展，与防汛路堤顶道路结合进行建设，上段（长武县、彬州市）总宽不小于12m，下段（礼泉、泾阳、西咸新区泾河新城、空港新城、秦汉新城及高陵区）总宽不小于20m，根据地形条件临河侧采用坡式、墙式防护结构。

行车道按双向两车道标准修建，路面宽不小于7m，城市段结合城市建设可适当放宽，统一采用沥青路面，路面高程不低于所在河段设防水位加相应超高。

自行车道及人行步道，局部地形限制段可合并布设，总宽不小于 3m，其余段按总宽不小于 5m 布设，统一采用彩色透水混凝土路面。

2.6　智慧管理

依据国家《生态文明体制改革总体方案》《水流产权确权试点方案》及《陕西省全面落实河长制实施方案》，结合《陕西省河道管理条例》及泾河沿岸现状，划定泾河管理范围，为确定泾河水域、岸线等水生态空间权属奠定基础，并运用信息化手段，现代化的管理设施，集成整合水利、环保、农业、国土、气象等部门的信息资源，开发智慧管理信息系统，理顺管理机制体制，实现智慧治水管水，并探索创建云作战指挥平台，实现多部门协同治水管水，达到"责任明确、协调有序、监管严格、保护有力、智慧便捷"的泾河管理保护目标，促进泾河管理工作不断向现代化、科学化、精细化和智慧化迈进。

2.6.1　泾河管理范围划定

根据相关法规，划出河道范围边界线，设立标牌界桩，作为建设开发的控制"红线"。在"红线"控制范围内，河道管理部门依法开展防汛抗洪、河道管理、生态建设和保护活动。河道边界控制线总长度为 248km。

2.6.2　水域、岸线空间确权

编制泾河水域岸线管理保护专项规划，划定水域、岸线等水生态空间范围，明确其所有权和功能定位，按照自然资源统一确权登记的有关规定实施统一登记，并确定水域、岸线等水生态空间权属和功能定位，解决泾河所有权边界模糊，使用权归属不清，水资源和水生态空间保护、监管等问题，为协同治水管水提供基础保障。

2.6.3　管理信息系统建设

通过泾河管理范围通信网络扩展、物联网络建设、视联网络建设、数据中心建设，集成整合水利、环保、农业、国土、气象等部门的信息资源，搭建智慧河长物联平台系统；通过 PC 端、移动客户端河长制管理信息系统的开发，创建河长云作战指挥平台，实现多部门协同治水管水。

3　规划特色

（1）规划结合河道自然特性及东庄水库建设，分段治理。上段通过护岸护滩工程建设和沟壑治理，防治塌岸等引起的水土流失，拦截泥沙，减少入河泥沙。中段配合泾河东庄水库建设，利用其巨大的防洪和拦沙库容，拦蓄洪水泥沙、调水调沙。下段加强河道整治、堤防工程建设，疏通主槽，增加干流排洪能力。实现"设防洪水不淹没、超标洪水可调度、河岸稳固安全、河道平整有序、道路便捷通畅、水沙调控科学"的防洪体系治理目标。

（2）规划提出了完善泾河水量调度体系，统筹调剂水资源。通过水资源的宏观调控，合理安排生活、生产和生态环境用水。控制入河排污总量，建立地表水和地下水水量、水质监测网络，对跨界断面水量、水质进行监测和监督。实现水资源"统一调度、合理开发、保障基流、水质达标"的治理目标。

（3）规划以泾河生态长廊建设为基础，加强水生态环境保护修复与建设，开发利用沿岸人文历史资源，建设滨水景观，改善沿岸的生态环境及人居环境。建成以泾河为轴线的生态景观长廊，实现"水清、岸绿、自然、清新、多姿多彩的家乡河"的生态目标。

（4）规划按照新时期国家加快经济结构调整、推进经济增长方式转变的战略要求，着力构建具有比较优势、体现沿岸特色的现代产业体系，提高产业发展整体质量和水平。形成以低碳环保、经济高效、生态良好为主，以城市新区、工业园区为骨干，滨河小镇、新型农村星罗棋布的生态文明建设先进示范带。

4　实施效果

目前，泾河东庄水库已开工建设，咸阳亭口水库基本建成，防洪工程建设全面展开。一个横贯东西、纵跨南北、覆盖全省的现代水利框架初步形成，"水美三秦、水润三秦、水兴三秦"已经成为陕西对外一张亮丽的名片。借鉴渭河、汉江综合整治的成功经验，启动泾河干流综合整治工程建设，必将使泾河资源得到持续开发和合理利用，实现生态效益、社会效益和经济效益的有机结合。在古丝绸之路上，黄金水道泾河将会惊艳蝶变，这必将引发沿河低碳高端产业集聚，城市格局重构，使沿岸城市从背水而战到临水发展，一条沿泾河而汇聚的生态智慧创新经济带将蓄势崛起，支撑陕西省关中北部迈向更加绚丽辉煌的明天。

2018 年 2 月 25 日泾河综合治理开工会现场

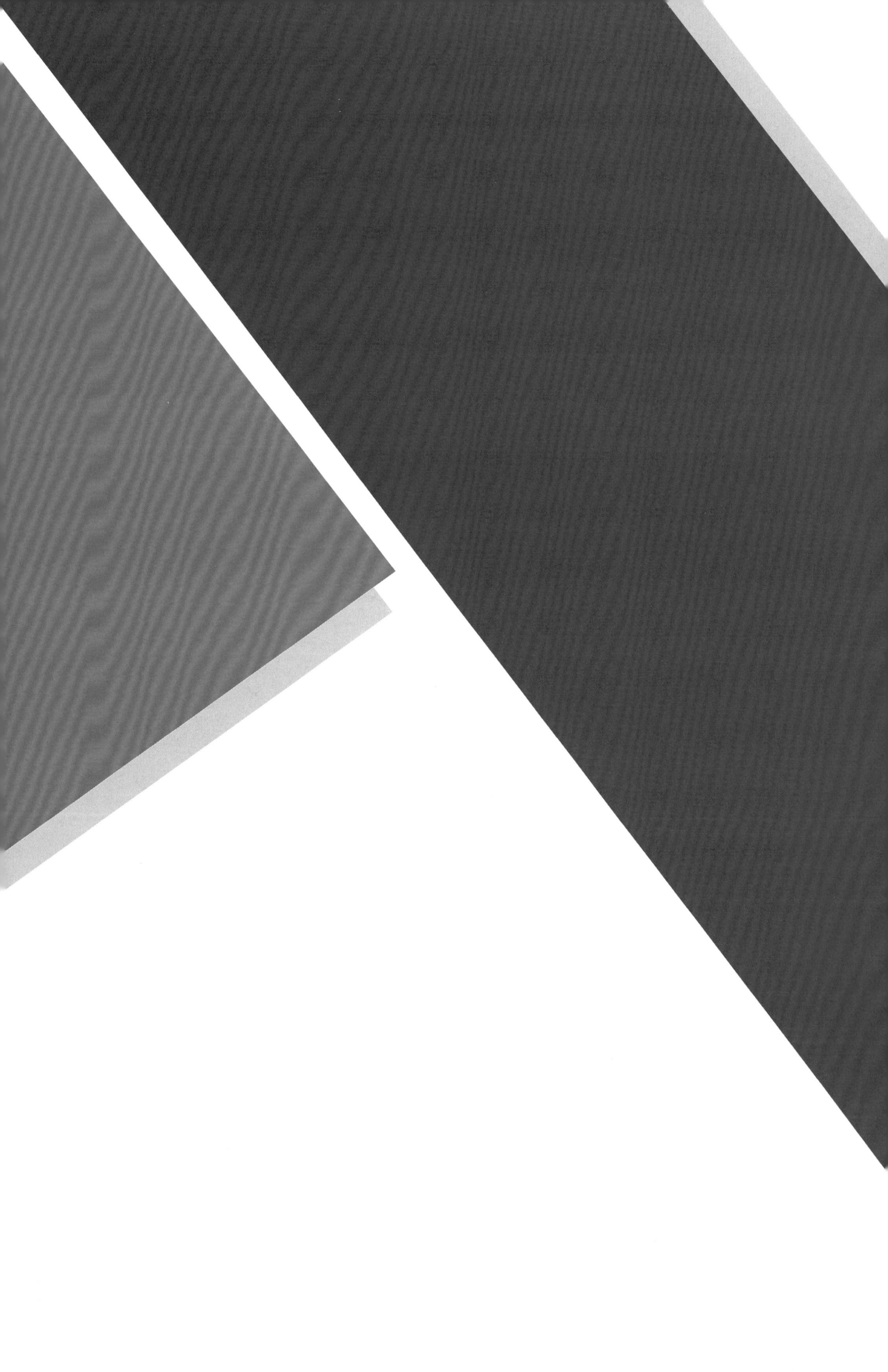

西安沣渭新区河道综合治理规划

1 项目基本情况

1.1 项目背景

2009 年 6 月 25 日，国务院正式发布了《关中—天水经济区发展规划》，提出将关中—天水经济区打造成为"全国内陆型经济开发开放的战略高地"，并将西安建设成为国际化大都市。2010 年，在陕西省委、省政府，西安市委、市政府加快建设国际化大都市的起步之年，沣渭新区应时应运而生。新区内，沣河、沙河、新河 3 条河流穿城而过，渭河东西向环绕城区北部。自古以来，一个城市的兴起、繁荣都和河流有着不解之缘。在城市的形成和发展过程中，河流水系作为不可替代的景观载体，对加快城市建设与发展、提升城市形象、营造高品位的城市风貌，都具有举足轻重的作用。为确保新区防洪安全，建设社会主义生态文明及"两型社会"，保护和修复自然生态，弘扬区域文化，提升新区魅力，营造优美环境，实现新区"1 年成名、3 年成型、5 年成势、10 年成城"的发展目标，如何开展新区内河流治理，成为新区城市建设的重中之重。

1.2 存在问题

（1）防洪工程规模小，能力低，缺乏全面规划，不能满足城市发展与社会经济发展对防洪的要求。沣河、沙河、新河河堤大部分为 1962—1966 年整修所建，防洪标准为 10 年一遇洪水设计。由于当时受各种条件限制，并未进行整体规划，而是在原有旧堤基础上整修而成，所以河堤平面布置不尽合理，两岸堤距相差悬殊。沣河最宽处 930m，最窄处仅有 90m（高速路桥断面）。由于防洪工程体系不完善，堤防质量差，现状河道防洪能力尚不足 5 年一遇，远不能满足西安国际化大都市沣渭新区的防洪安全需求。因此，为保障沣渭新区总体规划目标的实现，保护两岸城市及人民生命财产安全，尽快完善沣渭新区河流防洪工程体系是沣渭新区经济社会发展的当务之急。

（2）河流自然景观资源没有得到充分发挥。沣河是长安"八水"之一，以前沣河的水清澈如镜，河边的沙细白软柔，岸边的柳林郁郁葱葱，水中的鱼虾数不清，环境十分优美。历史上西周沣京、镐京都城就建于沣河的东、西两岸，两京隔沣河而望，沙河、新河两岸也

沣河 108 国道处堤顶

八家村附近右堤堤顶现状

新河汇入渭河口处

新河河道现状

沙河口河道内情况

沙河河道内挖沙形成的沙坑

景色秀美。如今，沣河河道内由于沿河挖沙，河槽下切，水面与河岸落差较大，河道内水面面积所占比例也很小，大部分河床常年为干滩，河流本身所具有的愉悦的亲水体验没有得到充分发挥。沙河河道除挖沙形成的少量水潭外，河床常年干涸；新河由于上游污水排入，水质受到严重污染，河流自然景观遭到严重破坏。到了 21 世纪，随着人们环境意识的普遍增强及沣渭新区城市建设，恢复并扩充景观功能已成为一个时代和城市的呼唤。河流两岸得天独厚的自然条件，应该成为水面开阔、水草丰美、水生动物种类繁多、植物季相景观丰富，体现人与自然和谐共处的最佳地段，然而现状河道水生态景观效果差，生态效应不明显。

| 河岸坍塌现状 | 挖沙致使河床下切严重 |

（3）河流人文景观资源亟待彰显。昔日的沣河河畔曾留下许多美丽的传说和动人的故事，沙河古桥遗址带给人们许多待解之谜（西安历史悠久，是举世闻名的世界四大文明古都之一，居中国古都之首，是中国历史上建都时间最长、建都朝代最多、影响力最大的都城，是中华民族的摇篮、中华文明的发祥地、中华文化的代表）。关中地区作为中华文明的摇篮，在渭河源源不断的流淌中，也形成了博大精深的饮水、治水、管水、用水、亲水文化。所以，在滨水景观建设中应结合区域历史文化和现代文化水文化，充分发挥河流、水利工程、水景观的文化载体功能，把水文化建设与水景观建设有机结合。

（4）非工程措施建设亟待加强。在防洪方面虽然改变了以往的人工处理方式，采用了计算机及一些通信设备，但自动化程度低，系统性、及时性、实时性差，远不能满足沣渭新区建设后的需要，为了配合防洪工程措施来提高沣渭新区防洪安全，在信息的采集与处理方面、洪水预警、防洪决策等方面都亟待提高完善。另外在橡胶坝水面工程建设、沿河滨水景观建设方面也都需要现代化的运行模式及管理方式。

2 治理思路

2.1 指导思想

以党的"十七大"精神为指导，立足于大关中及西安国际化大都市建设，认真贯彻落实中国共产党在新时期的治水思路，在分析沣渭新区水生态环境的基础上，统筹兼顾、全面安排，坚持高标准、高水平、高起点，将沣渭新区的河流水系建设成集"水安全保障、水环境清新、水景观优美、水文化丰富"为一体的城市生态景观河，并以良好的水生态环境来支撑沣渭新区经济社会的健康可持续发展。

2.2 规划目标

（1）总体目标。在实现河道防洪全面达标的基础上，将沣河、沙河、新河治理成"安澜、水清、岸绿、景美、游畅"的生态河道。

（2）防洪规划目标。按照《中华人民共和国水法》《中华人民共和国防洪法》和《中华人民共和国河道管理条例》等法律法规要求，通过更新改造原有大堤，将防洪标准由现在的 10 年一遇提高到 50~100 年一遇，构筑防洪保安之河，同时提高洪水预警预报能力，完善城区防洪管理体制，保护区内群众生命财产安全，支撑新区社会经济健康可持续发展。

（3）水域规划目标。结合新区城市总体规划及河流现状，在人工干预改造下，形成滩槽分明，高滩深槽低水、深潭与浅滩交错，水面宽窄交替、蜿蜒曲折的优美河道环境。

（4）景观规划目标。充分考虑城市对河道景观和环境和谐的要求，构造具有亲水理念的生态景观河道，营造人与自然和谐的优美环境。

2.3 规划定位

本次沣渭新区河道综合治理规划的定位为：关天经济区及西安国际化大都市城市段河流治理的典范，沣渭新区的生态引擎，城、水、田、林和谐共生的沣渭新区"蓝色印章"。

2.4 规划任务

集"水、岸、滩、堤、路、景"于一体，兼顾防洪、交通、景观、休闲、娱乐、文化等多种功能，将河道建成一个自然风光区、水利风景区、旅游休闲区、文化体验区。

（1）防洪规划。在分析现状防洪体系的基础上，论证沣渭新区建设新形势下的防洪标准，通过更新改造原有堤防、拓宽河道等措施提高区域防洪能力，并通过恢复沙河分洪道增加泄洪能力。

（2）水域景观建设规划。沿河道修建橡胶坝等蓄水工程，抬高水位，拓宽河道主槽，增大水面面积，为水生生物提供一个良好的生存环境。同时，抬高的水位也为城区段河道外新建水系及现存的昆明池水系贯通提供基础条件，通过水面、滨水景观建设，营造优美的河流生态景观。对沙河进行疏浚改造，利用挖沙形成的沙坑，形成涟漪点点的玉带之状，打造"一溪襟带出江湖"的格局。

（3）沿岸生态景观规划。在河流两岸合理规划水岸休闲景观，并充分利用河流两侧树林、果园等自然景观，栽植乔、灌、花、草相结合的绿化林带，与浩渺河水相映成趣，营造沿河绿色长廊，水、堤、林、路、景、园结合，形成一条亮丽的城市河流风景线。

西安沣渭新区河道综合治理规划总平面图

2.5 治理举措

2.5.1 防洪工程

依据《防洪标准》（GB 50201—2014）确定，沣河防洪标准为 100 年一遇洪水，入渭口段堤防按渭河百年一遇洪水位进行复核。新河防洪标准为 50 年一遇，按渭河 100 年一遇洪水校核（新河入渭口以东渭河右岸设防标准为渭河 100 年一遇）。沙河作为沣河分洪渠，按本次规划确定的分洪流量（575m³/s）确定防洪标准。

结合前面总体布局中分析确定，渭河新区段涝河口至沙岭村（西咸交界）防洪标准为渭河 100 年一遇洪水；沙岭村（西咸交界）至西三环堤防维持现状，设防标准为渭河 300 年一遇。

（1）规划堤距。新建河堤的堤距应初步确定不同的堤距设计方案，并根据水文泥沙数据推算不同堤距的设计防洪标准下的洪水和水面线，根据水位高低，确定不同堤距相应的堤身高度和断面尺寸，从征用土地多少、堤防建设工程量大小等方面比较其技术经济指标，最后综合权衡有关自然因素和社会因素后分析确定出设计推荐堤距。

沣河：在基本维持现状堤防高度不变的情况下，依据堤距确定原则，并通过综合分析，最后确定 108 国道桥至严家渠村段为 300~500m；严家渠村至扶苏路沣河大桥段为 500~400m；312 国道沣河大桥至沣河入渭口段为 400~300m。局部段可根据实际要求适当扩大。

1）沙河。结合沙河现有堤防堤距，确定沙河全河段堤距按 200m 控制。

2）新河。经洪水计算，新河 50 年一遇洪水为 230m³/s，现状河宽的洪水水位高、流速大，洪水易淘刷堤脚，考虑到行洪安全，规划对该段右岸堤防进行退建，保证河底宽度 50m，堤距不小于 80m。

（2）工程规模。

1）沣河。规划沣渭新区沣河段新建堤防工程总长 35.17km，其中左岸治理约 17.69km，右岸治理约 17.48km；沣河上游 108 国道以上衔接段长度 1.78km，其中左岸 0.75km，右岸 1.03km。

2）沙河。沙河新建堤防工程总约为 18.23km，其中左岸 9.05km，右岸 9.18km。

3）新河。新河新建堤防工程总约为 14.54km，其中左岸 7.42km，右岸 7.12km。新河上游 108 国道以上衔接段长度 1.44km，其中左岸 0.72km，右岸 0.72km。

（3）堤防断面结构。为了保障防洪安全，规划中堤防断面结合城市生态景观、交通、游览等要素对堤防断面结构进行了景观扩大处理，工程具体实施时可结合城市整体规划适当调整，按照防洪基本要求确定的堤防断面如下。

1）沣河。考虑到沣河堤防级别较高，且堤防填筑材料主要为河道开挖的沙土，堤基多为深厚沙层，为满足渗流稳定要求，堤防断面坡比不能过小过陡，规划拟定堤防堤顶宽度不小于10m；堤防临、背水侧坡比不小于1：3；堤顶铺设防汛管理道路（可兼作休闲步行道），宽度不小于7m宽沥青路面，两侧各种植行道林。

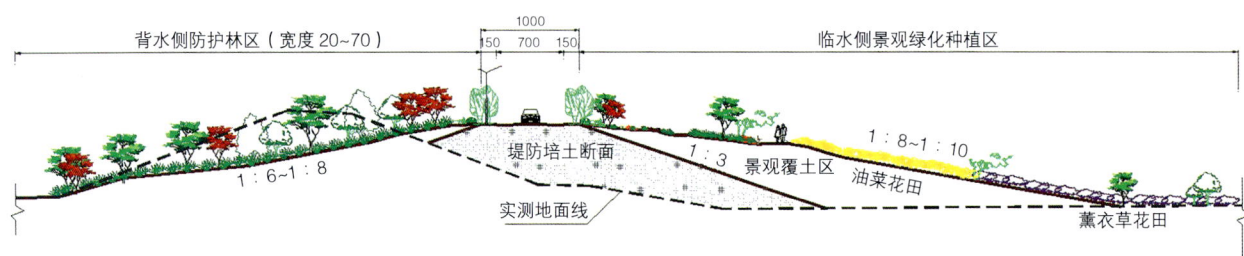

沣河堤防断面（单位：cm）

2）沙河、新河。堤顶统一宽度为8m，堤防临、背水侧坡比不小于1：3；中间设置6m宽的行车道，两侧各设置1m宽行道林。

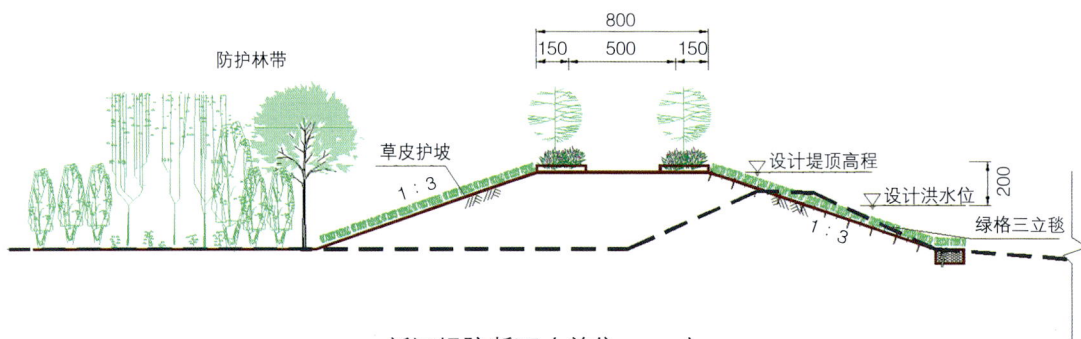

新河堤防断面（单位：cm）

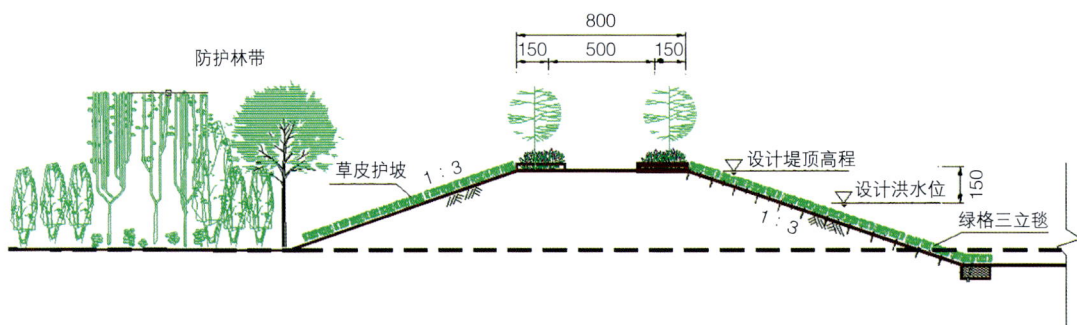

沙河堤防断面（单位：cm）

2.5.2　水面工程规划

沣河沣渭新区段河道全长 21.8km，规划拓宽河道后，两堤之间的河道宽 300~500m，总面积约 4.4km^2。结合两岸城市功能布局和河道景观功能分区拟分三段布置。

2.5.2.1　108 国道—西宝高速公路南线河段

本段河道水面以维持天然河道特性为主，形成滩槽分明，高滩深槽低水、滩岸花草作物欣欣向荣、河道水流宽窄交替、深潭与浅滩交错、水面蜿蜒曲折、水草水禽鱼类等水生动植物种类繁多的环境体系。本次拟在沣河右堤桩号 FR6+387 处的河道上布设 3 号橡胶坝一座，利用橡胶坝抬高河道主槽内的水面，扩大水面面积，利用现状河道挖沙形成的深潭，形成较大的水体，为水生动植物提供良好的生存空间，对于部分河槽滩岸较陡段，适当开挖成缓坡，形成浅滩，供野生动植物栖息和市民观光亲近自然。3 号橡胶坝端设船闸，满足游船通航需要。

2.5.2.2　西宝高速公路南线—扶苏路沣河大桥段

根据新区总体规划，本段两岸将建设成沣渭新区城市中央商务核心区，新区规划要求河内水面景观与沣河以西外围人工水系形成环绕城市中心区的高品质水景观体系，所以该区域以建设宽阔水面为主，满足都市居民的亲水休闲需要，并在合适地点建设码头供水上游览需要，建设亲水平台使人们亲近水面，结合以上需求及本段河道拓宽后的自然条件，拟在本河段自下而上布设 2 号橡胶坝，抬高河道水位，并对局部滩地进行开挖，形成 200~300m 宽的河道水面，为保证河道通行游船需要，橡胶坝一端设通航船闸，各个橡胶坝蓄水面上下相连，保证最小水深不小于 0.8m。2 号橡胶坝形成水面长度 5.52km，平均宽度 300m，水面面积约 1.78km^2。水面与滩岸结合部防护工程拟根据景观节点布设为缓坡加卵石砌护，植水草防护、浆砌石护坡加河岸亲水平台等形式。

2.5.2.3　扶苏路沣河大桥—沣河入渭口

本段河道两岸规划建设沣渭三角洲湿地公园及奥林匹克运动中心等城市设施，所以该段拟将河道内水面打造成湿地公园的水景轴，与河道外湿地、公园绿地等滨河景观相呼应。本段河道规划堤距 300m，水面宽度为 150~200m，拟布设 1 号橡胶坝，橡胶坝末端设船闸，满足通航需要。1 号橡胶坝形成水面长度 5.24km，水面面积 1.21km^2。水面与滩岸结合部防护工程以缓坡加卵石砌护，并植水草防护工程为主，坡顶设小路，形成生态型河岸，方便游人在河边行走、嬉水、观赏。

2.5.3 景观规划

城区河道两岸以及旅游景点的河流，是人们休闲娱乐的理想场所，需充分考虑城市对河道景观和环境和谐的要求，构造具有亲水理念的景观河道，营造人与自然和谐的氛围。

（1）总体布局。

1）记忆沣河——多瑙河的记忆。沣河是渭河的一级支流，是长安"八水"之一，历史上西周沣京、镐京都城就建于沣河的东、西两岸，两京隔沣河而望，彪池和灵沼"麀鹿濯濯，白鸟翯翯"，环境十分优美。多瑙河水色优美，生态健全，生物多样性良好，是鸟类的天堂。本次规划提出将沣河打造成记忆中的多瑙河，为人们寻回远去的沣河。

2）浪漫沙河——伊甸园的童话。沙河联系了沣河、新河，现状几近干涸，近年来河道林木茂盛、空气清新、鸟鸣声声。本次规划依托现状河道，沟通水系，形成湖面，营造伊甸园般的河道景观。

3）再生新河——活水的公园。新河现状污染严重，本次规划采取活水净化的方式，改善新河水质，使其得到再生，发挥河流的失态效应。

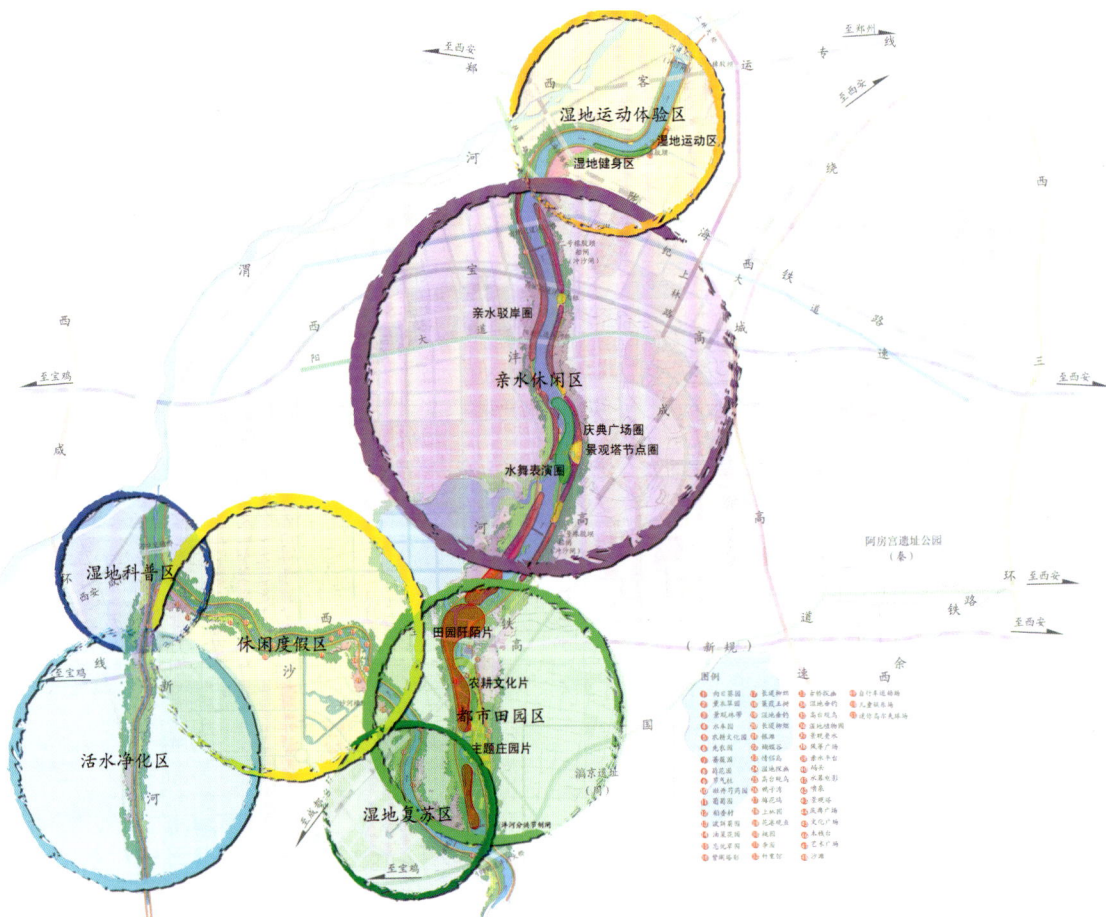

西安沣渭新区河道综合治理规划景观结构图

基于对现状及设计理念的分析，本次沣渭新区河道综合治理规划的功能结构我们归纳为"三河，七区"。

"三河"即沣河、沙河、新河水体。

"七区"即都市田园区、亲水休闲区、运动体验区（沣河）；湿地复苏区、休闲度假区（沙河）；活水净化区、湿地科普区（新河）。

（2）分区景观规划。

1）沣河。沣河是规划设计的三条河流里最大的河流。沣河滋养了两岸的生物，也留下了许多美好的传说。昔日沣河曾经是水草丰美的地方，田畴千里，物华天宝，野生动物栖息其间，生态环境非常优美。而现状沣河，河道采砂严重，两岸杂草丛生，垃圾成堆。规划提出记忆沣河的概念，是希望通过沣河的治理使其恢复记忆中的沣河，昔日的美景，为沣渭新区注入生机与活力，打造生态河流。另外，规划也努力将沣河打造成新区安全美丽的多瑙河，给人们留下美好的记忆。

沣河景观规划分区为：都市田园区、亲水休闲区、运动体验区。

2）沙河。沙河原为沣河的老河道，承担沣河分洪任务。现状沙河几近干涸，采砂严重，不过部分河岸已栽植大量的花木。规划提出建设浪漫沙河，使其成为伊甸园的童话。综合考虑现状沙坑形成水面，栽植大片园林植物，使其成为沣渭新区良好的生态廊道，绿树成荫，花开遍地，鸟鸣阵阵。

沙河景观规划分区为：湿地复苏区和休闲度假区。

3）新河。现状新河污染较为严重，臭气熏天，国际化大都市视角下的沣渭新区必然要求区内生态优良，河流清澈。规划提出再生新河的主题，通过活水净化及湿地科普打造，沣渭新区的活水公园，大片的湿地水质净化植物，将工业废水净化，形成良好的沣河生态景观带。

新河景观规划分区为：活水净化区、湿地科普区。

3　规划特色

（1）总体治理思路新。工程建设总体上形成堤距宽窄相间、堤线大曲小直，堤型低矮坡缓、堤顶高低起伏、堤身植物绿化，河道内潺潺流水、碧波荡漾，与涓涓溪流缠绕的绿地遥相呼应的城市河流景观，打造"都市中的天然河流，闹市中的旷野风情"效果。

（2）宽河矮堤，体现现代防洪新理念。在大多数防洪工程设计中，因为城市建设用地要求，一般都是一味缩窄河道，通过加高培厚堤防，修筑硬性护坡等来抵御洪水。在沣渭新区河道综合治理中，结合景观建设需要，将沣河堤距适当拓宽，给河流以空间，给洪水以出路，将设防标准下堤防高度由现状的 4~5m 降低到 2~3m，避免站在堤外是一堵城市风景割裂墙的感观，增强视觉连通性，发挥城市河道为城市环境改善的作用。

（3）建设生态景观河堤，提高水体、堤岸连通性，增强河堤美观性。在沣河堤防工程设计中，首次提出将流速控制在草皮护坡防冲流速 2m/s 以下，适当放缓堤坡，形成微丘型景观堤防，采用缓坡形式与滩面（地面）相接，临水侧坡比不大于 1∶8，背水坡坡比不大于 1∶6，堤坡上以耐冲刷的草种为主，并辅以少量的景观花木，形成以原生乡土草皮为主，景观花木为辅的堤防景观结构。

（4）滩水结合，打造自然型河流水景观。通过总结国内外及省内已建的宝鸡金渭湖、咸阳湖、浐灞生态区等大型水景观，在沣渭新区河流治理时，不采用全河道或半河道蓄水，以打造天然河道特性为主，形成有滩有水、滩槽分明、深潭与浅滩交错、水面线蜿蜒曲折的水景观效果。

（5）建设滨水景观，发挥河流综合功能。城市河流历来是城市赖以生存的基础，蕴藏着城市丰富的历史和文化，也是现代城市体现其独特风貌和优美景观的重要载体。城区河道两岸，是人们休闲娱乐的理想场所，需充分考虑城市对河道景观和环境和谐的要求。规划时，围绕沣河、沙河、新河等河流的核心价值，从有利于生态恢复、文化展示和亲水亲绿的理念出发，结合新区空间布局，通过挖掘河流自然风光、人文资源、秉承延续河流肌理、滩地肌理及区域文脉，在滩地范围较大的上游非城市核心区，保持现状大地肌理，营造阡陌纵横的田园风光；在城市的主要核心区域，设置气势宏大的大型喷泉水舞表演区，亲水平台、人工沙滩、码头等，给人们丰富的亲水体验。

4 实施效果

该规划已全面开工实施,截至目前,沣河防洪工程、水面工程、景观工程已完成80%以上,沣河治理的目标将如期实现；新河防洪工程已基本完成，湿地景观正在实施，沙河综合治理正在实施。集"水安全保障、水环境清新、水景观优美、水文化丰富"为一体的城市生态景观河将在西咸新区沣东、沣西新城呈现，对加快城市建设与发展、提升新区形、促进经济社会与资源环境协调发展，都将具有举足轻重的作用。沣东·沣河生态景区已经取得"陕西省野生动植物保护基地""西安市青年摄影家协会摄影基地"认证，获批为国家水利风景区、国家 3A 级旅游风景区。

建成后的沣河滩槽分明、堤矮坡缓

建成后的沣河水面及亲水平台

建成后的沣河滩槽

实施后的新河河道

实施后的新河堤防、河滩

5　获奖情况

该规划于 2020 年 7 月荣获 2020 年度陕西省优秀工程设计二等奖。

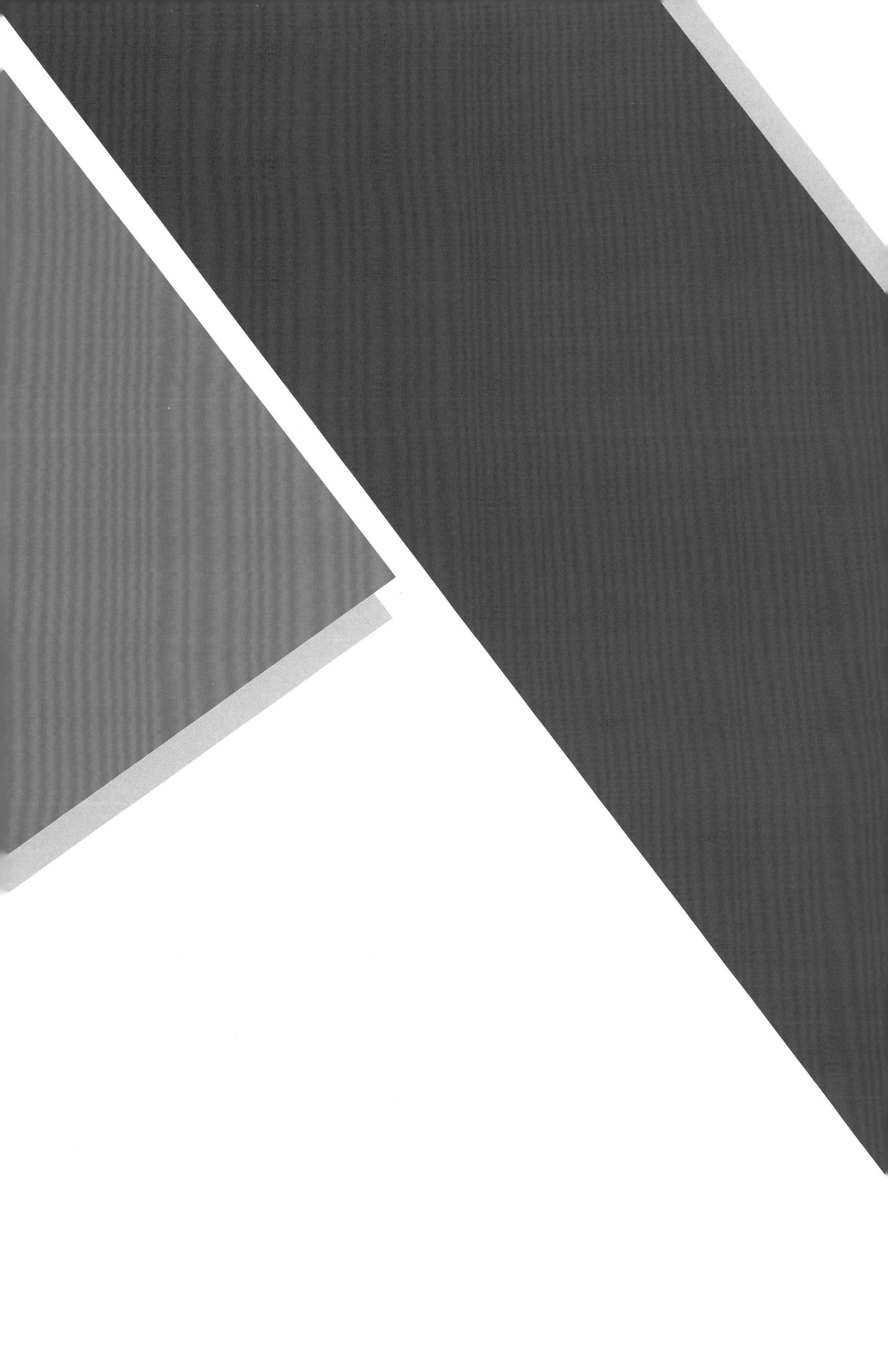

甘肃省平凉市城区段泾河综合治理规划

1 项目基本情况

1.1 项目背景

平凉市位于甘肃省东部，六盘山东麓，自古为屏障三秦、控驭五原的重镇，素有"陇上旱码头"之称，是古"丝绸之路"必经要地，史称"西出长安第一城"。现在是一座新兴的工贸旅游城市，2016 年被第八届世界养生大会授予"养生宜居城市"，2017 年被授予第一批"国家生态文明建设示范市"称号。

悠悠泾河，绵延不绝。泾河自西向东，穿平凉城区而过，已成为一条名副其实的城中河，是平凉人民的母亲河。历史上曾经有过"舟楫往来、渔舟唱晚"的盛况。由于自然的变迁和人类活动的影响，20 世纪 90 年代以后，这条母亲河生态恶化趋势加重。为极力支撑平凉城市建设，保障城市长治久安，对泾河进行综合整治已迫在眉睫。

1.2 存在问题

（1）防洪体系不完善，干流淤积严重，支流未达标治理，城市水灾害防治能力亟待提高。目前，泾河干流平凉城区段大岔河以下右岸防洪工程还未实施，河道内现状溢流坝淤积严重；支流及山洪沟道大部分未经治理或治理不达标。

（2）水资源短缺，空间不均衡，配置不合理，城市水安全保障能力有待提升。平凉水资源短缺，人均水资源量仅为全国平均值的 20%；水资源时空分布不均；现状地表水开发利用程度 32%，地下水开发利用程度高，导致地下水位持续下降；城市供水依赖地下水，水资源配置不合理。

（3）河道生态环境单一，水景观不足，亲水性差，城市水文化彰显不足。现状泾河河道"有绿无景"，河道采用硬质护岸或挡墙，隔离了城市与河流，缺乏生态性、景观性、亲水性；沿河未形成代表平凉城市的水文化产品，水文化资源开发利用不足。

（4）沿岸绿道建设不足，亲水廊道缺失，城市低碳交通体系有待改善。目前，沿泾河两岸自行车道、人行道等绿色低碳交通体系尚不完善，缺少低碳交通发展规划，亲水廊道建设偏少。

（5）河流治理对两岸产业带发展支撑不足，河道功能未能充分释放。泾河沿岸人文历史文化厚重，但缺乏整体规划及系统开发，与沿岸广大人民群众文化需求差距很大，河流治理对两岸的发展支撑作用不足，服务于两岸的流域文化功能未能充分释放。

2　治理思路

2.1　规划目标

贯彻"创新、协调、绿色、开放、共享"的发展理念，通过堤岸防护、滩槽整治、生态修复、岸线开发、智慧管理，把泾河建成"安澜河、景观河、生态河、人文河、幸福河"，达到"以水兴业、以水兴城"的目的，将平凉建成"山水之城、生态之城、海绵之城、养生之城"，展现天人合一、人水和谐的壮美生态画卷和深厚文明画卷。

2.2　规划思路

规划统筹"四网协同"的系统思想和"立足当前，谋划长远"的战略眼光，立足两山（南山、北山）之巅，将泾河治理纳入到平凉城市建设这个全域当中。以防洪保障体系建设防水安水、以水生态系统修复与保护体系建设留水活水、以水景观体系建设灵水韵水、以智慧管理体系建设管水慧水，构建形成统筹山水林田湖各要素以及水治理各领域的总体框架，部署"防洪保障体系、水生态系统修复与保护体系、水景观体系、智慧管理体系、多规协同体系"五大治理任务。

2.3　规划布局

（1）一河。建设"水安全保障、水生态健康、水景观优美、水文化丰富、水经济繁荣、水管理智慧"的示范性河流。

（2）两屏。建设"白天绿色环绕、夜晚繁星点缀"的生态屏障。

（3）三区。崆峒山生态文化旅游示范区建成生态良好的城市后花园，城市中心区构筑宜居宜业、山水相映、水漾城活的魅力生态主城区，平凉工业园区形成合理的城镇、农业和生态空间布局。

（4）四廊。建设沿河最美景观长廊、最快低碳交通长廊、最长健身长廊、最丰富文化长廊。

2.4 整治任务

2.4.1 防洪保障体系建设

通过构建"上调蓄、中疏导、下排洪、适当滞、综合用"的平凉城市生态化洪涝综合防治体系，实现"常遇洪水不成灾、设防洪水保安全、超标洪水有对策"的治理目标。

（1）"上调蓄"工程。通过崆峒水库调蓄、水源涵养林建设以及支沟水土保持等工程措施，减轻下游平凉城市防洪压力。

（2）"中疏导"工程。通过对泾河河道内现有 11 座拦河建筑物进行改造，坝前进行清淤疏浚，拆除碍洪建筑物 1 座，增强中段河道行洪能力。

（3）"下排洪"工程。一是修建大岔河以下至平镇桥段 16km 防洪工程，治理标准为泾河 50 年一遇洪水，堤顶采用堤路结合方式。二是对泾河大岔河以下河段滩区进行彻底清理，清障面积 320 万 m²。对部分滩区内耕种的土地，逐步退耕还河。三是利用左岸堤防外原河道建设蓄滞洪区，留蓄雨洪资源。

（4）"适当滞、综合用"支流防洪减灾治理工程。通过对泾河支流 28 条沟道进行系统治理，治理标准为 50 年一遇洪水，治理工程总长 82km，大幅提升支流防洪减灾能力。

2.4.2 水生态修复与保护体系建设

牢固树立"绿水青山就是金山银山"的理念，以"山为屏、城为骨、水为脉、文化为魂"，建设"一河、两屏、满城显绿"的生态安全战略格局，打造"错落有致、协调美观、三季有花、四季常青"的美丽平凉生态胜景。

（1）水生态修复。

1）"一河"生态体系。按照生态、自然、柔性的要求修复岸坡 52km；沿泾河滨河大

道两侧种植防护林带，营造"车在树荫停，人在林荫行"的生态环境，临水侧宽 10m，背水侧宽 20m，长 60km。沿支流山洪沟道栽植防护林带，宽 10m，长 82km。

2）"两屏"生态体系。沿平凉北部绿色屏障重点打造龙隐寺、虎山 2 处山体公园，生态林总长度 20km；南部重点打造南山公园和青福山森林公园，生态林总长度 10km。

（2）水生态保护。

1）水资源保障。规划共形成水域面积 450 万 m²，蓄水量 900 万 m³，水域总需水量为 1182 万 m³；崆峒水库年供水量 4630 万 m³，每年向泾河河道下泄生态水量 1130 万 m³，折合流量为 0.40m³/s；崆峒水库至水面工程区间多年平均径流量为 1800 万 m³，折合流量为 0.57m³/s；城区雨水利用量为 1440 万 m³，利用率为 40%；中水利用量为 790 万 m³，利用率为 30%。因此扣除生态流量后，规划水面工程和湿地可利用水量为 4030 万 m³，完全能够保障规划水体用水需求。

2）河湖水系连通。规划利用泾河灌渠将崆峒水库与其支流水系、城市内部景观水体连通，形成平凉城区"两横十四纵"的大水网格局，水系长度 100km，水面面积 450 万 m²，城市水面面积率达到 3.5%。

3）农业节水：规划改造泾河灌区总干渠和南干渠供水管网 70.73km，发展高效节水面积约 5 万亩，全面实现灌区信息化建设。

4）水资源优化配置。规划在高效节水灌溉实施后，通过水权转换，节约水量可新增向城市和景观供水，景观蓄水同时兼顾向农业供水。同时城市雨污水非常规水源可补充城市生态环境供水，城区水资源配置更趋合理。远期规划水平年"白龙江引水工程"实施后，与崆峒水库、泾河梯级水面工程、地下水源工程、城市雨污水利用工程共同组成城市"多水源"供水系统，彻底解决城市用水瓶颈，实现水资源"空间均衡"战略布局，形成"地上、地下、跨区域、跨流域、非常规水"五位一体的供水系统。

水景观体系建设

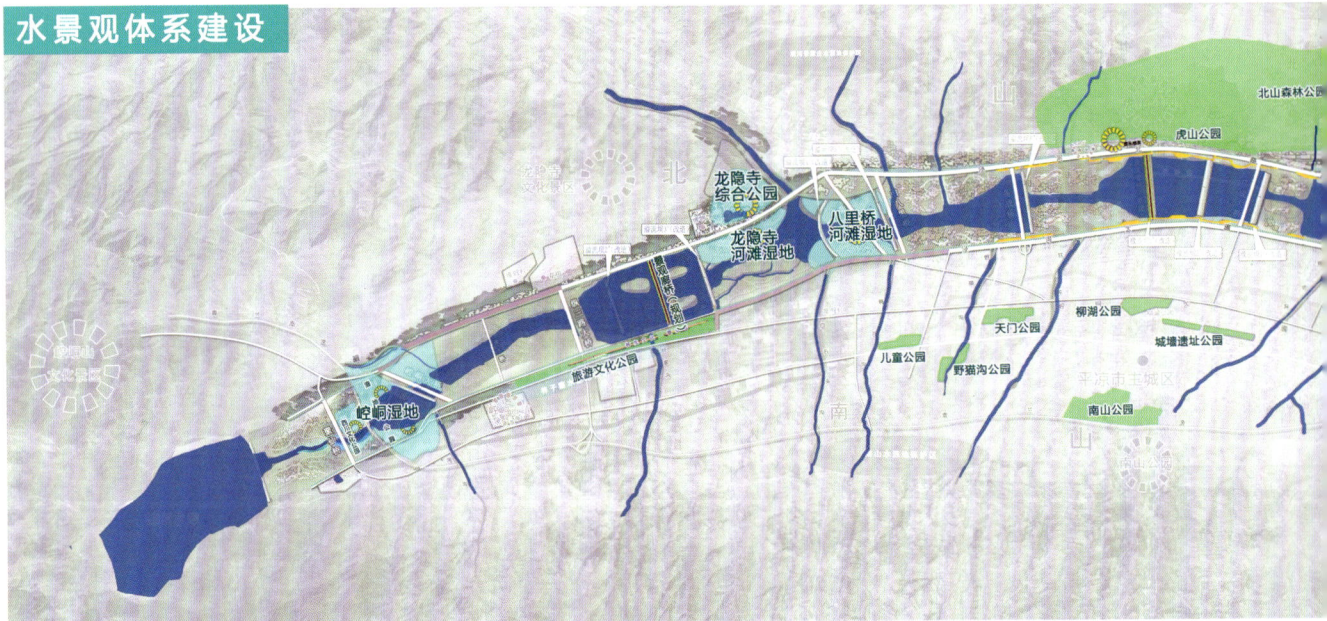

5）水资源保护。划定平凉城区韩家沟、颉河景家庄、养子寨、南部山区4处地下水源地保护区；完善城市污水处理系统，污水处理厂出水水质执行一级A标准；推进城市雨、污分流管网建设，城市雨水处理按照海绵城市建设，提高入河水质标准。

6）监测体系建设。规划对泾河干支流和景观水体流量、水质进行监测，设立水量监测断面19处、水质监测断面19处、水位监测断面16处。

2.4.3　水景观建设体系

在保证防洪安全、保护生态资源的基础上，以泾河水系为载体，构建串珠状水面、多样性湿地、成片滨河水景观，形成"一河多景"的人文水景观格局，建设"山水映城、水旺城兴、水兴城美"的水景之城。

（1）水面工程。规划改造8座溢流坝、3座橡胶坝，新建5座拦河坝，共16座拦河坝，形成水面面积100万m²。挡水建筑物采用液压钢坝、气盾坝等能迅速启闭、不影响泄洪排沙的坝型。

（2）湿地建设。规划在崆峒山生态文化旅游示范区建设崆峒湿地、龙隐寺湿地；中心城区建设八里桥湿地；平凉工业园区建设小岔河口湿地、甲积峪湿地、工业园区净水湿地、十里生态画廊、小路河湿地。规划湿地总面积为245万m²。

（3）滨河景观建设。规划在崆峒山生态文化旅游示范区建设龙隐寺公园；利用现状右岸天然岸坎打造百米平凉养身文化景墙。中心城区在备战桥至彩虹桥段两岸营造型式多

样的亲水平台，在规划的平凉水街河道中营造音乐喷泉、水幕电影及景观廊桥，改造泾河渡槽形成跌水瀑布。平凉工业园区修建 1 座景观廊桥；在甲积峪湿地、十里生态画廊建设亲水木栈桥。

2.4.4　智慧管理体系

按照全面推进水域岸线规划、全面实施水资源和水域岸线空间确权、全面落实河长制、全面建设信息化管理平台"四个全面"进行布局，实现水务管理信息化、数字化、智能化，为"智慧平凉"建设奠定基础。

（1）岸线利用规划。按照全面落实河长制的要求，正确处理岸线资源开发利用与治理保护的关系，合理划定平凉市泾河城区段岸线功能区，其中崆峒水库至白石头沟段为岸线保护区（区内有城市供水水源地），岸线长 16.0km；白石头沟段至大岔河段为岸线控制开发利用区（沿岸为平凉中心城区，河道内修建有 8 座拦河建筑物），岸线长 24.0km；大岔河段至平镇桥段为岸线开发利用区（沿岸为平凉工业园区），岸线长 32.0km。

（2）水域、岸线空间确权规划。依据《中华人民共和国宪法》《中华人民共和国防洪法》《中华人民共和国物权法》《中华人民共和国河道管理条例》等现行法律法规以及平凉市中心城区土地总体规划等相关规划，坚持资源国有、物权法定，将岸线范围内的水域、岸线、土地、林木等自然资源和建筑物、构筑物、占压土地的涉水工程等不动产实施统一登记，确定水域、岸线等水生态空间权属和功能定位，着力解决所有者不到位、所有者权益不落实等问题，为平凉市泾河城区段建设、落实河长制、实现一河两岸永续利用提供基础保障。

（3）河长制管理建设。2017 年年底前，建立市、县（区）、乡（镇）三级河长制，基本形成市、县（区）、乡（镇）三级河长制组织机构和责任体系，开启河长制工作。2018 年 6 月底前，建立健全相关制度及考核办法，全面实现河长制河湖管理制度。

（4）信息化管理建设。加快互联网创新成果与水利领域深入融合，推行水利管理智能化和精细化，建立统一的业务应用服务平台，进一步开展和完善水资源管理信息体系、防汛抗旱调度决策体系、水生态环境保护体系、水利工程管理体系等业务应用体系建设。

2.4.5 多规协同体系

为更好地释放河流功能，在河流水系治理的同时，开展低碳交通、协同产业、文化建设、亮化工程四个专项规划。

（1）低碳交通专项规划。以低碳、快速、景观、旅游、休闲、健身为定位，建设沿泾河及其支流一体化低碳交通工程，形成"两条纵贯东西、50 条横穿南北"的城市低碳交通网，总长 145km，其中滨河快速干道长 63km，绿道长 82km。

（2）协同产业专项规划。按照"绿色、低碳、循环"的产业发展理念，在泾河治理的带动下，积极发展以养生产业、旅游产业、绿色产业、低碳能源产业为主体的绿色低碳循环发展经济产业带，产业布局为"西部养身旅游、中部宜居宜业、东部绿色低碳"，把泾河打造成一条最具活力的"黄金走廊"，做大"平凉旅游产业"、建美"城市居住环境"、做强"园区能源基地"的目标。

（3）文化建设专项规划。以"山水为形、文化为魂"的核心理念，将历史文化融入景观建设中，展现平凉"山水秀城、文化名城"的总体风貌，形成"道源圣地养生文化、传统历史古城文化、革命老区红色文化"的三大平凉特色文化。

（4）亮化工程专项规划。以山、水、城、桥、景为骨架，通过立体灯光亮化，即山体亮化长 10km，沿河亮化长 18km，呈现 "山雄水秀、婀娜多姿"的夜色平凉。

3 规划创新

（1）规划统筹考虑"四网"，即水流网、城市网、生态网、产业网，其中"水流网"是指以河流水系、灌溉渠系、湿地湖泊、公园水景等共同组成平凉城市水网。"城市网"是指平凉城市"一中心、两园区"的总体城市框架以及"东扩、西控、北展、南延"的发展方向，即城市中心区、崆峒山生态文化旅游示范区和平凉工业园区。"生态网"是指构成平凉中心城区"一河、两屏、满城显绿"生态安全战略格局，"一河"是指沿泾河构建河岸生态景观带，"两屏"是指平凉城市南北两山生态屏障，"满城显绿"是指依托道路、支沟、灌渠、公园、绿地、小区等构建的城市内部绿化体系。"产业网"是指沿泾河两岸构建"西部养生旅游、中部宜居宜业、东部低碳循环"的平凉城市产业格局。

（2）规划融合"六大治水理念"，一是"节水优先、空间均衡、系统治理、两手发力"新时期治水理念；二是"山水林田湖是一个生命共同体"的生态治理理念；三是"自然存积、自然渗透、自然净化"的海绵城市理念；四是"生态修复、城市修补"的城市双修理念；五是新型智慧城市理念；六是通过水域岸线空间产权，形成"归属清晰、权责明确"的产权制度及全面落实河长制等新的管理理念。

（3）规划开创性提出要立足平凉市两山（南山、北山）之巅，将泾河治理融入到平凉城市建设全域之中，以建设平凉"四城"为目标，即以山为骨架，水系为脉，文化为魂，建设"群山为屏、水脉环绕、人水和谐"的山水之城；以水系构架为载体，建设生态绿廊，营造"山、水、林、田、湖融为一体"的生态之城；以建设调蓄湿地、生态湖泊、雨水花园等海绵体为手段，扩大水源涵养的生态空间，构建"自然存积、自然渗透、自然净化"的海绵之城；以崆峒山为基底，挖掘崆峒山道源文化、西王母寻根文化、皇甫谧针灸文化等养身文化，构建"美食养生、国医养生、运动养生"的养生之城。

（4）规划提出平凉水资源保障措施新颖，规划在"白龙江引水工程"实施后，与崆峒水库、泾河梯级水面工程、地下水源工程、城市雨污水利用工程共同组成城市"多水源"供水系统，彻底解决城市用水瓶颈，实现水资源"空间均衡"战略布局，形成"地上、地下、跨区域、跨流域、非常规水"五位一体的供水系统。

4　实施效果

规划实施后，"群山为屏，水脉环绕，水润平凉"，重现"一河清水、两山碧绿、山雄水动、城水交融"的生态平凉历史胜景，从此天更蓝、山更绿、水更清。

"神奇秀美崆峒山，天下养生第一地"，平凉将向世人展示它壮美的生态画卷，为建设国际化养生之地和"一带一路"开辟崭新的空间。

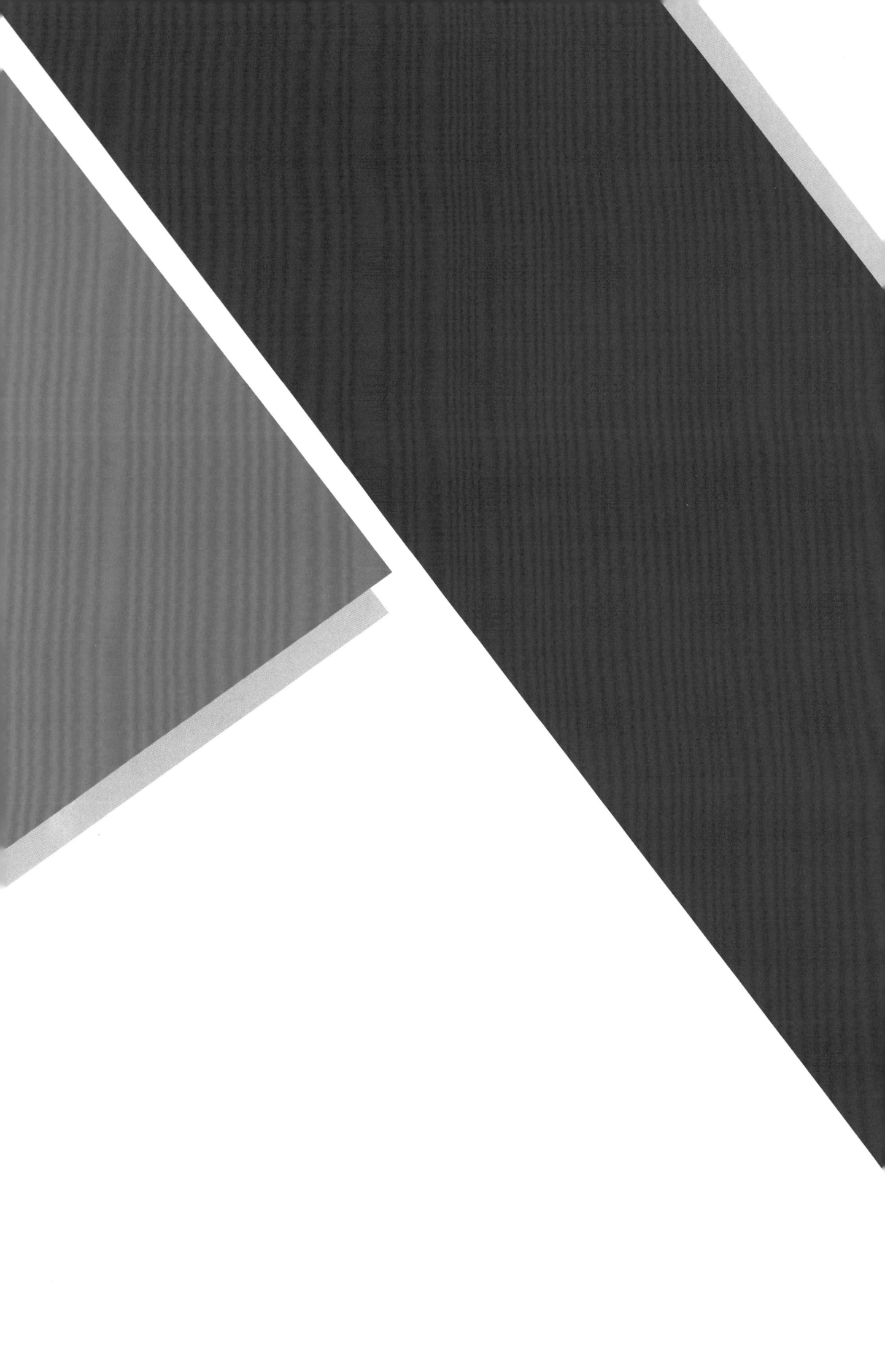

西安高陵区泾河综合治理规划

泾河高陵段综合治理规划鸟瞰图

1 项目基本情况

1.1 项目背景

泾河是渭河的最大支流，发源于宁夏回族自治区泾源县，由西北向东南流经宁夏、甘肃、陕西三省，于陕西省高陵汇入渭河，泾河干流全长 455.1km，流域面积 4.54 万 km²，其中陕西省境内干流长 266.5km，占干流全长的 58.6%，流域面积 0.92 万 km²，占总流域面积的 20.3%。

泾河高陵段位于泾河干流最下游，自 20 世纪 90 年代末以来，河道两岸规划建设了工业园区，流域经济、社会、城市建设发生了天翻地覆的变化，泾河河道已成为城中河，但泾河河道治理建设相对滞后，尤其是防洪体系不健全，防洪标准偏低，环境单调，水质受到污染，水生态面临威胁，河道环境与城市发展不相协调，对泾河高陵段进行综合整治已成为当务之急。

2019 年 9 月，习近平总书记在郑州召开的黄河流域生态保护和高质量发展座谈会上发表重要讲话，为泾河治理指明了方向。为进一步提升泾河防洪能力、修复水生态，改善水环境，编制了《泾河高陵段综合治理规划》。

1.2 存在问题

（1）防洪体系不健全，治理工程不完善。该段河道总长 11km，两岸岸线总长 18.48km，其中左岸 9.39km，右岸 9.09km。左岸已建堤防、护岸总长 6.195km，未建 3.14km，其设防标准均未达标。右岸已建堤防、护岸总长 7.22km，未建 1.87km（其中为 1.43km 高岸坎且未防护），达标 2.77km，未达标 6.25km。

（2）河滩地环境较差，与建设水生态文明、人民对美好生活的追求不适应。治理段泾河河道滩地大多被当地群众耕种，耕种及苗圃面积约 2200 多亩，占整个治理面积的 29%，部分被煤场、停车场等企业违规占用；水域面积仅 945 余亩，占整个治理面积的 12.4%；荒滩地以及存在采砂场所遗留坑塘，面积为 2940 亩，占整个治理面积的 38.7%；泾河河道因杂草丛生，缺乏游览道路等原因，使市民无法亲水游览，河道环境与泾河两岸城市发展

铁路桥上游左侧煤场

店子王右岸大桥上游滩面

管道桥部分滩面

污水处理厂下游滩面

极不协调，已成为两岸经济社会发展的制约因素。

（3）沿河交通体系不完善，防汛抢险、休闲旅游、缓解市政交通压力等功能难以发挥。现状泾河两岸陆续修建了部分滨河道路，但绝大多数道路仅为防汛及工程管理道路，标准低，功能单一，且未贯通，一旦发生洪水灾害，不能保障防汛抢险工作正常开展。

（4）河道湿地功能萎缩，河道治理未彰显两岸丰富的历史文化资源。泾渭三角洲自然湿地泾渭交汇口以上河滩及河道面积共计 506.3hm²，其中水域面积 62.92hm²，仅占总面积的 12%，河道湿地功能严重萎缩。"泾渭分明"的典故妇孺皆知，泾河沿岸历史文化悠久，作为著名的"泾渭分明"自然景观地，现状河滩荒芜，未能很好地发挥其自身的文化价值。

部分堤顶道路

工程管理道路

2 治理思路

2.1 治理思路

认真贯彻落实党的十九大会议精神，落实习近平总书记生态文明思想及在黄河流域生态保护和高质量发展座谈会的重要讲话精神，坚持"绿水青山就是金山银山"的理念，以"山水林田湖草是一个生命共同体"系统治水思想为统领，坚持生态优先、绿色发展，以水而定、量水而行，因地制宜、分类施策的方针，根据泾河特性及沿岸社会经济发展需求，以防洪保安、湿地修复、水环境治理、低碳交通为重点，统筹兼顾、全面规划、综合治理，优化配置，充分发挥河道的生态、景观、休闲旅游功能，注重河道生态保护，提升城市环境品位，带动沿线经济产业高质量发展，为促进当地经济建设改善人居环境做出积极贡献。

2.2 规划目标

通过防洪安全保障、湿地生态修复与水环境治理、低碳交通管理等体系建设，把泾河建成"安澜河、生态河、人文河、幸福河"，达到"以水兴业、以水兴城"的目的。防洪工程达标率为100%；湿地水域面积占比不小于25%；沿线交通全线贯通。

2.3　规划布局

坚持生态优先、绿色发展，按照以水而定、量水而行、因地制宜、分类施策的方针，立足当前、谋划长远，将泾河治理作为城市高质量发展的先决条件。以防洪安全保障体系建设防水安水、以湿地生态修复及水环境治理体系建设留水活水、以低碳交通管理体系建设亲水管水，综合采取"渗、滞、蓄、净、排"等措施，构建具有"涵养、生态、净化、安全"功能的区域海绵系统，构建形成统筹山水林田湖草各要素以及水治理各领域的总体框架，部署"防洪安全保障体系、湿地生态修复及水环境治理体系、低碳交通管理体系"三大治理任务。

本次泾河综合整治规划的空间布局为："一河、两带、三区"综合治理，"一河"，充分利用泾河丰富的自然资源，将该段泾河建设成城河交融，水生态良好、水景观优美、河流健康的城中河；"两带"，确保两岸防洪安全及交通便利，形成河道两岸生态保护带、防洪及滨河道路工程带；"三区"，在该段河道建设滩区滩区生态修复区、水环境提升区和水生态修复区三大特色片区，将泾河建设成绿色生态河流。

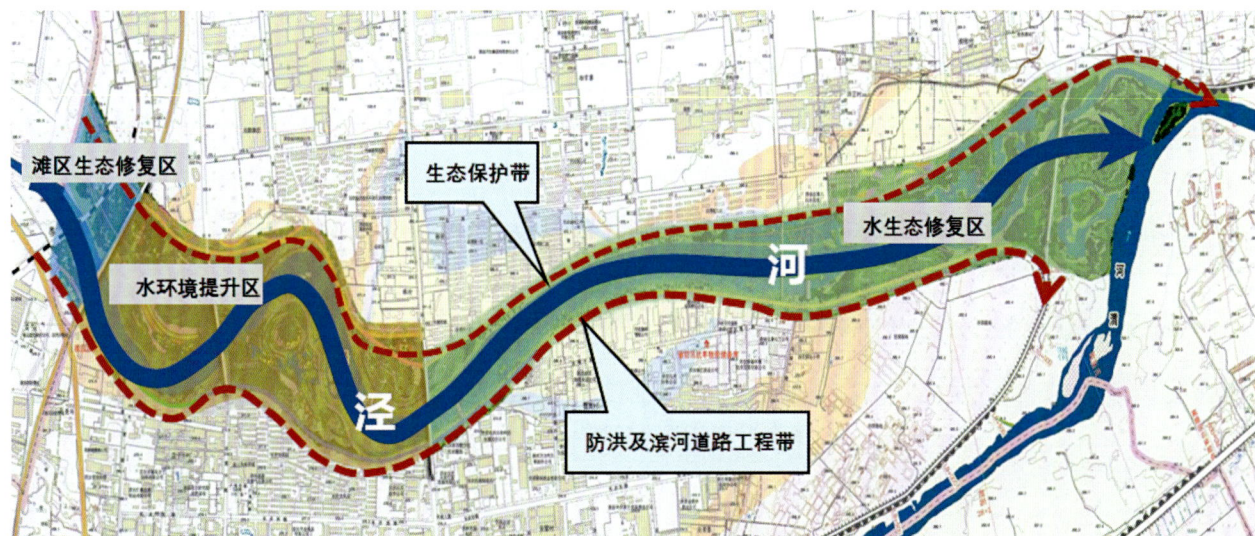

泾河高陵段综合治理规划总体布局图

2.4　规划任务

2.4.1　防洪安全保障体系

（1）防洪工程。

1）防洪标准。依据《防洪标准》（GB 50201—2014）确定高陵工业园区防洪标准为100年一遇，其设防流量为13910m³/s。由于目前河道两侧居民楼和工业厂房距离岸线距离较近，考虑到泾河上游东庄水库正在建设，水库建成后将会极大地缓解下游河道两岸的防洪压力。经分析，东庄水库修建后，当泾河发生 100 年一遇洪水时，经水库调节后，工程区流量为 8665m³/s，相当于泾河 26 年一遇洪水。本次规划堤防建设标准按照 30 年标准设防。经堤防与东庄水库联合运用，工业园区防洪标准将达到 100 年一遇标准。

2）防洪工程。新建堤防 4 处，共计 4.14km，其中左岸 0.44km，右岸 3.7km；加高堤防 3 处，共计 10.14km，左岸韩村和泾渭苑 2 处分别长约 2.17km 和 3.52km，右岸工业园至河口 1 处长约 4.45km；高岸坎防护工程 1 处，位于西铜一级公路桥至店子王大桥之间，长约 1.43km。

（2）河道整治工程。新建和加固河道治理工程 2 处，工程总长 1750m。为稳定河势，在船张村河道转弯处修建护滩工程 1 处，长 750m，坝垛 12 座；店子王河道工程坝裆未防护且坝头部分损毁，本次加固该河道工程 1 处，长 1000m。

（3）河道清淤疏浚工程。为了加大河道泄洪能力，对泾渭公路桥上游 600m 至污水处理厂管道桥下游 800m 范围内河道进行清淤疏浚，以增加河道主槽泄流能力。清淤疏浚河道共计长 4.98km，宽 180~200m。

通过这些措施，加上东庄水库修建之后的调蓄功能，使该段河道防洪标准可达到 100 年一遇。

2.4.2 湿地生态修复及水环境治理体系

根据河道的自然特性及区域发展规划，以西铜一级公路桥和泾渭公路桥为节点，在该段河道建设滩区生态修复区、水环境提升区和湿地生态修复区三大特色片区，带动周边产业，

湿地生态修复及水环境治理体系分区图

提升居住区的滨水环境，将泾河建设成"水清、岸绿、自然、和谐、生态"的家乡河。

（1）滩区生态修复区。位于西铜一级公路桥上游，长0.7km。在该区域以现有林地为基础，对区域内违建进行拆除清理，对荒地进行绿化。对林区内树木进行梳理，在树林内设置一条5m宽道路，路边设置停车区域。在树林外侧设置休闲步道，适应周边群众和游客观赏。

（2）水环境提升区。位于店子王大桥与泾渭公路桥之间，长3km，根据周边环境三块滩地主要分为健身运动、城市休闲、生态湿地和城市活力四大片区。健身运动区建设以体育健身为主题的健身公园；城市休闲区建设以生态休闲为主题的生态公园，公园内主要为儿童乐园和梯级广场两个部分；生态湿地区根据滩地地势及目前植被分布，将该区分为科普教育区、湿地保育区以及浪漫田园区；城市活力区设置景观游览道路以及绿化景观，设置小树林、草坪等较广阔的区域，引入露营、烧烤、垂钓、拓展训练等临时性经营设施，给人们提供一个野外活动休闲场所。

（3）湿地生态修复区。位于泾渭公路桥至入渭口河段，长6km。管道桥以上主要以湿地生态水量保障系统为主，污水处理厂滩地主要以净水湿地为主，河口主要以生态湿地为主。

为了保障湿地生物多样性，扩大水面面积，避免河道清淤疏浚大面积河滩裸露并有效地利用空间，在下游设置不影响行洪的拦蓄水工程，保障下游湿地的用水。拦蓄水工程采用液压坝形式，在蓄水区上、下游布设两道液压坝。上游液压坝起导流、拦沙作用；下游液压坝起蓄水作用。修建该工程后，水面面积增加53.17hm^2，水域面积率提高10%，蓄水量达到209.3万m^3。

水环境提升区部分鸟瞰图

湿地水量保障及净水湿地效果图

泾渭分明生态湿地区效果图

净水湿地区位于西安市第八污水处理厂段，其出水水质为一级 A 标准，为进一步提升泾河入渭口断面水质，因此利用净水湿地对水质进行提升。净水湿地沿河长度 2.8km，其面积为 24.22 万 m^2。

生态湿地区位于泾河河口，对河口采砂引起的滩面高低不平处进行清理，对局部低洼水面与河道进行连通，其中主河槽左岸水面采用净水湿地处理后的净化水，河槽右侧水面引入泾河河水，加大水域面积，改善生态，增加生物多样性，在净化水质的同时，营造河道内自然景观。

2.4.3　低碳交通管理体系

（1）低碳交通工程。道路建设分为堤顶防汛交通道路、滩地内游园路、管理道路。堤顶防汛道路长 18.48km，路宽 22m，满足机动车双向 4 车道、人行道及自行车道的要求，地形不允许的条件下至少保证双向两车道及自行车、人行道要求。道路与沿线国道、市政道路有效衔接，并建成林荫大道，景观大道、绿色廊道。在河滩内修建 5m 宽行车道作为河滩景观的主要交通道路，在景点之间布设 2~3m 宽步道满足休闲游览的需求。

（2）生态景观带。利用护堤地设置生态景观林带 6 处，共计 9.92km。其中左岸 2 处，共计 5.87km；右岸 4 处，共计 4.04km。景观林带根据周边环境情况，融入当地文化脉络。

3　规划创新

（1）按照堤路结合、分区治理的思路，通过堤岸防护、河道清障等工程措施结合上游水库的削峰滞洪作用，利用信息化管理、河道保护红线等非工程措施的建设，形成完善的防洪保障体系。

（2）该规划涉及省级湿地保护区，在该段采用湿地生态修复及提升理念，对该段进行人流限制；污水处理厂出口设置净水湿地；现状湿地区仅进行基本绿化和现有水系联通。

（3）从规划治理思路与布局理念中体现了区域海绵系统理念，在湿地生态修复及水环境治理体系建设中各雨水口、排污口设置滞留设施，通过延长水力停留时间和植物吸附、固化功能，达到净化水质目的；滩地内游园路、广场铺装采用透水材料；在下游生态湿地区对下游各水面之间采用水系联通方式，加大水面工程蓄水量。

（4）生态景观林带结合周边文化环境因素设置，具有强烈的当地文化色彩，通过对景观林带的游览可直观了解区域历史文化。

4　实施效果

泾河高陵段综合治理规划的实施将极大地削弱洪水对人民生命财产的威胁，改善区域生态环境，使该区域绿化面积增加25.3%、湿地水域面积增加13.8%，可为沿岸群众提供一个新的休闲度假场所，同时带动周边旅游产业迅速发展。

西咸新区沣西新城
水系规划

1 项目基本情况

1.1 项目背景

2014 年 1 月 6 日，国务院批复同意设立西咸新区，该区成为首个以创新城市发展方式为主题的国家级新区。沣西新城作为其重要组团，位于西安市与咸阳市接壤部，总规划面积 143km²。

城市水系是"水安全、水环境、水文化、水景观、水经济"的融合，是城市生命肌体的重要组成部分。"八水绕长安"的空间格局，铸就了西安历史上的辉煌，沣西新城有渭河、沣河、新河、沙河四条天然水系，水环境自然基底较为优越。但是，目前区内水系还存在着诸多急需解决的问题：水资源紧缺、水系功能不健全、水体生态需要重建、滨河生态环境单调、城市规划区需要扩展重构水系等。为了创造良好的生态环境，满足沣西新城城市发展和社会公众的水环境需求，适应现代城市发展和治河理念，沣西新城管委会提出了充分发挥自身水系优势，打造水域靓城的战略目标，决定编制水系规划，作为指导城市水系治理的蓝本。

1.2 存在问题

（1）水资源量大，但空间分布不均，水资源调配能力不足以保障城市用水安全。沣西新城水资源量充沛，年过境径流量总计约 46 亿 m³，主要分布在新城北部、东部和西部，而位于城市中部的沙河已枯竭多年，地表水开发利用程度几乎为零。随着城市的发展，生产生活用水、生态用水的需求量将不断增加，需要系统规划再配置区内各种水资源。

（2）水环境水生态遭到破坏，经济社会发展与生态保护相矛盾。沣西新城境内渭河、沣河、新河、沙河水环境和水生态均发生了局部破坏，特别是沙河由于前期采砂疯狂，造成生态环境破坏严重。新河上游由于对水资源的过度开发，峪口以下已成为季节性河流，目前来水为沿岸排放污水，河道内生态破坏严重。

（3）防洪体系有待进一步完善，防洪标准难以保障防洪安全。沣西新城整个城市防洪体系未建成，目前除渭河 100 年一遇防洪工程已全段建成外，其余新河、沣河仍为低标准的 10~20 年一遇的洪水标准，难以保障城市防洪安全。

（4）水文化水景观开发统筹不够，与水生态文明建设的要求不相适应。沣西新城水文化历史源远流长，但由于缺乏整体规划、文化内涵挖掘不够等原因，尚未形成能够代表新城水文化的特色产品，使得水文化开发滞后，与城市水生态文明建设不相适应。

（5）协同治理制度体系不完善，与治理体系和治理能力现代化差距大。由于沣西新城成立不久，各方面规划制度、机制、体制不完善，且对各环节、相关行业的约束力不够，亟待提高水资源综合管理能力和协同治理能力。

2　治理思路

2.1　规划思路

从保障城市水安全的战略高度出发，以水生态文明建设为主线，通过构建渭河、沣河、新河防洪工程体系，保障城市防洪安全；通过修建湿地公园、活水公园、水景观湖，改善城市水环境；通过沿自然水系、人工水系开展生态建设，营造城市水生态；通过统筹"地上、地下、跨流域"三位一体水网互通，实现城市水资源"空间均衡"的战略布局；通过挖掘地域历史文化与人文景观资源，提升城市水文化品位；通过应用信息化、数字化、智能化技术对河湖水系进行全方位管控，实现城市智慧水务。打造沣西新城城市"水安全、水环境、水生态、水资源、水文化、水智慧"六位一体的全新水生态文明格局。

2.2　规划目标

以城为骨架，水系为脉，文化为魂，建设"城水环绕、水景相依、人水和谐"的水景之城；以水系构架为载体，建设生态绿廊，营造"城在林中、水在城中，城、水、林、田、湖融为一体"的生态之城；以建设调蓄湿地、生态湖泊、雨水花园等海绵体为手段，扩大水源涵养的生态空间，构建"自然存积、自然渗透、自然净化"的海绵之城；以基本农田为单元，建设灌溉水网，同步推进规模化高效节水灌溉发展，构建"生态农业、科技农业、观光农业"的现代田园之城。

2.3　规划布局

（1）"四水绕城"。为贯穿南北的沣河（22.5km）、新河（12.5km）以及贯穿东西的渭河（17.9km）、沙河（3.0km）。

（2）"四脉相连"。为连通渭河、沣河、沙河、新河的四条人工水脉，分别为新渭水脉（4.0km）、新渭水脉（总长 10.9km，其中沣西新城段 7.0km）、中央绿廊水脉（6.2km）、沣景路水脉（总长 10.2km，其中沣西新城段 8.8km）。

（3）"多点纷呈"。为依托天然水道、人工水脉打造的串珠状湿地公园和连片景观水面，其中串珠状湿地 8 处，景观水面 11 片。

2.4　整治标准

（1）城市防洪。渭河、沣河防洪标准为 100 年一遇，新河为 50 年一遇，沙河不承担防洪泄洪功能。

（2）城市排涝。城市内涝防治标准为 50 年一遇，雨水管渠设计排涝标准为一般地区 2~5 年一遇，下沉式广场等地下设施按 20 年一遇。

（3）水域面积。规划沣西新城水域总面积为 4.64km^2，占新城总面积 5%。

（4）水质目标。渭河水质目标为Ⅳ类；沣河水质目标为Ⅲ类；新河水质目标为Ⅳ类，通过湿地净化后水质目标为Ⅲ类；沙河湿地景观区水质目标为Ⅲ类，其余河道外人工水域水质标准按Ⅳ类水控制。

2.5　分区规划

（1）渭河——"大水面"河道景观。

功能：防洪排涝、生态环境、景观娱乐。

渭河已经系统治理，河道内已建成咸阳湖水面工程、两寺渡水面景观工程以及正在实施咸阳湖南槽蓄水工程，已成工程总回水长度 10.7km，形成水面面积达 320 万 m^2，规划按新一轮渭河生态区建设要求，启动渭河滩面治理及水生态修复工程建设，即钓鱼台湿地公园。

（2）沣河——"通航"河道。

功能：防洪排涝、生态环境、景观娱乐、河道通航。

沣河规划在世纪大道至西宝高速桥之间河道内修建 2 号坝，蓄水水面面积 90 万 m^2，

陕西省西咸新区沣西新城水系总体布局"四水绕城、四脉相连、多点纷呈"

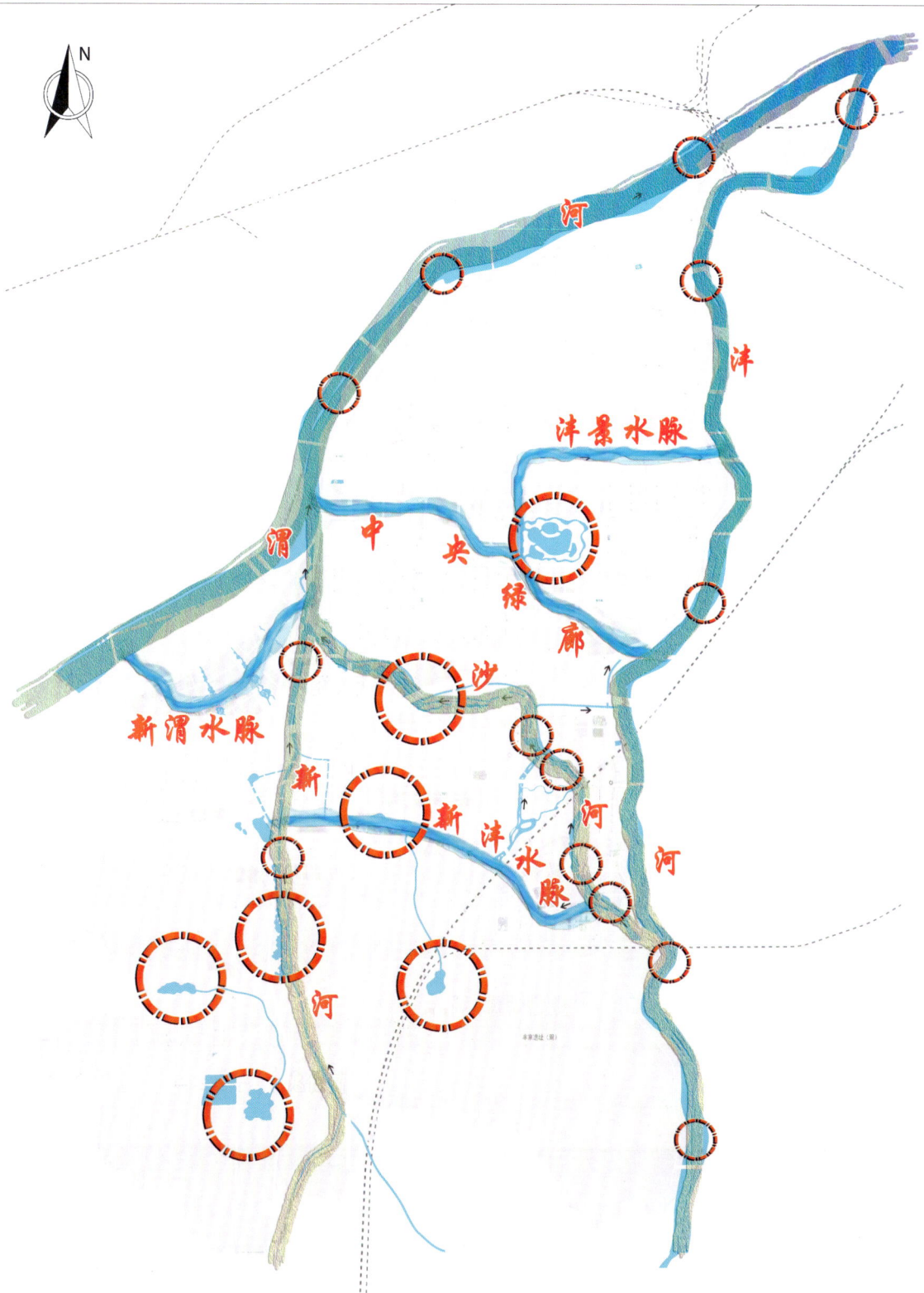

陕西水环境工程勘测设计研究院

2018年4月

按照通航标准打造沣河河道（上起 108 国道，下至世纪大道），通航河段长 12.5km，实现西北第一长的通航河段。规划在 310 国道以上，由沣东新城建 4 号坝（在西户铁路桥下游 50m）、5 号坝（沣东农博园上游 300m），形成水面面积 70 万 m^2。

（3）沙河——"峡谷"河道风貌。

功能：城市排涝、生态环境、景观娱乐。

沙河规划在红光路以上段结合现状采砂坑塘建设雨水调蓄池、生态湿地长约 2.4km，总水域面积 12 万 m^2，河口段按照新渭沙湿地公园进行统一整治。

（4）新河——"生态湿地"河道景观。

功能：防洪排涝、生态环境、景观娱乐。

新河规划修建防洪堤（长 25km）和应急分洪区（结合湿地公园建设，调节库容 58 万 m^3）打造新河"水安全保障"的防洪保安体系；通过在新河河道内修建长 6km、面积 36 万 m^2 的湿地公园和在河道外修建大王活水公园（20 万 m^2）、新泥湿地公园（40 万 m^2），营造总面积 96 万 m^2 的湿地公园，彻底根治新河黑臭水体，实现新河"水环境清晰"的生态治理目标；为提升科学城及交大创新港城市水景观品味，河道内规划在红光路上游 50m 处修建 1 号景观跌水坝，形成水面面积 12 万 m^2；河道外在科学城以新河为界，形成东西环状水系长约 4.0km 的创新湖水面景观，总水面面积 30 万 m^2，营造新河"水景观优美"的生态环境。

（5）新沣水脉——补水大动脉。

功能：连接水道、生态环境、农业灌溉。

新沣水脉规划在科学城片区实现沣河、沙河和新河三水脉连通（总长 6.9km，其中沣西新城段长 3.0km），从而实现沣河向沙河、新河补水功能，也可实现向周边农业灌溉供水，规划水面宽度 20m，形成水面面积 6 万 m^2。

（6）新渭水脉——城水交融之景。

功能：连接水道、城市排涝、生态环境、景观娱乐。

新渭水脉规划在交大创新港片区实现渭河、新河两水脉连通（长 4.0km），结合规划绿地，按照海绵城市设计理念，重在营造城市内水景观，利用雨水花园、雨水湿地、调蓄池等低影响开发措施，实现城市雨水综合利用，给市民提供一个亲水、戏水、休闲的场所，形成水域面积 20 万 m^2。

（7）中央绿廊水脉——城市新"名片"。

功能：连接水道、城市排涝、生态环境、景观娱乐。

陕西省西咸新区沣西新城水系规划平面布置图

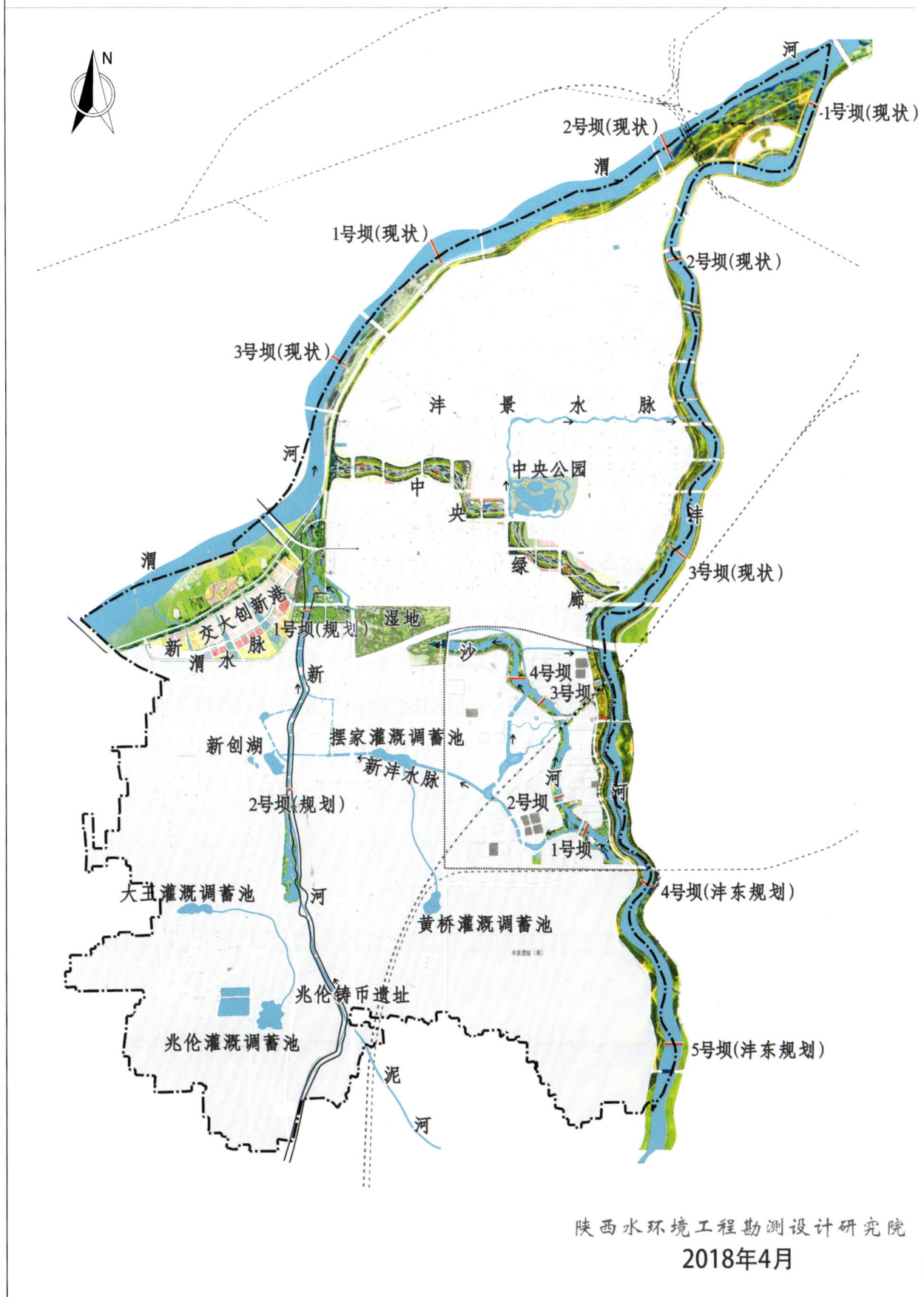

N

渭　河

2号坝(现状)

1号坝(现状)

1号坝(现状)

渭

2号坝(现状)

3号坝(现状)

沣　景　水　脉

中央公园

沣

中

央

绿

廊

3号坝(现状)

沣

河

渭

交大创新港

新　渭　水　脉

1号坝(规划)

湿地

沙

4号坝

3号坝

新创湖

摆家灌溉调蓄池

新沣水脉

河

新

2号坝

河

2号坝(规划)

1号坝

4号坝(沣东规划)

大王灌溉调蓄池

河

黄桥灌溉调蓄池

兆伦铸币遗址

兆伦灌溉调蓄池

泥

河

5号坝(沣东规划)

陕西水环境工程勘测设计研究院

2018年4月

中央绿廊水脉规划在沣西中心城市片区沿规划中央绿廊实现沣河、沙河、渭河三水水脉连通（长 6.2km），规划定位为以城市雨洪调蓄为核心功能的绿色城市基础设施，激发城市活力的新城发展新引擎，展示城市文化的沣西城市地标，形成水域面积 23 万 m²。

（8）沣景水脉——公园水景。

功能：连接水道、生态环境、景观娱乐。

沣景水脉规划在沣西中心城市片区实现沙河、中央绿廊、沣河三水水脉连通（长 7.0km），规划沿沣景路北侧 150m 宽的绿化带内，划定宽度不小于 30m 的水域，营造水景观，提升中心城区生态环境品味，形成水域面积 10 万 m²。

（9）灌溉水网——智慧供水。

功能：灌溉水道、生态环境。

新河以西片区耕地年需水量为 742 万 m³，规划兆伦、大王两处灌溉调蓄池，形成水面面积分别为 13 万 m² 和 12 万 m²；沣河以东片区耕地年需水量为 520 万 m³，规划黄桥、摆家两处灌溉调蓄池，形成水面面积分别为 10 万 m² 和 15 万 m²。

3 规划创新

（1）规划实现沣西新城境内水体（天然水道、人工水脉、湿地公园、公园水景湖等）"地上、地下、跨流域"三位一体水网互通，勾画出"城、水、林、田、湖融为一体"的"魅力沣西"大美山河画卷。

（2）规划水系总蓄水量达 2260 万 m³（相当于一座中型水库），城市内雨水调蓄库容达 210 万 m³，可以容纳约建筑面积 35km² 的城市 50 年一遇暴雨量，有效控制雨洪资源量达 3800 万 m³ 以上，大大提高了城市雨洪资源利用率。

（3）规划沣西新城境内 4 条河各具特色，渭河打造"大水面"河道景观，沣河打造"通航"河道，沙河打造"峡谷"河道风貌，新河打造"生态湿地"河道景观。

（4）规划构建了沣西新城境内超强城市海绵体，以建设下凹式绿地、雨水花园、生态塘等低影响开发措施，应对中小强度降雨；以建设沙河调蓄湿地、地下水库（中央绿廊和中央花园）及新河分洪区等措施，应对中强度暴雨，甚至特大暴雨。

4　实施效果

规划实施后，安全、健康、优美、智慧的水系基本建立，沣西新城城市防洪、排涝标准全面达标，洪涝灾害损失程度显著降低；以河流和人工水系将湿地、湖面串珠状相连，水系互联互通，实现水资源"时（间）空（间）"均衡；境内河流生态修复能力显著提高，河流水质明显改善；城市水系、湖泊及滨水公园星罗棋布，河堤湖岸绿树成荫，水清、岸绿、景美的水生态环境基本形成，真正做到让城市融入大自然，让市民感受"望得见山、看得见水、记得住乡愁"的身心回归。

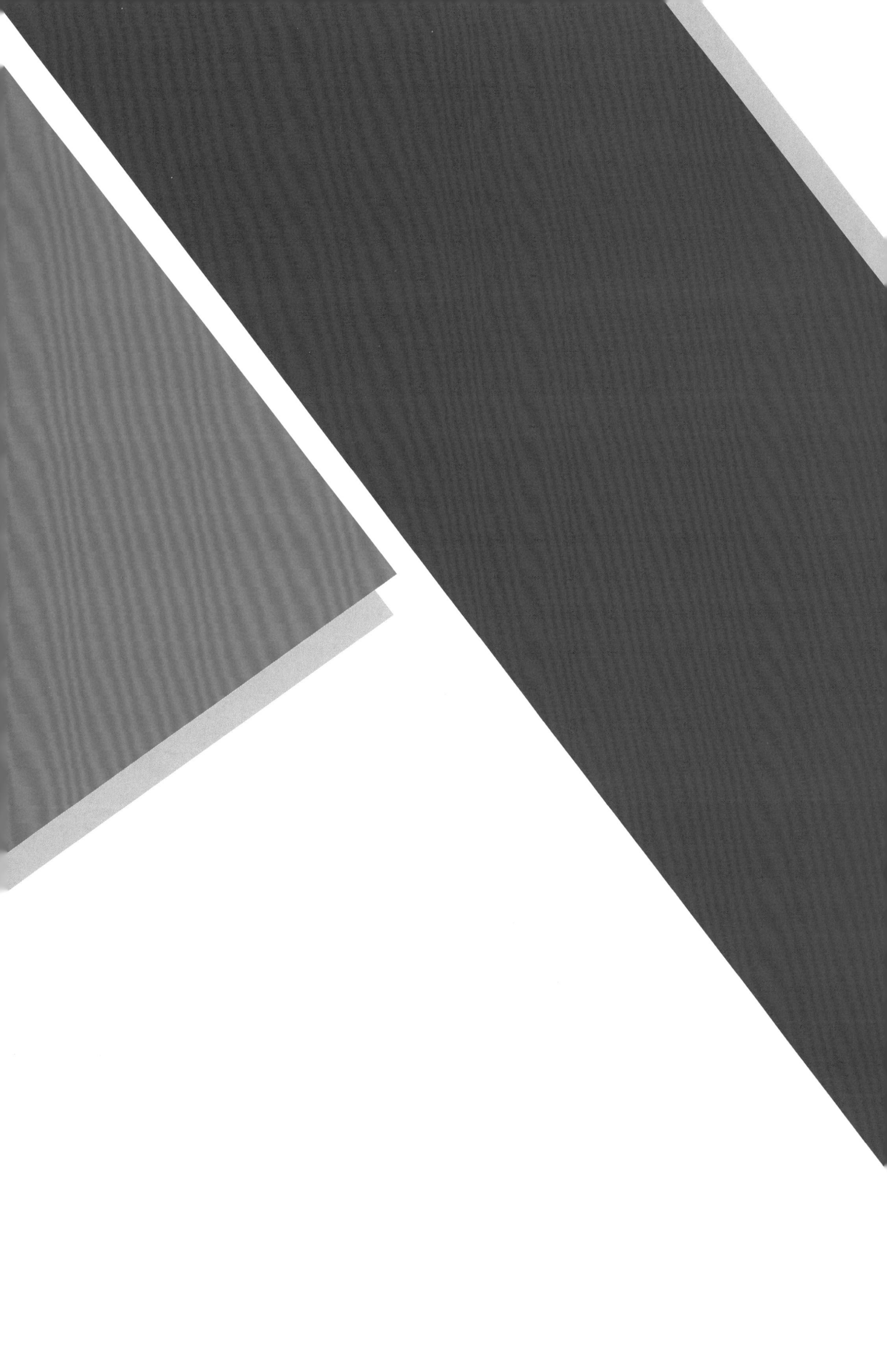

蒲城县城环城水系规划

1 项目基本情况

1.1 项目背景

蒲城县位于陕西省关中平原东北部，属渭南市管辖，既是陕西历史文化名城，被誉为"酥梨之乡"和"焰火之乡"，也是国民革命军上将杨虎城和清朝宰相王鼎的家乡，有"将相故里"的美誉。为了进一步突出城市特色，打造良好生态环境，蒲城县提出编制水系规划来充分发挥自身资源优势，通过梳理生态水网，规划县城水环境、水安全、水文化、空间布局开发治理、经济产业开发时序等内容，合理配置水资源，改善生态环境。

1.2 存在问题

（1）水资源紧缺，水生态空间不足。近年来，随着蒲城县工业化、城镇化、农业产业化战略的进一步推进，县城用水量也急剧上升，而现有供水工程能力不足，供水保证率低，水资源供需矛盾突出，县城及周边基本没有长流水河流，仅有一条常年干涸的漫泉河河沟，水生态空间明显不足。

（2）水资源利用方式单一，综合效益有待提高。蒲城县城周边地形相对平坦，属黄土台塬地貌，耕地面积占总土地面积的 80% 以上，而灌区面积占总耕地面积的 90% 以上，现状农业用水比重大，但节水灌溉面积小，水资源有效利用率低。本次规划区主要属东雷二期抽黄的引黄灌区，灌溉年引水量在 4000 万 m^3 左右，主要灌溉方式为渠灌，水资源有效利用率低。因此发展高效节水灌溉已迫在眉睫。

（3）城市水系缺失，生态环境单调。蒲城属黄河流域渭洛河水系。境内河流极少，洛河、大峪河、白水河均系边界过境河流。县域境内闭流河有漫泉河、龙泉河、卤泊河等，但均已干涸断流。因此县城及周边无地表水系，生态环境单调，水景观资源匮乏，与社会经济发展、人民生活改善对环境日益增长的需求不相适应。

（4）水景观及水文化建设的潜力没有得到充分挖掘。在蒲城县快速发展过程中，由于没有水景观和水文化工程规划，导致蒲城丰富的历史文化体系缺乏水景观载体，水文化体现不足。

2　治理思路

2.1　规划思路

贯彻落实系统治水、柔性治水、协同治水理念，结合河流整治、湖泊、湿地建设等生态措施、工程措施和管理措施，达到人与自然和谐；以现有水资源、雨洪水、城市再生水利用为重点，落实陕西省委、省政府"聚集水、留住水、涵养水、用好水"的策略，满足蒲城县水生态文明建设的需求；以城市总体规划为指导，以现有水系为基础，以保障城市防洪安全为前提，以生态修复、连通水系、营造水景观为主要手段，突出系统规划、统筹协调、综合整治、科学管理，充分挖掘城市涉水文化底蕴，构筑"水通、水动、水清、水安、水灵、水美"的蒲城水系新生态，为促进社会可持续发展提供保障。

2.2　规划目标

通过自然水道修复，人工水道连接，实现水资源的联通、联调、联控，形成多线联通、多层循环、生态健康的蒲城柔性水网体系。到2030年，以天然水道为基础，结合人工渠系、管网，构建安全、健康、优美、智慧的蒲城水系；依托人工湿地、海绵城市以及再生水利用等柔性治水措施，优化水资源配置，系统解决水资源短缺、水环境恶化、水生态损害等问题。通过系统治理河流重现"山雄水动，人杰地灵"的山水田园城市胜景。

具体目标包括以下五个方面：

（1）生活供水保证率达到95%以上，农田灌溉供水保证率达到50%以上。

（2）防洪标准：蒲城县城采用20年一遇洪水标准设防。

（3）建成水资源合理配置和高效利用体系。工业、农业用水水平跻身全省领先行列；新增雨洪水调控能力119万m^3；污水处理率达到100%，再生水利用率达到35%以上。

（4）基本建成以天然水道、人工渠系为骨架，管网、水库、湿地为补充的蒲城水网体系。

（5）建立完善的水系良性运行管理监测体制、机制、实现水系管理的数字化和智能化。

2.3　规划范围

规划范围包括《蒲城县城总体规划（2010—2025年）》确定的县城规划区范围及城市外拓部分，规划范围西至三（合）一贾（曲）路以西2km，东至渭蒲高速以东2km，南至京昆高速以南 2km，东西宽 15km，南北长 14km，总用地面积约 210km^2。

2.4　规划布局

按照"龙脉福地、城水共生"的规划定位，总体上形成 "一带、两横、四区、十湖" 的空间形态，打造"一纵贯漫泉、两横织绿带、湖塘缀其间、碧水映尧山"的生态画卷。

（1）一带。漫泉河水生态廊道。规划沿漫泉河从西澄公路桥到下寨干渠建设水景观带，总长度 6km。拟修建 3 道跌水坝，水面面积 50 万 m^2。

蒲城县城漫泉河平面效果图

（2）两横。主要指在县城北部和县城南部各布置一条水系。其中北部水系，自县城东北部贾王庄水库向西通过城北防护林最终接入漫泉河，该水系主要向城北防护林和高效农业供水，并兼顾水产养殖和旅游观光等功能；南部水系主要以蒲城县污水处理厂中水为水源分别向县城内长乐湖和城西漫泉河进行补水。

（3）四区。东部"农业观光区"，依托现有的花卉产业基地，发展苗木、花卉、蔬菜、果品等高效农业，远期可在该区域以贾王庄水库为水源布置城东水系，布置灌溉水池，依托水面景观建设农业观光旅游区和优美乡村示范点；西部"生态景观区"，依托漫泉河

水面工程，生态廊道、县城水系等水文化景观区，东雷抽黄北干渠等水利、水景观设施及大面积的绿色果园、农田等基础设施，建设以水产养殖、绿色果品、运动休闲、观光旅游为主导产业的生态景观区；南部"高效节水农业示范区"，依托东雷抽黄北干渠、重泉水库等水利设施种植葡萄、梨、西瓜、冬枣等水果，建设高效节水灌溉设施，大力发展高效节水灌溉，建设绿色果品基地；北部"唐皇陵文化景观区"，以灌溉水池为生态景观载体，改善城北防护林和唐皇陵文化旅游区生态环境与旅游设施，建设湖滨旅游服务区，同时以灌溉水池为水源，引进高效节水灌溉技术和设施，发展高效节水灌溉，建设高效农业示范区。

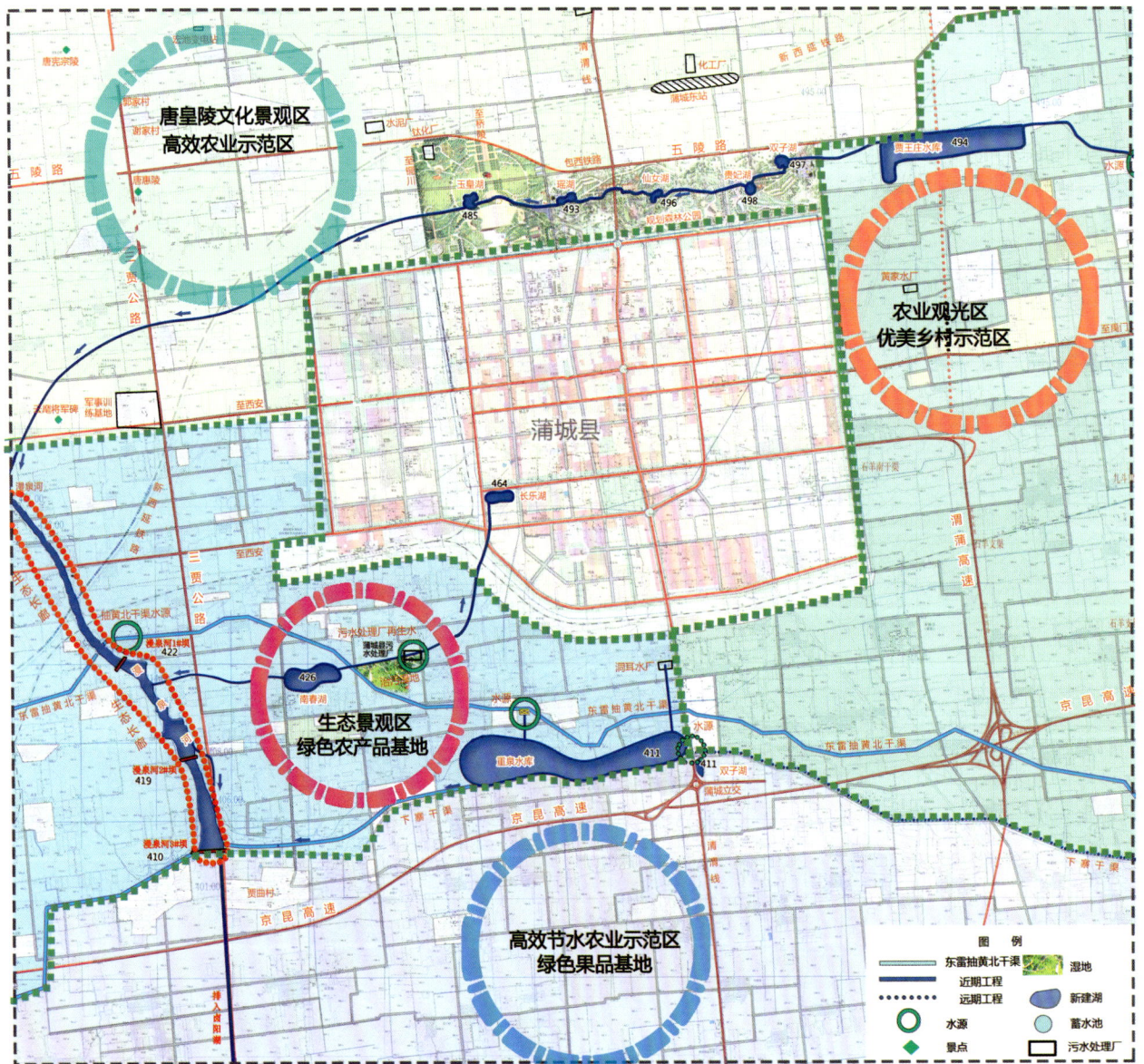

蒲城县城水系规划平面布置图

（4）十湖。规划布置有 10 个湖，其中城北有 6 个湖，分别命名为贾王庄水库、玉皇湖、瑶湖、仙女湖、贵妃湖和双子湖；城西有 2 个湖，分别为南春湖、长乐湖；城南有 2 个湖，分别为重泉水库、北湾水库（其中北湾水库为蒲城水系的远期供水水源）。

3　规划创新

（1）规划在区内 14 万亩灌区发展高效节水，其节约灌溉水量与蒲城县污水处理厂中水、城市雨洪水联合可用于蒲城水系 9 个蓄水池（近期实施）和漫泉河水生态廊道的生态供水。

（2）规划在蒲城县城周边修建 9 个蓄水池（近期实施），1 个水生态廊道，通过各个调蓄池的调蓄作用，可防御 20 年一遇的一日暴雨；从而保证项目区在极端降雨情况下的防涝安全，并大大提高城市雨洪资源的利用。

（3）规划对蓄水池和漫泉河的岸坡和河床进行生态景观改造，改变原有线性单一的河道岸线，丰富河道断面，形成浅滩和深水，恢复河流自然生态属性；同时对县城污水处理厂处理后的达标排放水通过生态治污湿地进行深度净化，实现水资源的综合利用和水环境水生态的持续改善。

（4）水系和蓄水池形成城市水生态系统，不仅可以作为灌溉的调蓄水池，而且与蒲城规划的森林公园相结合，成为城市绿地生态系统的有力组成部分，构筑蒲城的特色风貌。

4　实施效果

规划实施后，将河道纳入整体流域防洪系统之中，从宏观角度控制蒲城县的防洪排涝系统，逐步改善现有的退水设施，城市防洪、排涝标准全面达标，安全、健康、智慧的水系基本建立；通过挖掘并传承蒲城的地域文化，构筑全面而具有特色的水系，主要利用灌溉节水改造后节约水量修建蓄水池，调蓄灌溉水量，在漫泉河修建蓄水工程，构建新的生态廊道，实现水资源的综合利用和水环境水生态的持续改善；水系规划与蒲城的唐文化、农业观光、生态等功能区相协调，有效改善蒲城居民的生活环境、生产环境和生态环境。规划实施后一座历史与现代完美融合的山水之城将重新展现在世人面前。

第二部分
河流治理工程
设计

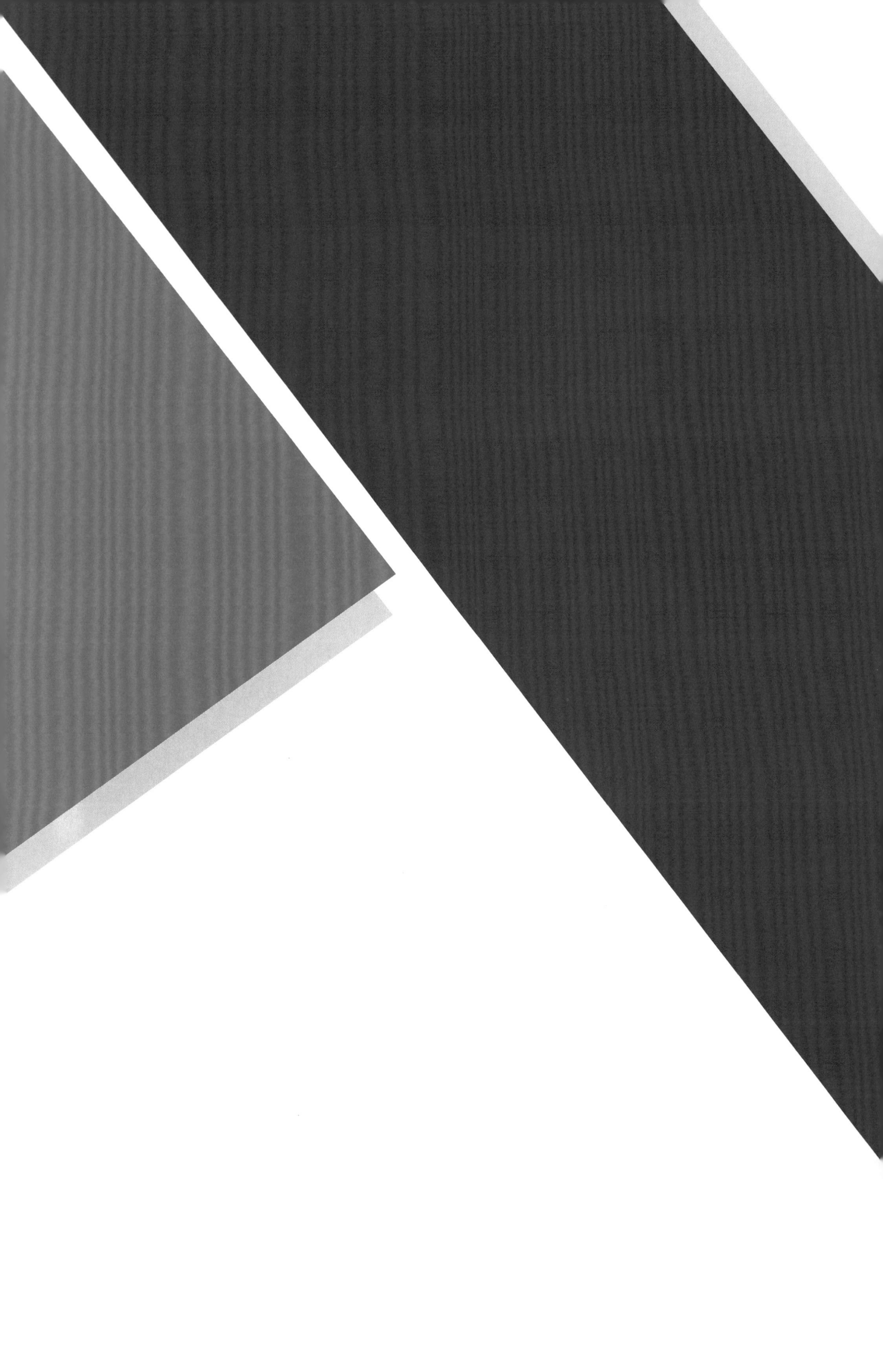

渭河下游西咸新区秦汉新城段防洪治理

1 工程基本情况

1.1 项目背景

陕西省 2010 年 1 月 7 日批准在渭河北岸（左岸）成立了咸阳市泾渭新区。泾渭新区沿渭河北岸发展，为了实现区域经济社会跨越式发展，营造防洪安全有保障的人居环境，随即开展了泾渭新区段渭河防洪治理工程。该项目是陕西省渭河干流探索生态型防洪工程的试点项目，也是引导全面建设人水和谐的大美渭河，促进陕西省渭河干流全段形成生态景观型防洪工程的典型示范工程。

2017 年 4 月泾渭新区更名为陕西省西咸新区秦汉新城管理委员会。该项目名称改为"秦汉新城段渭河防洪工程"。

1.2 工程建设条件

本次秦汉新城段渭河防洪工程属于渭河下游偏上段北岸城市区域，从上林桥向下游至西咸高陵区交界处，治理河长约 20km。工程区域属于汾渭地堑的西端，渭河断陷盆地内，出露地层主要为第四纪冲积、洪积、风积成因的松散堆积层，发育有漫滩及一级、二级、三级阶地地貌单元，阶地及漫滩二元结构清楚。地基土层以中细砂为主，10m 以下岩性相变为粗砂。岩性颗粒较细，易于冲刷。

原堤防工程多修筑在渭河高漫滩上，局部堤段处渭河一级阶地前缘。原河道工程处在河漫滩上，抵抗主槽地段高流速河水冲刷。

2 工程总体设计

2.1 工程等别和标准

秦汉新城段渭河防洪工程保护对象为西咸新区秦汉新城，较为重要，该城市人口约 50 万人。相应工程等别为 Ⅱ 等。堤防工程防洪标准为渭河 100 年一遇洪水，相应渭河咸阳水文站流量 9700m³/s。河道整治工程按险工和控导标准。

2.2　工程任务

秦汉新城段渭河防洪工程设计首要任务是防洪。加固现有堤防工程；加强河道整治，理顺中水流路，稳定和改善现有河势，加固已遭损毁的原有河道工程，增强弯道段的迎流、送流能力，合理优化工程平面布局，进一步稳定河势。还需要改善该段渭河生态环境，实现人与河水亲近，营造绿化环境和亲水平台。

2.3　总体布置

设计以防洪工程为主，包括渭河北岸堤防工程和河道整治工程。同时在堤防工程和河道工程管理范围内种树植草，营造亲水平台。

（1）堤防工程。基本维持现状已成堤防工程平面位置不变，对局部堤段转弯折处圆滑平顺，总长 18.65km。

（2）河道整治工程。遵循规划治导线，河势演变规律，以及上下游已有工程进行布置。共加固、复建和续建河道工程 7 处，控导护滩长 11.62km，整治河段长度占比 62%，坝垛平台全部改造为亲水平台。

渭河防洪工程整体鸟瞰效果图

2.4 主要建筑物设计

2.4.1 堤防工程

（1）设计堤防横断面结构。堤顶宽 20~24m，临、背水侧坡比均为 1：3，护坡石笼上部覆土植草，坡比可按绿化要求调缓。堤坡临水侧选用石笼网垫护坡，背水侧草皮护坡。

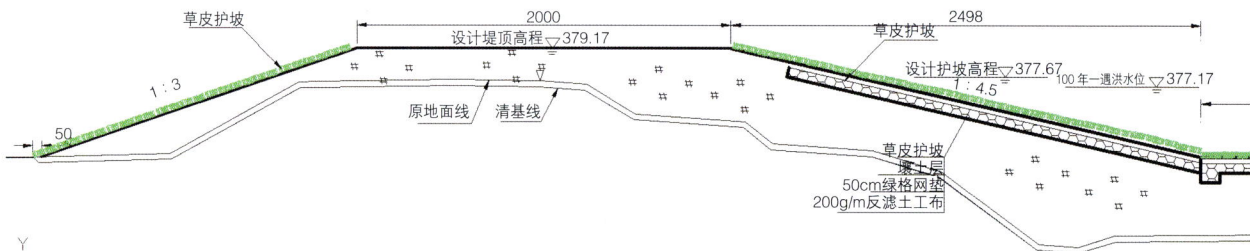

堤防设计典型断面图（单位：cm）

（2）堤顶路面硬化。堤顶铺设沥青路面，作为城市交通主干道。12m 宽沥青路面从上向下设计为四层，依次为：厚 3cm 细粒式沥青混凝土、厚 8cm 中粒式沥青混凝土、厚 30cm 白灰粉煤灰碎石稳定层、60cm 厚 2：8 灰土层，以及必要的油层。

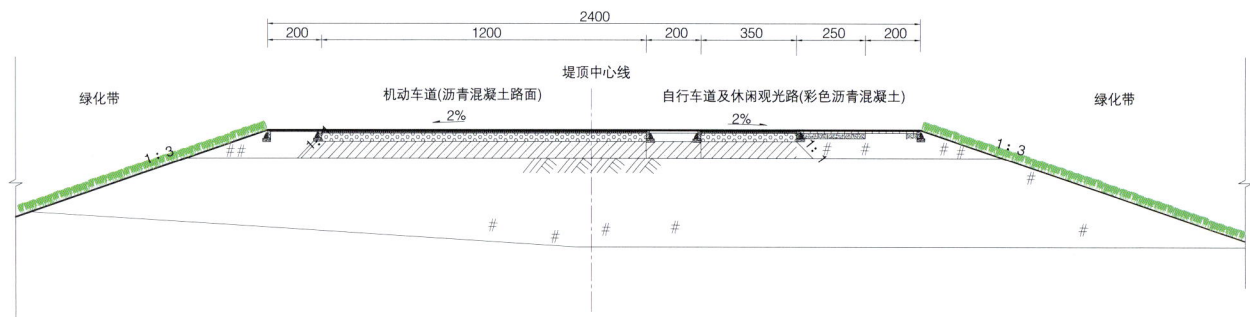

24m 宽堤顶段道路结构断面图（单位：cm）

8m 宽沥青路面路面从上向下设计为四层，依次为：厚 4cm 细粒式沥青混凝土、厚 4cm 中粒式沥青混凝土、厚 30cm 白灰粉煤灰碎石稳定层、45cm 厚 2：8 灰土层，以及必要的油层。

堤顶沥青路面由路拱中心向两侧设 2% 横比降，道路两侧设路缘石。

堤肩绿化和堤肩人行道。堤顶 24m 宽和 20m 宽时，堤肩人行道均宽 2m，行道林绿化宽度 1.5m，堤中分车绿带宽 2m，两侧路缘宽 0.5m。行道林带内种植 1 排树木，其余空地可栽植灌木或草皮绿化；分车绿带内栽植灌木和草皮。绿带纵向长 15m，间距 3~5m。种植绿化树种，可按小叶黄杨、柏树、垂柳三种树种搭配或其他适宜树种。

人行道、绿化带、堤顶沥青路面相接处均设路缘石。道路路面边缘与路缘石顶部高程基本齐平。人行道透水砖顶面高程略高出绿化带树池高程。

2.4.2　河道工程

（1）坝垛型式。河道工程采用顺坝带垛型式。雁翅坝垛坝头处石笼平台以上部分进行了改造，去掉了坝头处石笼平台以上部分，坝头上跨、下跨连接起来，与上下游坝挡均采用护坡平顺衔接，坝头石笼平台平面为流线型雁翅坝基本形状，坝头处石笼平台围护区域作为亲水平台。

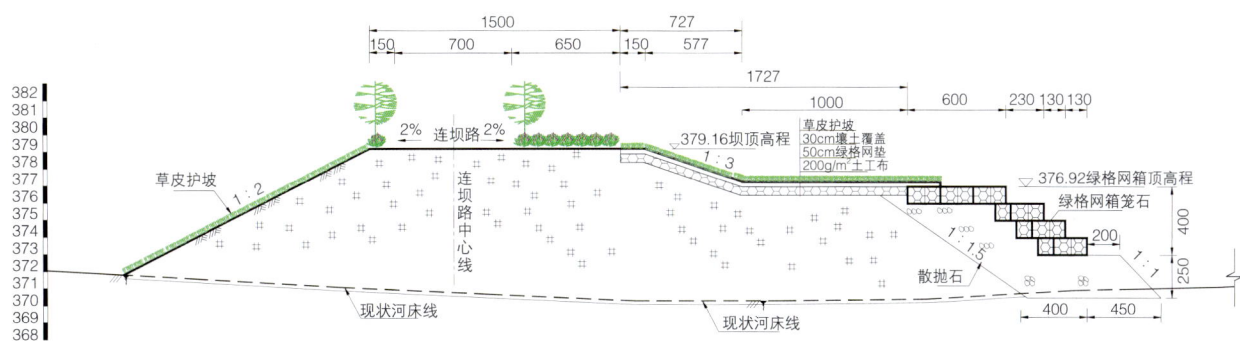

河道工程坝垛坝头典型断面设计图（单位：cm）

（2）连坝路。连坝路顶部高程与设计坝头坝挡顶部高程一致，梯形断面，填筑当地土料碾压而成。背水侧坡比1：2，临河坡比与坝体土胎相同。连坝路顶部宽度15m左右。其中硬化宽度7m，背水侧路肩1.5m，临水侧设5m宽左右绿化带，坝挡顶部边缘留出1.5m宽行人宽度。

3　技术难点

本工程的设计难点在于如何贯彻落实"人与河流和谐相处"的理念，建设一项堤宽、坡缓、有绿化、有美感、方便亲水的生态、景观型防洪工程。

4　技术创新

（1）宽堤缓坡。堤防顶部宽度由保持多年的8~12m扩宽为20~24m。堤防临、背河堤坡设计坡比1：3，在保障防洪安全前提下，为了能够更好地美化堤坡和河道环境，临堤险工临河坡面缓至1：6.84~1：11.9。舒缓的堤坡为景观绿化创造了很好的条件。目前

治理后的堤防工程

堤顶防汛通道和沥青路面

工程已建成，现状整体的防洪、景观效果良好。

（2）渭河防洪应用新材料——合金钢丝网垫护坡和合金钢丝石笼护岸，表面覆土植草绿化，突出了生态景观效果。

（3）创新河道工程坝垛结构型式。雁翅坝头采用合金钢丝网垫护坡和合金钢丝石笼护岸结合的缓坡生态亲水新型坝垛。设计将雁翅坝传统结构进行了调整：干砌石护坡改为合金钢丝网垫覆土植草护坡；坝顶高程降低至与笼石顶齐平，改造为亲水平台，方便工程绿化美化，亲水休闲。

（4）堤顶沥青混凝土路面，排水采用散排，道牙不再高出路面而是与路面齐平，排水条件更好。机动车道与自行车道、人行道分离式设计，整体功能布设及排水效果良好，已成为渭河堤顶道路的典范。堤顶树池、绿化带四周的路缘石顶部与堤顶齐平，不高出堤顶路面，有利于堤顶雨水入池下渗，不致形成雨水集中而冲刷堤顶和坡面，从运行情况来看，排水效果较好。

治理后的河道工程

河道坝垛及其表面绿化

5　获奖情况

2017 年 1 月《渭河下游西咸新区秦汉新城段防洪治理工程设计》被评为陕西省第十八次优秀工程设计三等奖。

2014 年 6 月《渭河陕西省西咸新区秦汉新城段综合治理工程设计》被评为杰出环境治理工程奖。

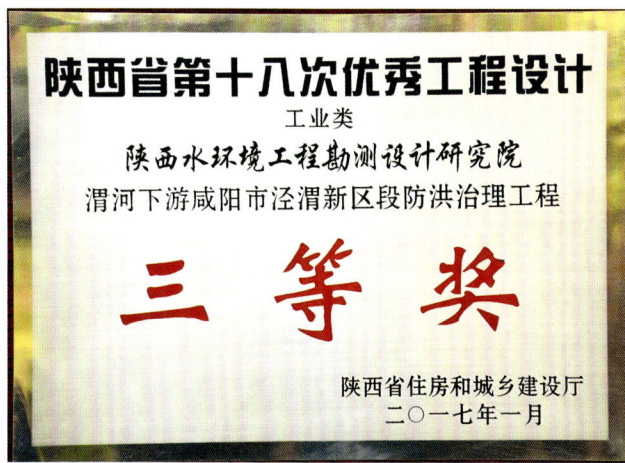

6　运行情况及实施效果

秦汉新城段渭河防洪工程 2012 年竣工验收，工程运行以来，渭河堤防安然无恙，河道整治工程经过了多年洪水考验，出险情况很小，维护费用大大降低。堤防顶部、滩区防护区域已经形成了亲水、休闲的绝好去处，实现了人水和谐的治水思路。

项目为沿河区域提供了防洪安全屏障，带动了经济社会快速发展，社会效益十分显著。

渭河下游西咸新区秦汉新城段防洪治理工程堤顶实景照片

渭河秦汉新城横桥段防洪治理工程实景照片

堤、路、河道整治工程实景照片

格宾植草生态防护结构

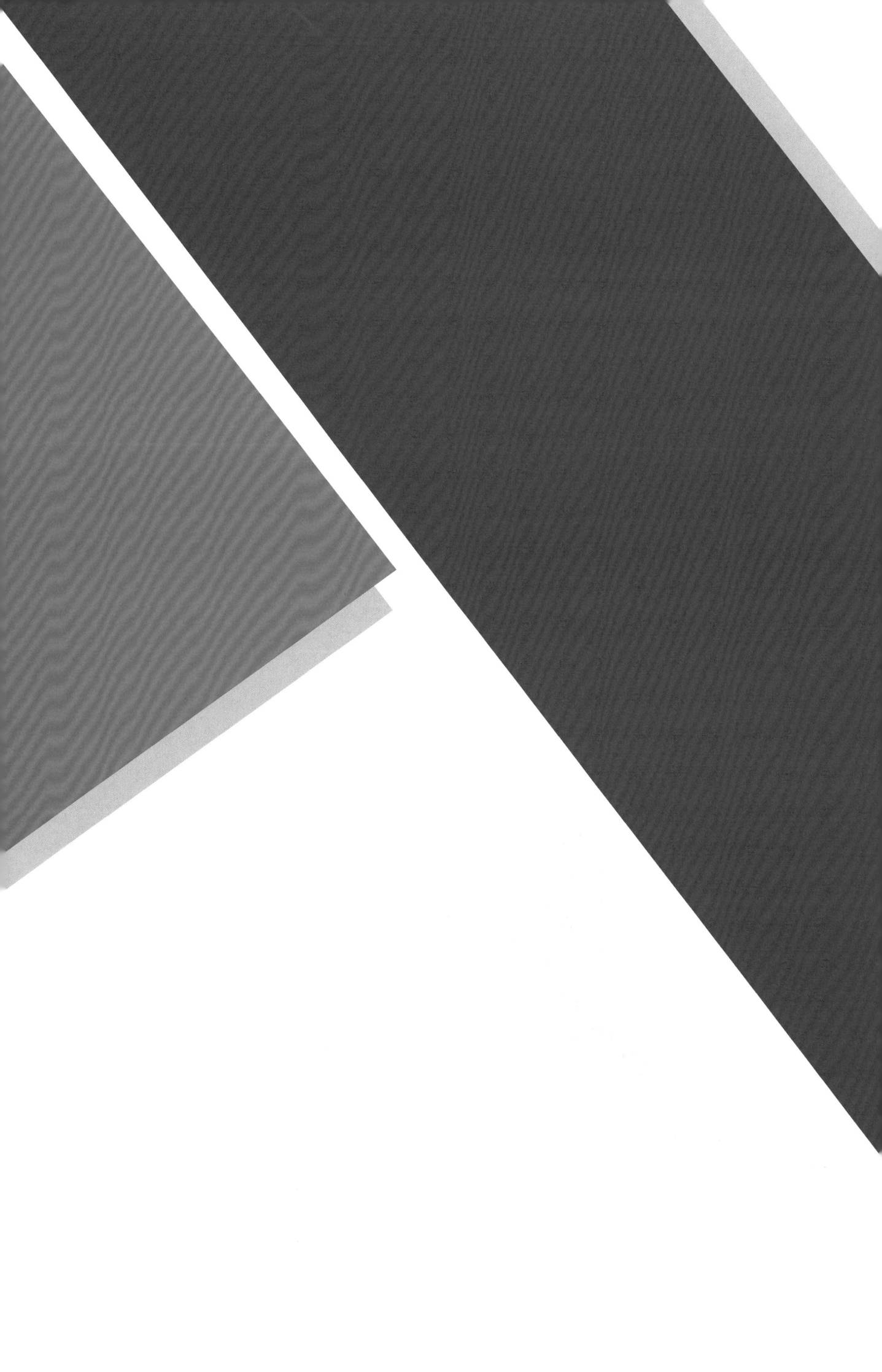

渭南市渭河城区段综合治理工程

1 项目基本情况

1.1 项目背景

随着关中—天水经济区发展规划的顺利实施，渭河在支撑经济社会发展中的地位更加重要。2011年，陕西省政府第23次常务会议审议并通过《陕西省渭河全线整治规划及实施方案》，按照"一年全面启动、两年进入高潮、三年大干快变、四年主体完工、五年全部建成"的分期建设目标，全面推动规划实施步伐，促进渭河面貌大变样。

依据渭河全线整治规划工作部署，渭南市政府结合《渭南市城市总体规划》（2008—2020年），提出对渭南城市段进行全线治理，编制了堤防、河道、滩岸综合开发利用的《渭河渭南城市段生态治理规划》。

2011年，将城区南、北两岸合计58.35km的堤防工程作为重点项目率先实施。

2013年，城区段堤防工程实施完成后，按照省水利厅总体部署，渭南市政府进一步开展了城区段渭河滩区整治工程。通过滩区整治，增加了城市休闲、运动健身、观光旅游、生态修复功能，实现堤内、外的功能协调统一，渭南城市面貌改善十分明显。

1.2 存在问题

1.2.1 堤防高度不足，防洪保障能力低下，低标准的防护体系与日益增长的社会经济发展不相协调

渭南城市段左、右岸堤防原设防标准为50年一遇，未治理堤防长度尚有13.57km。按100年一遇洪水标准复核现状堤防高度，两岸堤防均存在欠高。

渭南市作为关中—天水经济圈中重要城市、关中"一线两带"核心城市，其开发前景广阔。作为陕西对外发展的前沿城市，渭南市在渭河南岸已建设了西高新区、渭北建设了辛市工业区等发展基地，同时郑西客运专线渭南北火车站、关中环线一级公路等重要设施也沿岸而建。然而渭河左、右岸堤防仅按50年一遇标准进行了部分加高培厚，尚有部分堤段未进行治理。随着河床不断淤积及城市的不断发展，防洪压力也随之增大，造成现状防护体系

渭富桥以下河段

右岸田家段堤防

与经济社会的不协调、不同步发展。

1.2.2　堤身填筑质量差、内在隐患严重

根据地质勘察报告及前期渭河干流堤防隐患探测报告，设计段左、右岸堤防无论是含水量、干密度、透水性还是压实度等指标均不达标，为不合格堤防；从隐患分布看，松散夹层、砂夹层、动植物形成的洞穴及裂缝分布广泛，其中裂缝最为突出，松散夹层次之。堤身填筑质量差、内在隐患严重，容易形成洪水灾害。"3.8"洪水期间渭河沈孟堤段决口就是因为裂缝及堤身松散，压实度低，导致发生管涌及渗水，继而形成塌陷及决口。

1.2.3　生态环境差，制约了城市经济的快速发展

在堤防工程建设时采取了堤肩植树、堤坡草皮防护以及临河侧修建防浪林带等生态措施。由于投资限制，生态工程范围极其有限，尚未形成整体规模，滩区长期以农耕地为主，加之洪水灾害、乱采、乱挖、乱倒等因素影响，整体生态环境较差，未能有效发挥滩地水源涵养、植物保护、动物栖息的生态功能。由于滩区与市区仅一堤之隔，脆弱的生态环境也直接影响了城市经济的快速发展。

2　工程总体设计

2.1　工程等别和标准

依据《防洪标准》（GB 50201—2014），将南、北两岸城市段堤防防洪标准由 50 年

一遇提高至 100 年一遇，相应洪峰流量为 12700m³/s，堤防工程级别为一级。

2.2 工程任务

根据《陕西省渭河全线整治及实施方案》《渭河渭南城市段生态治理规划》，左、右岸堤防将建设沿渭滨河大道，形成连通渭河上、下游，集防洪和交通为一体的滨河长廊。

通过渭河滩区治理工程将渭河滩区建设成为集水源涵养、生态修复、市民休闲、观光旅游等为一体的滨河休闲旅游风光带。

2.3 工程治理范围

（1）堤防治理范围。左岸西起渭南与临潼交界，东至渭南苍渡工程处（城防/农防交界处），治理长度 25km；右岸西起零河入渭口，东至赤水河入渭口，治理长度合计 27km，渭南城区段渭河堤防整治长度合计 52km。

（2）滩区治理范围。左岸西起沙王大桥上游 0.6km，东至渭蒲大桥下游 1.0km，治理长度 4.8km。右岸西起禹苑湖以东上堤路，东至沋河入渭口，治理长度 9.6km。

2.4 总体布置

2.4.1 堤防工程

左岸：渭南城区段渭河左岸堤线较为平顺，经过渭洛河下游近期治理及其续建治理后，整个堤线无大的折线及急弯，堤身及堤基经多年运行也趋于稳定，因此堤防加培沿现有堤防进行加高及拓宽，堤线前、后保持平行一致，局部进行平顺处理。

右岸：鉴于部分河段滩区为袋状分布，堤（岸）线弯曲不顺，属历史应急所形成，对河道行洪极为不利，因此其堤线按不小于 2000m 堤距进行调整，使袋形边滩得到有效整治，有利于归顺主槽流路、稳定水流流态、增加水流挟沙能力。其余堤防基本沿现有堤线进行平整布置。

2.4.2 滩区治理工程

根据工程区滩区现状，平面上总体以堤坡脚形成的带状水系、水系临河一侧设置的休闲道路及自行车道为主体骨架，再以不同的主题形成三大功能分区：一是以带状水系、休闲道路形成休闲观光区；二是以亲水平台、人工岛、湿地泡、栈道等形成滨水游憩区；三是以花灌木种植、莲菜池等形成绿地吸氧区；最终形成多元多层次立体复合景观。

2.5 主要建筑物

2.5.1 堤防工程

渭河渭南段堤防设计堤顶高程为设计洪水位加 2.0m 安全超高，堤顶由原来的 8m 拓宽至 30m 作为滨河景观大道，设计临水侧坡比为 1：5，背水侧坡比 1：3。临、背河坡面采用生态草皮护坡，穿堤建筑物部分坡面采用格宾防护。

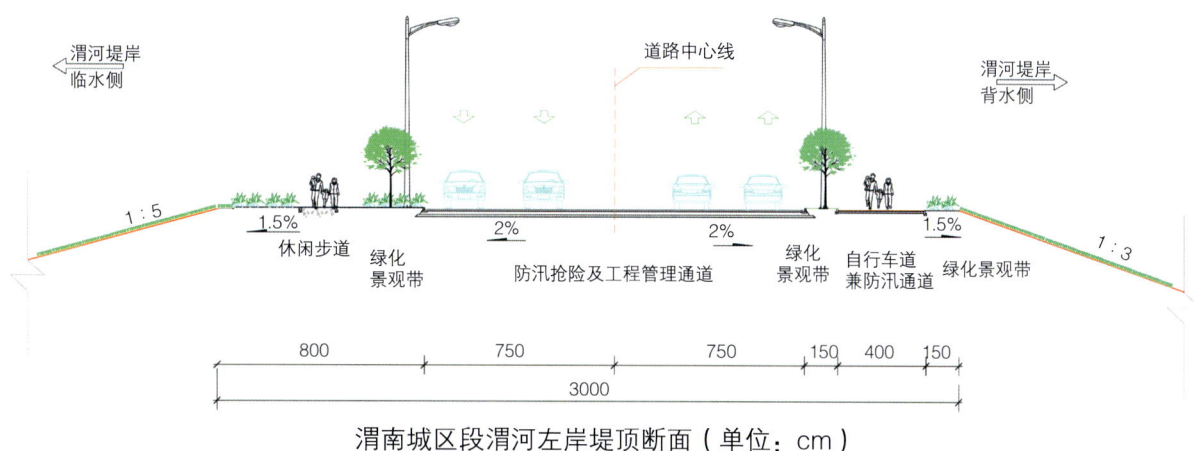

渭南城区段渭河左岸堤顶断面（单位：cm）

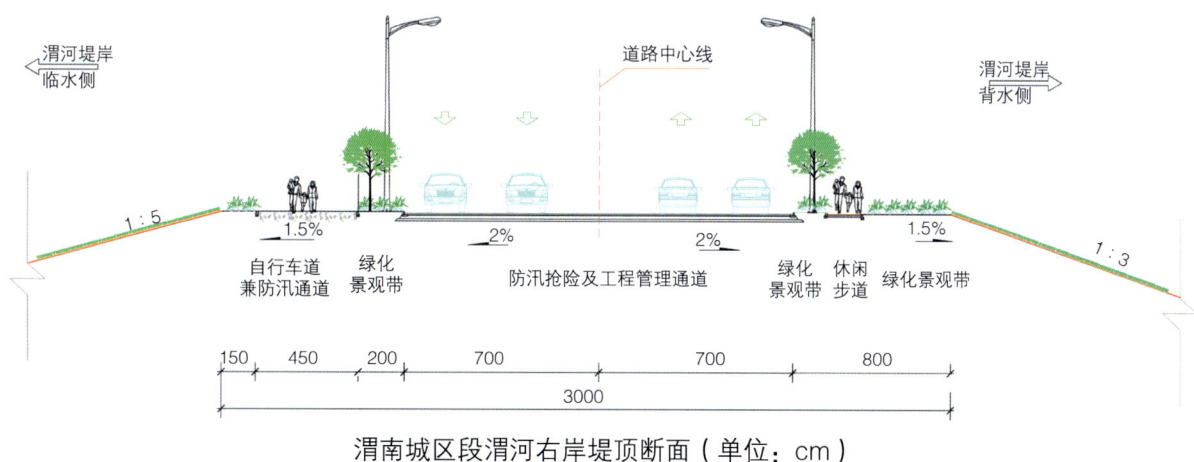

渭南城区段渭河右岸堤顶断面（单位：cm）

堤顶采用沥青进行硬化。堤顶在满足基本防汛抢险交通要求前提下，划分不同的功能区进行景观展示，其中左岸以活力渭南、印象渭南、文化渭南进行平面设计；右岸以渭河治理文化展示区、驿站、生命节点展示区、历史小品展示区、艺术缤纷体验区、活力娱乐休闲、健身区、节点边坡展示区进行平面设计。

2.5.2 滩区治理工程

（1）水系。沿堤防临河坡脚外一定范围建设带状生态水系，水深 0.6~1.5m，水系内设置亲水平台、木栈道、生态岛等设施。

（2）亲水平台、木栈道、湿地泡、景观亭、生态岛。为增强景观效果，在带状水系内设置亲水平台、木栈道、景观亭、生态岛等设施增强亲水性，便利市民休闲、亲水、观赏，并在带状水系外设置大、小不一圆形湿地泡，增强观赏性以及对地下水的涵养功能。

（3）休闲道路。城区段渭河左、右岸滩区设置休闲道路兼自行车道便利交通及休闲，道路宽5.0m，采色混凝土沥青硬化，同时在景区设置1.0~2.0m人行步道连通整个滩区。

（4）运动健身区。主要在右岸，包括2000m²左右的广场3个，可容纳足球场1个、网球场1个、羽毛球场4个、乒乓球场若干。

（5）花卉及荷莲观赏区。滩区绿化总体上分为五大植物片层：野花地被层、灌木层、茅草层、挺水植物层、沉水净化植物层。并在左、右岸建设荷花观赏区，主要利用渭河大堤施工取土形成的取土坑，由河道涨水后自然形成面积不等的水塘形成。

3　技术创新

渭南市渭河综合治理按照新时期治水思路实施堤、路、滩综合治理，实现了堤防、道路与生态景观的自然融合，在满足防洪安全前提下把渭河大堤建设成生态景观河堤，体现了现代防洪与河道治理新理念。滩区生态景观、绿化等结合现状滩区地形合理布局，提高了水体堤岸的连通性，增强了河道景观的观赏性、美观性，体现视觉美感。

（1）堤、路结合方式建设渭河大堤，堤顶在满足交通前提下通过多种功能分区进行景观展示，体现渭南城市文化底蕴；堤坡按照临河侧1∶5，背河侧1∶3坡比建设，在提高河堤安全性、稳定性的同时进一步增强景观效果；堤顶雨水导入绿化带内，有效储存自然雨水，体现海绵城市对雨水的充分利用。

（2）滩区综合治理，通过水系、道路、亭、台、栈道、生态浅岛合理布局，相互关联，形成滩槽分明、红绿映衬、水面蜿蜒曲折的自然河流景观。

4　运行情况

渭河全线整治渭南城区段综合治理工程目前运行正常，大堤畅通无阻，滩区生态良好，风景如画。该工程实施后已成为渭南地区防洪保安的主要屏障，充分实现了防洪工程促进生态环境及经济发展的综合功能，对于改善当地生态环境、促进地区经济发展也起到了较好的促进作用，使渭南市城市面貌和城市品位也得到极大的提升。

建成后的渭南城区段渭河左岸防洪大堤

建成后的渭南城区段渭河左岸防洪工程

建成后的渭南城区段渭河左岸滩区

建成后的渭南城区段渭河右岸滩区（一）

建成后的渭南城区段渭河右岸滩区（二）

建成后的渭南城区段渭河右岸堤防及滩区

5　获奖情况

该工程西庆屯段堤防改建工程被评为 2020 年度陕西省优秀工程设计三等奖。

西咸新区沣河入渭口段生态综合治理工程

1 项目基本情况

1.1 工程背景

西咸新区是关中一天水经济区的核心区域，区位优势明显、经济基础良好、教育科技人才汇集、历史文化底蕴深厚、自然生态环境较好，具备加快发展的条件和实力。西咸新区沣河入渭口段生态综合治理工程位于沣河下游段，工程区河道长度 5.1km。沣河作为贯穿沣东新城与沣西新城南北的重要河流，是新区城市生态建设的重要一环。

根据 2014 年批复的《西咸新区沣河河道综合治理规划》及人水和谐、建设生态文明的要求，陕西西咸新区城建投资集团以提升区域防洪能力为基础，以改善沿河生态环境为主要目标，依托沣河自然地理条件，结合区域的文化背景，在沣河入渭口段营造良好的水生态环境，达到提升区域环境品位，改善人居环境，增强区域竞争力的目的，为西咸新区的经济腾飞奠定坚实基础。

1.2 工程现状及存在问题

1.2.1 河道现状

治理段世纪大道桥—沣河入渭口段河长约 5.1km，由于当时受各种条件限制，并未进行整体规划，河堤平面布置不尽合理，两岸堤距相差悬殊。堤距为 135~230m。堤顶宽 1~5m，堤高 1.5~4.5m。

沣河在历史上经常泛滥成灾，新中国成立前几乎年年决口，沿岸群众深受其苦，新中国成立初曾对沣河进行了几次治理，情况虽有好转，但由于防洪标准比较低，在 1953 年、1955 年、1957 年和 1962 年四年较大洪水情况下也决口成灾。

近年来，由于整个流域处于长系列枯水期，上游来水较少，加之河道采砂屡禁不止，河床下切严重。

1.2.2 存在问题

（1）防洪标准偏低，不能适应经济社会发展的防洪要求。目前该段堤防工程设计防洪标准为10年一遇洪水，远不能适应未来西咸新区经济社会的发展要求。

（2）堤身质量差、隐患多，给防洪安全造成威胁。现状堤防堤身断面单薄，堤身质量很差，加之年久失修，堤身损坏严重。堤顶高低不平，堤顶路面宽为2~5m，且不能通车，给防洪抢险带来不便。

（3）生态人文景观功能缺失，河流自然景观资源没有得到充分发挥。该段河道将成为西咸新区的城中河，单一的防洪措施已不能适应新时期的治水理念，缺少景观生态、文化等方面的建设，与两岸建设发展很不协调。

堤身质量差

防洪标准低

2 设计理念与目标

该工程首先在保障沣河西咸新区段防洪安全的前提下，重在改善河道环境。以"水"为脉，以"绿"为网，实施综合治理构筑生态化、自平衡的河道环境，形成"疏密有致，蓝绿相间"的布局形态。

3 工程总体布局

3.1 防洪工程总体布局

根据该段河道现状、已建堤防情况以及所保护的防护区对象分布，结合西咸新区总体规划以及《西咸新区沣河河道综合治理规划》，在满足河道行洪、上下游衔接平顺、封闭的要求下综合考虑工程总体布局。

主要按照河道生态景观营造的要求将沣河河道堤距由现状较窄段的135~230m，扩宽到上段不小于300m（渭城桥上、下游不小于210m），入渭口段不小于200m，入渭口段与现有渭河堤防平顺衔接，结合能源金融贸易区总体规划对局部堤线进行了扩大处理。在河道内堤距较宽处可布设滩区湿地景观。

3.2 水面景观工程总体布局

水面景观工程按照大槽阔滩、广水景致的治理思路在不影响防洪工程的基础上，两侧漫滩为滨河生态园，中部主河槽蓄水。通过修建沣河入渭口液压钢坝，形成水面景观2.3km。

3.3 水工建筑物设计

防洪工程按沣河100年一遇洪水与渭河100年一遇倒灌洪水进行设防，沣河100年一遇设防流量为1820m³/s，渭河100年一遇设防流量为9700m³/s。堤防工程级别为1级。

液压坝蓄水区总库容为185万m³/s，为Ⅳ等工程。液压坝、调节闸及护坡工程等主要建筑物级别为4级。

3.3.1 防洪工程设计

设计河段沣河两岸堤防堤顶超高均采用2m，堤顶宽度为12m，临、背水坡比为1：3，景观坡比临水侧为1：5~1：8，背水坡为1：6~1：10。路面为沥青路面，道路硬化宽度结合堤坡景观选取12m。堤顶不设专门的排水渠或排水暗管，雨水排入沥青路面两侧的堤肩绿化带，自然下渗兼灌溉。

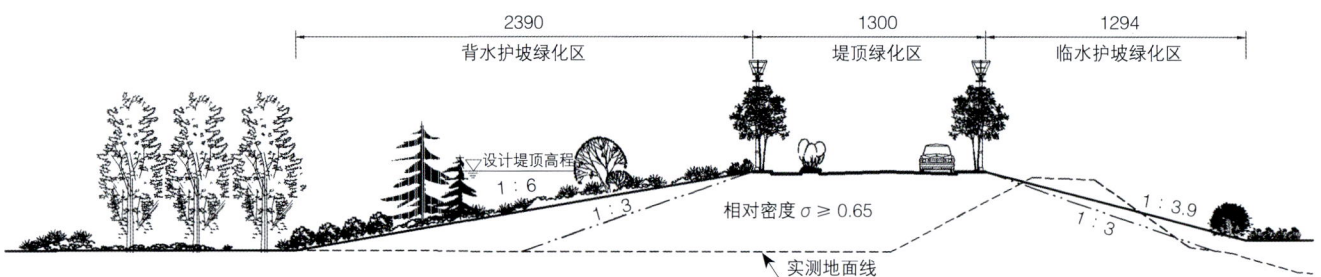

防洪工程典型横断面设计图（单位：cm）

3.3.2　水面景观工程设计

（1）液压坝。坝址处设计河底高程为 375.7m，考虑河道泥沙淤积及回水要求，确定 1 号液压坝底板高程与设计河底高程齐平，为 375.70m，坝顶高程为 379.5m。1 号液压坝蓄水位按沣河水面景观、向渭河滩区生态景观工程引水等要求确定，设计坝高 3.8m，蓄水高度 3.8m，蓄水高程 379.50m。蓄水区回水长度 2.3km，回水末端至沣河现状橡胶坝坝下。液压坝长度按不缩小河槽行洪断面的原则确定，坝长 96m，分为 16 段，每块液压坝长 6m。左侧边墩宽 1.2m，右侧边墩宽 1.2m。

（2）调节闸。在 1 号液压坝河道右岸处布置一座调节闸，由于工程段沣河来水量较小，为了减小液压坝的塌坝次数，调节小洪水对液压坝的影响，遇一般常流量洪水时，可利用液压坝和调节闸共同控制水量排泄，避免每坍坝一次造成水量损失和降低液压坝工程运行费用。调节闸为单独一跨液压坝，闸孔净宽 6.0m，闸室底板高程按低于液压坝底板高程 0.7m 确定，1 号调节闸闸底高程为 375.00m。管理运行平台位于左岸设计堤防临河侧处，长 30.0m、宽 8.0m。

（3）护滩工程。考虑护坡和景观达到更好的结合效果，在 1 号液压坝与已成橡胶坝之间护坡采用格宾生态护坡。

4　创新与总结

本段沣河治理按照新时期治水理念实现了堤防、水体与生态景观的自然融合，建设生态景观河堤，适当放缓堤坡，形成微丘型景观堤防，水域景观维持了现状主槽河道的蜿蜒曲折，增强了河道景观的美观性。

（1）柔性治水，科学治水。在主槽防护中水下为硬包软（格宾、模袋混凝土包裹现状岸坡），水上为软包硬（种植土包裹格宾及防渗土工膜），充分体现生态景观功能。工程

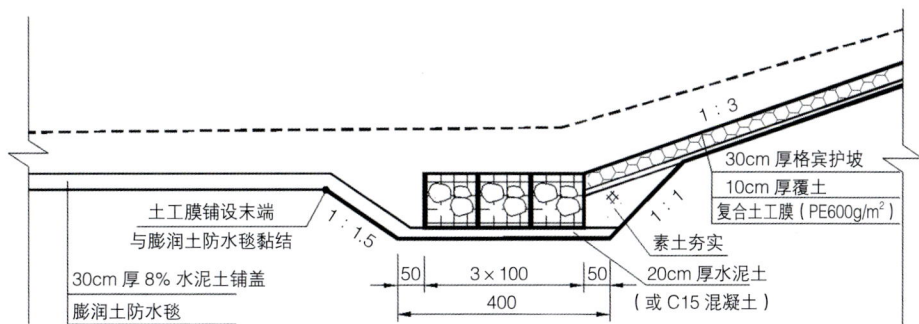

格宾护坡及水泥土、防水毯设计图（单位：cm）

中应用了模袋混凝土、格宾、浆砌石、连锁式护坡、膨润土防水毯和水泥土等多种防护材料，其多种类型的新型防护、防渗材料也成为工程设计的重要创新与亮点。

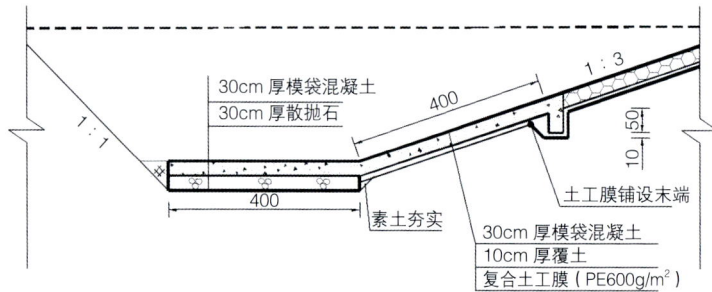

模袋混凝土防护设计图（单位：cm）

（2）主槽开挖为1∶3的边坡，护坡设计结合景观设计需求及已成护坡采用软质水岸、湿地植被水岸、砾石水岸使草坡入水，扩大景观空间。

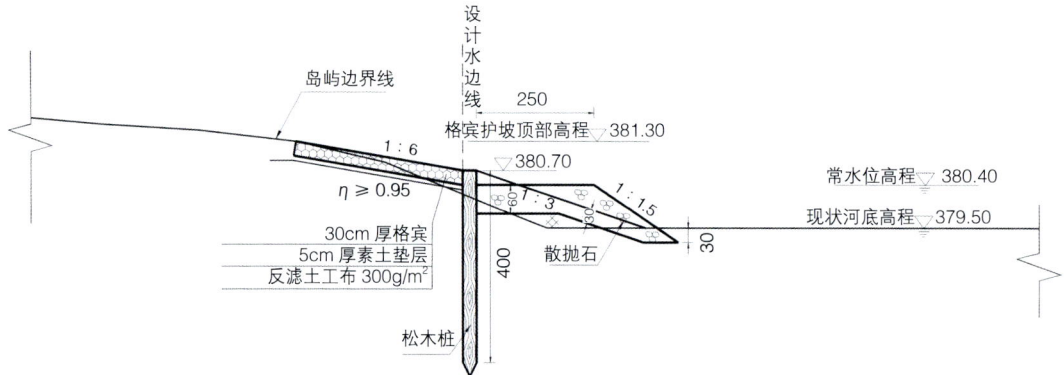

水边木桩防护横断面图（单位：cm）

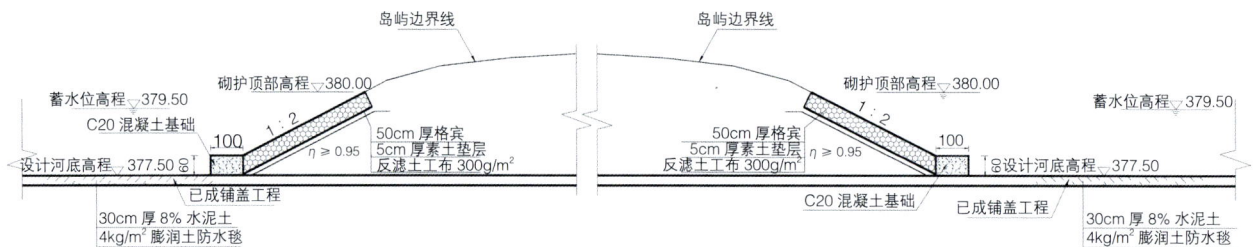

生态岛防护断面图（单位：cm）

5 治理效果

西咸新区沣河入渭口段生态综合治理工程是在保障防洪安全的前提下，对沣河进行综合整治，营造城市水生态景观，改善和美化城市环境。工程的建设带来了显著的防洪效益、环境效益、社会效益及经济联动增值效益。该工程的实施增加绿化面积100万 m²、水面面积80万 m²，缓解了沿岸缺乏公共绿地及水面的状况。改善了人居环境，也提高了城市环境品位。

治理后的沣河入渭口实景图

治理后的金湾实景图

6 技术专利

为减小蓄水区的渗漏，满足水面工程蓄水要求，从投资、防渗效果和河道对两岸地下水的影响等方面的综合分析比较，研究发明了一种稳定性好的水利用防渗防护地基，并于2019年获得了实用新型专利证书。

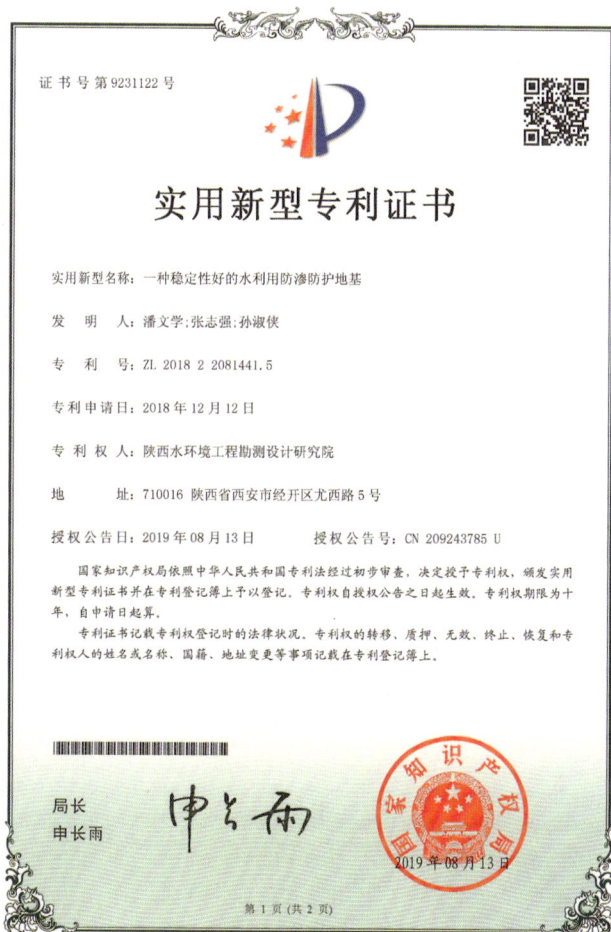

证 书 号 第 9231122 号

实用新型专利证书

实用新型名称：一种稳定性好的水利用防渗防护地基

发 明 人：潘文学;张志强;孙淑侠

专 利 号：ZL 2018 2 2081441.5

专利申请日：2018 年 12 月 12 日

专 利 权 人：陕西水环境工程勘测设计研究院

地 址：710016 陕西省西安市经开区尤西路 5 号

授权公告日：2019 年 08 月 13 日 授权公告号：CN 209243785 U

国家知识产权局依照中华人民共和国专利法经过初步审查，决定授予专利权，颁发实用新型专利证书并在专利登记簿上予以登记。专利权自授权公告之日起生效。专利权期限为十年，自申请日起算。

专利证书记载专利权登记时的法律状况。专利权的转移、质押、无效、终止、恢复和专利权人的姓名或名称、国籍、地址变更等事项记载在专利登记簿上。

局长
申长雨

2019 年 08 月 13 日

第 1 页（共 2 页）

工程技术专利

西咸新区沣东新城沣河防洪及水景观工程

1 项目基本情况

1.1 工程背景

沣东新城是西咸新区的重要组成部分，承担着打造西安国际化大都市城市功能新区、辐射带动关天经济区发展的重要使命。沣河作为沣东新城及沣西新城的城中河，河道两岸堤防防洪标准低且质量差，防洪标准仅为 10~20 年一遇，一年大多数时间内河道常流量仅 2~5m³/s，水面宽几米至几十米，河道生态环境欠佳，景观效果差，沣河河道内由于沿河挖沙，河槽下切，水面与河岸落差较大，河流本身所具有的愉悦亲水体验没有得到充分发挥。

沣河两岸未来城市建成以后，沣河城市景观带将成为沣东新城规划布局中的重要一环，单调的河道水生态环境将与国际化大都市的环境不相适应。为此，沣东新城着力推进沣河治理工作。

治理前的沣河河道

治理前的沣河堤防

1.2 工程建设条件

沣河沣东新城段多年平均径流量为 4.08 亿 m³，多年平均流量为 12.94m³/s。扣除上游已建成水库、规划水库引水影响和沣惠渠灌区渠首引水影响后多年平均径流量为 2.19 亿 m³，75% 代表年径流量为 1.344 亿 m³，95% 代表年径流量为 0.622 亿 m³。相应 100 年一遇洪峰流量为 1820m³/s。沣河干流悬移质输沙量为 20.6 万 t，合 15.3 万 m³；推移质输沙量为 3.09 万 t，合 1.82 万 m³；天然输沙量为 23.7 万 t，合 17.1 万 m³。

工程区位于关中盆地中部，地势总体南高北低，渭河流经盆地偏南部位，沣河漫滩高程为 381.53~382.84m，宽 50~200m 不等；渭河一级阶地高程约 388.52~394.12m。蓄水区为沣河漫滩及河槽，蓄水高程低于渭河一级阶地高程。

2　工程总体设计

2.1　工程等别和标准

根据《水利水电工程等级划分及洪水标准》，确定该工程防洪工程设防标准为 100 年一遇，堤防级别为 1 级。

橡胶坝、调节闸与船闸的地板应力分析均按沣河 100 年一遇洪水进行校核。该工程总库容为 281 万 m³/s，确定水面工程为 IV 等工程。确定橡胶坝、调节闸、船闸、泵站、护坡工程、储水池等主要建筑物级别为 4 级，导流围堰等次要建筑物级别为 5 级。

拟建场地抗震设防烈度为 Ⅶ 度，设计基本地震动峰值加速度为 0.15g，场地类别为 Ⅲ 类，设计加速度反应谱特征周期为 0.35s。

2.2　工程任务

以规划堤线为依托，结合现状河势进行堤线布设和堤距确定。形成以堤防、弯道砌护为主的防洪体系，考虑到后期景观布设及城市总体规划选择适用的堤防护坡形式，并为景观建设预留一定的空间。在河道主槽修建橡胶坝，抬高水位，拓宽河道主槽，增大水面面积，为水生生物提供一个良好的生存环境。为了防止沣河两岸岸坎的进一步塌陷影响形成的景观，在主槽两侧布设护坡工程。为了充分利用形成的水面，使沿途的旅游资源能得到最多的开发，在橡胶坝右端设通航船闸，满足河道通行需要。

2.3　总体布置

沣河现状堤防宽度为 102~930m，为保证堤线平顺衔接，设计按照不小于 300m 对堤线进行重新优化，堤线布置方向基本与河道主流方向一致。对于河道内挖沙形成的主槽，按照不小于 80m 进行拓宽，增加河道主槽行洪能力。为增加水域面积同时抬高河道水位，本次设计在沣河 310 国道桥下游 6km 设置蓄水橡胶坝一座。

2.4　主要建筑物设计

（1）堤防工程。共修建堤防工程 18.8km，设计堤顶宽 13m，满足防洪要求的堤防标准断面临背水侧坡比为 1：3，采用河道内沙壤土进行填筑，压实度不小于 0.94，在标准断面外侧设计景观断面，景观断面设计坡比为 1：6~1：10，景观断面背水坡可以采取砂土或砂土壤土混合料及清基土进行填筑。

（2）主槽防护工程。为防止主槽冲刷，对沣河两岸主槽采用格宾网垫进行防护，其中顶冲段网垫厚度为 30cm，平顺段网垫厚度为 23cm，底部采用格宾笼石进行护根。

（3）水面工程。由橡胶坝、调节闸、船闸工程组成。河道主槽从左到右依次布设橡胶坝、调节闸、船闸。其中船闸布设于橡胶坝的右侧与滩面衔接，方便游人参观。调节闸布设于河道右侧，位于船闸和橡胶坝之间。橡胶坝坝长 188.80m，坝高 5m，回水长度约 6km。

（4）蓄水区防渗。河底采用全断面铺设大约 1m 厚壤土进行防渗，为了更有效地保护库区的壤土防渗土不被洪水冲刷带走进而影响防渗效果，在壤土防渗区每隔 500m 设置肋带一条，两侧边坡采用复合土工膜进行防渗。

（5）船闸。船闸主体段由上、下闸首和闸室组成，总长 49m。船闸工作门均采用人字闸门，检修门采用平板闸门，输水系统工作和检修均采用阀门操作。

（6）调节闸。调节闸设计为 1 孔闸，闸门单孔孔口尺寸为 4.2m×3.5m，启闭机平台上设置一层砖混结构的闸房。为检修方便在工作闸门槽上游 2.8m 处设一道 50cm 宽的检修门槽。

（7）坝袋的充排系统。坝袋的充水水源拟采用地下水，采用动力充排水为主、自排为辅的方式。橡胶坝的充水和排水采用同一套管路系统，运行时通过阀门的切换来实现充水和排水功能的转化。设计选用单级双吸离心泵 3 台，单机流量 1150m³/h（扬程 14m），配备电机容量 75kW。

（8）自动控制系统。各泵站在实现主机组和辅助设备自动化的基础上，采用计算机监控系统。

3　技术要点

3.1　设计河道高程及比降确定

沣河沣东新城段河道由于前期的大规模挖沙，河道天然比降已经被完全破坏，平均下切深度 4~6m，最深达 8m 以上。在治理时如何合理确定原河道天然比降及高程是本工程的最大难点之一。设计时主要收集了 1989 年工程段部分实测断面资料，1959 年采砂前的 1：5 万地形图，1997 年 1：1 万地形图，并结合下游河口段陇海铁路桥桥底砌护、上游西户铁路桥桥底砌护，基本合理确定了河道的设计比降及河底高程。

3.2　渗漏问题

沣河河道主槽内为中粗砂结构，河道渗漏情况严重，根据地勘报告，如不采取防渗年渗漏量将达 3194 万 m^3。但全断面采取防渗，容易割裂河道与地下水的补给关系，对生态环境容易产生影响。经多方对比分析，对河底采用铺设 1m 厚壤土进行防渗，既减少了河道的渗漏量，又尽可能保持了河道与地下水之间的联系，目前运行状况良好。

3.3　坝基处理

橡胶坝（船闸）地基场地土 15m 以上砂土为液化土；液化土底面标高 368.68m，液化指数大于 18，液化等级为严重。本工程为河道内 4 级建筑物，可不考虑地震作用，但考虑到本工程的重要性及社会影响，设计对地基进行了处理。采用不受其影响的振冲碎石桩处理方案，既可以满足基础处理的深度要求，又提高了基础承载力和减少不均匀沉陷。

施工中的河道壤土防渗

施工中的振冲碎石桩

4　工程创新

（1）为河道预留了空间、采用了生态的堤防断面。堤防修建时，充分结合原河道宽度较宽的特点，尽量保留了原河道滩区，工程段堤距为 300~600m，为后期河道生态治理建设预留了空间。通过主槽拓宽增加行洪断面和水域面积，并利用拓宽开挖土方对堤防进行缓坡改造，坡比为 1：6~1：10，视觉上降低了堤防高度，增加了堤防的景观性。

深潭浅滩交错的多样河流生态

建成的橡胶坝

（2）采用深潭浅滩方式构建丰富多样的河流生态。在景观水面与河道岸坡结合处采用缓坡浅水设计，护坡覆土植草柔性处理，既有利于游人亲水及水生动植物生长，又可解决游人不慎落水危及人身安全的问题。蓄水水面区设置了部分浅水湿地，既有利于挺水水生植物的生长，也有利于鱼类、水禽等水生动物的觅食及栖息。

（3）橡胶坝高度创西北之最，首次在西北河流治理时设置了船闸。橡胶坝高 5m，挡水高度 4.8m，回水长度 7.4km，创我国西北地区同类橡胶坝坝高之最。在西北地区河道水面景观工程中首次建设船闸，可通行中、小型游船，实现河道通航功能。

（4）蓄水区防渗方案采用壤土与肋带的格田防渗结构生态环保，既满足防渗要求，又满足水环境水系连通，还满足水生生物栖息环境要求。设计对蓄水区采用全断面铺设 1m 厚的壤土进行防渗，突破了传统的土工膜防渗和垂直防渗措施，对周围的环境基本不会产生太大的影响，方案生态环保，既满足防渗要求，又满足水环境水系连通，还满足水生生物栖息环境要求。设计沿壤土防渗层纵向每隔 500m 设置肋带 1 条，肋带采用模袋混凝土，在橡胶坝完全塌坝后，可以有效地防止壤土层被洪水破坏。

（5）液化砂层基础处理采用振冲碎石桩和级配碎石换填相结合的方式。工程区抗震设防烈度为Ⅶ度，橡胶坝位于河道内，在正常运用时，场地土 20m 以上砂土为液化土，设计在淤泥及较为松散砂层中采用不受其影响的振冲碎石桩处理方案，在相对密实砂层采用级配碎石换填，振冲碎石桩和级配碎石换填相结合处理地基可以满足基础处理的深度要求，同时又提高了基础承载力和减少不均匀沉陷。

5 运行情况

工程于 2013 年开工建设，2016 年进行完工验收，同年获得国家 3A 旅游风景区、"国家级水利风景区"称号，沣河已成为碧波荡漾、游人如织的生态示范区，为沣河沿岸人民群众提供了集休闲、健身、娱乐等多功能为一体的休闲场所，得到了沣东新城人民群众的高度赞扬。工程已成为关中平原河流河道治理典范，吸引省内外众多同行前来参观考察，也为"八水绕长安"画上了浓墨重彩的一笔。

治理后的主槽防护工程

建成的橡胶坝水面工程

建设中的船闸工程

建成的自动控制系统

6　获奖情况

　　该项目于 2020 年 7 月荣获 2020 年度山西省优秀工程设计二等奖。

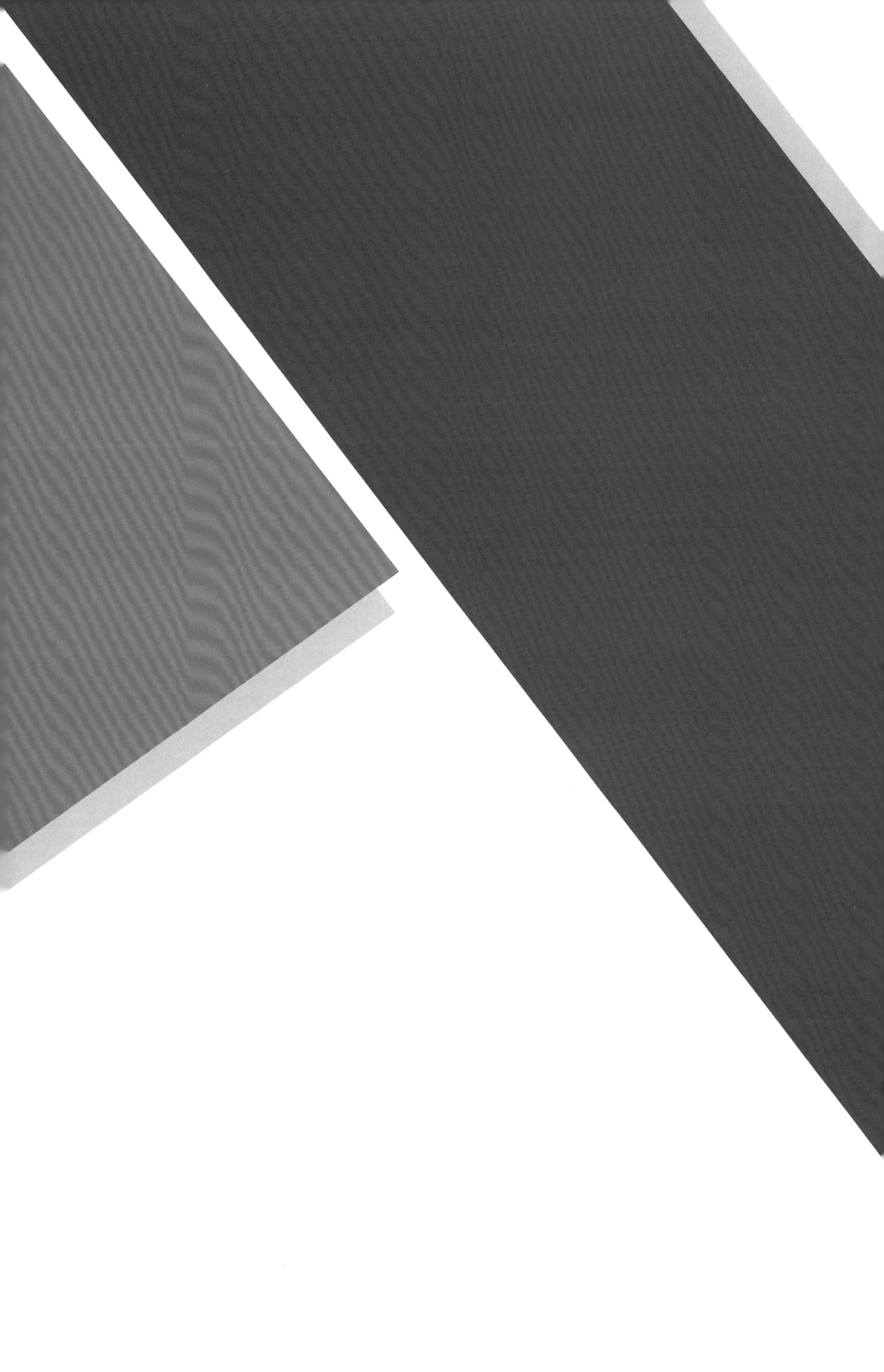

西咸新区沣西新城新河综合治理工程

1 项目基本情况

1.1 工程背景

新河发源于秦岭北麓浅山区，于沣西新城马家寨村汇入渭河，河长 40.0km，流域面积 303.8km^2，西咸新区范围内河长约 12.5km。新河新区段河长 12.5km。目前防洪标准多为 10 年一遇的洪水标准，其中新河入渭口至西宝高速南线长 3.5km 已经建设。

本工程从保障城市水安全的角度出发，以水生态文明建设为主线，全面推进新河新区范围内防洪保安、水污染防治、生态环境建设，重在改善河道环境，营造良好区域环境，打造沣西新城城市"水安全、水环境、水生态"新河水生态格局。

1.2 工程现状及存在问题

新河现状堤防为土堤，新区内新河河道总长 12.5km，堤防总长 15.19km，其中左堤长 7.19km，右堤长 7.99km。沙河入新口以上河段堤距约 30m，以下河段堤距逐渐变宽至 200~300m。

治理前新河水环境

目前存在如下问题：

（1）防洪标准难以保障防洪安全。沣西新城整个城市防洪体系未建成，目前除渭河100年一遇防洪工程已全段建成外，新河仍为10年一遇的洪水标准，难以满足城市发展对防洪安全的要求。

（2）水环境水生态遭到破坏。由于新河上游水环境和水生态均发生了局部破坏，污水随意排放，导致沣西新城段新河为Ⅴ类水。新河上游径流减少，河道内生态破坏严重，水生动物绝迹。新河中游段没有支流纳入稀释水体，加之生活污水加入，水质为劣Ⅴ类，整个新区段水环境不容乐观。

治理前新河防洪工程

2　设计理念与目标

设计从保障城市水安全的角度出发，以水生态文明建设为主线，通过构建新河防洪工程体系，保障城市防洪安全；通过修建湿地公园、活水公园、水景观湖，改善城市水环境；通过沿自然水系、人工水系开展生态建设，营造城市水生态格局。

治理效果图

3 工程规划布局

3.1 新河——打造"低碳环保的安澜河"

功能：防洪排涝、生态环境、休闲健身。

治理方案：在防洪体系建设中，尽量减少拆迁的条件下，通过拓宽河道，栽种适生水草，净化水质，改善河道生态环境，营造"水安全保障、水环境清新"的城市景观河道。

通过修建 25km 长的防洪堤（结合 1 号、2 号坝、大王湿地公园建设、新泥湿地公园）打造新河"水安全保障"的防洪保安体系。

3.1.1 防洪排涝标准

沣西新城新河为 50 年一遇，沙河不承担防洪泄洪功能。城市内涝防治标准为 50 年一遇，雨水管渠设计排涝标准为一般地区 2~5 年一遇，下沉式广场等地下设施按 20 年一遇。

3.1.2 防洪保安体系

主要由防洪堤和应急分洪区两部分组成，防洪堤距 80m，防洪标准为 50 年一遇，防洪堤按照"堤路结合"进行建设，堤顶宽不小于 6m 设计；按照沣西新城防洪标准为 100 年一遇，因此应急分洪区分洪标准为将新河 100 年一遇洪水降低至 50 年一遇以下，需调节库容

58 万 m^3，两处应急分洪区，分别位于西咸北环线出口以下至规划创智路之间和兆伦遗址东南片区，总占地 85 万 m^2。

3.2　新河——打造"生态湿地"河道

3.2.1　水质保护目标

新河水质目标为Ⅳ类，通过湿地净化后水质目标为Ⅲ类；沙河湿地景观区水质目标为Ⅲ类。

3.2.2　水生态修复体系

"生态湿地"是指依托天然水道、人工水脉打造的串珠状湿地公园和连片景观水面。通过在新河河道内修建 2 号液压坝，形成长 6km、平均宽度 60m、面积 36 万 m^2 的水面景观；在新河创智路以上河道外修建马王活水公园，湿地面积 20 万 m^2；在新河与泥河交汇处上游三角地带，修建新泥湿地公园，面积 40 万 m^2。通过以上措施，共营造总面积 96 万 m^2（1440 亩）的湿地公园，彻底根治新河黑臭水体，实现新河"水环境清新"的生态治理目标。

3.2.3　生态修复手段——塑造"原始地形"，给河道创造"自我设计"的可能与空间

通过延长河流路径和增大阻力的方式，在新河河床内部凿挖菱形小岛，将河道分流在不同流动路径上，形成不同的河道形态，加强河流的渗透能力，创造出一个充满不确定河道的复杂网络。

3.3　新河——打造"生境多样的景观河"

3.3.1　景观治理目标

把新河新区沿线建成"一河清新、两岸风景、三季有花、四季常绿、层次丰富"的绿色生态长廊。

3.3.2　水景观体系

景观带主要为堤顶景观带和河滩景观带。堤顶景观主要布置花红树绿、色彩斑斓、植物层次丰富的花卉，右岸种植主要为红色，左岸为绿色，与河道蓝色的海洋交相呼应。

二级滩面在景观布置上主要以不易被水冲走的地浮雕、石凳、花盆及椅子等。沿河边将结合实际地貌修建亲水平台，通过仿木混凝土防护栏、园林景观的建造，使其成为生态景观自然、人文景观精致的亲水平台，市民可在此凭栏观赏河景，感受现代城市与园林景观的有机融合。

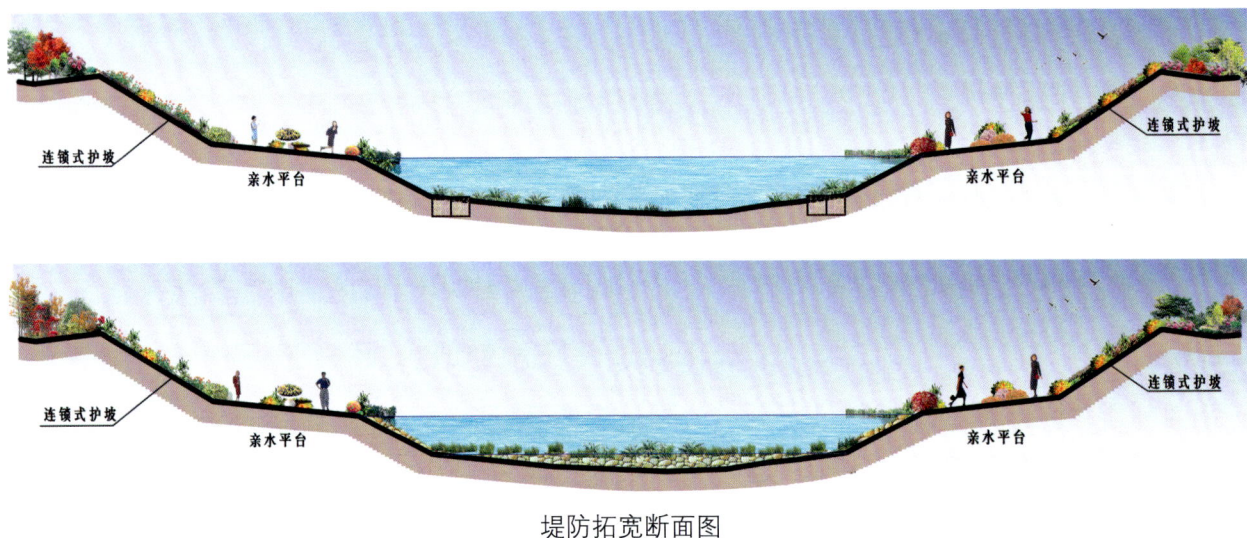

堤防拓宽断面图

一级滩面易受洪水袭击，配置一些景观花、灌、草，形成红、黄、绿、橙相互映衬的景观。水边及浅水区域以种植低矮的香蒲、菖蒲等水生植物或喜水植物为主，其余区域以春黄菊、蒲公英、三叶草等地被或小型开花灌木绿化为主，其余以撒播草籽方式栽植。根据分区功能定，在非汛期，市民在此既可休息，也可欣赏美景，还可锻炼身体。

为提升大学城及交大创新港城市水景观品味，在红光路上游 50m 处修建两道景观跌水坝，形成水面面积 12 万 m^2；河道外在大学城以新河为界，形成东西环状水系长约 4.0km，水面面积 10 万 m^2，营造新河"水景观优美"的生态环境。

4　工程创新

工程开创性地提出了塑造"原始地形"，给河道创造"自我设计"的可能与空间的新理念。

（1）开挖新河槽。依据河槽设计容积确定新河槽开挖深度。挖方可作为防洪堤堆砌材料，沿新旧河堤坡脚线开挖边界。

（2）开凿水流路径。在新河槽底开凿水体流经路径，形成菱形河床形态。通过延长河流路径和增大阻力的方式，增加河流与湿地接触反应的时间，创造出一个充满不确定河道的复杂网络。通过在新河河床内部凿挖菱形小岛，将河道分流在不同流动路径上，形成不同的河道形态。延长的路径及小岛间阻碍，使河水流速得到削减，为水体接触净化提供时间与空间。

（3）河道自我设计。在一定时期内，通过河流对菱形河底冲击与侵蚀，在河流的"自我选择"后，形成新的河网。

5　实施效果

目前，该工程已开工建设，防洪工程已基本建成，在注重防洪功能时，还注重保护环境、建设景观生态工程的要求，采用措施实现环境、景观、生态与城市防洪工程紧密结合，实现人水和谐，尊重自然基质，构造生态长廊，发挥河道的综合功能，将新河塑造成沣西新城的"防洪保障线、抢险交通线、生态景观线"，促进沣西新城经济社会的健康可持续发展。

堤防工程施工中

渭南市沋河综合治理工程

1 项目基本情况

1.1 项目背景

沋河属渭河下游南山支流之一，发源于秦岭北麓，由稠水河和清水河在河西乡史家村汇流而成，于灰堆村进入渭南市城区，最后出张庄村东北汇入渭河。沋河流域总面积 233km²，主河道长 42.3km，平均比降 28.7‰。沋河水库将沋河分为上下游两段，沋河水库坝址以上河长 33.80km，流域面积 224km²，平均比降 34.7‰，沋河水库大坝以下至入渭口是沋河下游段，河道长 7.57km。沋河下游河道流经渭南市城区，是新老城区的天然分界，该地段是渭南城区最繁华的区域。

随着渭南城市经济的发展，以及人民群众对水环境空间的要求，渭南市委、市政府决定在前期河道整治基础上，在沋河城区段建设梯级蓄水工程。围绕蓄水工程建设，进一步对沋河下游（西潼高速公路桥—乐天大街）段河道两岸不满足蓄水工程要求部分进行治理，对不满足防洪要求堤段进行砌石防护。通过蓄水工程建设，在形成生态水面景观，改善两岸及整个城市生态和人居环境的基础上，提升城市品位，改善投资环境，促进城市发展。

1.2 存在问题

（1）堤线不顺，已成堤防断面单薄，防洪保障能力低下。河道右岸东风小桥处几户居民住房伸进河道，造成该处堤距不足 65m，堤线凸向河心，形成急弯，恶化水流状态，影响河道正常行洪；同时河道左岸人工湖以下长 850m 河段无防护，保障能力低下。

（2）已成堤防质量较差，隐患多，与城市防洪要求不相适应。工程修建前，两岸堤防浆砌石体出现大量砂浆脱落、沉降及裂缝等现象，直接影响堤防稳定并威胁城市安全，与高标准城市防洪要求不相适应。

（3）生态环境差，影响渭南城市建设快速发展。随着渭南城市经济的快速发展，人民生活水平的不断提高，改善生态环境、建设高标准、高质量的景观工程已成为人民群众的迫切需要，而垃圾遍布、污水横流、缺乏绿化的城中河生态现状与其城市定位极不相符，急需通过工程加以改造治理。

治理前的沈河河道

2　工程总体设计

2.1　工程等别和标准

依据《防洪标准》及陕西省水利厅关于《渭南市城区防洪规划报告》评审意见的函，确定设计河段设防标准为：渭河回水区范围按渭河 50 年一遇洪水设防，其他河段按沈河 50 年一遇洪水设防，相应沈河洪峰流量为 520m³/s。

根据《水利水电工程等级划分及洪水标准》，该工程总蓄水量为 21.48 万 m³，按照库容应为 V 等工程。由于本工程修建在沈河下游河段，其工程等级及洪水设防标准应与该河段防洪标准一致，综合后确定工程等别为 IV 等小（1）型工程，橡胶坝、冲沙闸等主要建筑物级别为 4 级。

2.2　工程任务

工程设计范围南起西潼高速公路桥，北至乐天大街，涉及河道长度 2.3km。

主要任务是通过修建梯级拦河蓄水工程，形成水面景观，改善河道面貌、周边生态环境及人居环境，为渭南市社会经济发展创造条件。

2.3　总体布置

结合地形条件、河道比降及河道整治等情况分析，设计在三马路路口至西潼高速公路桥之间河道内共布设橡胶坝三道，总蓄水量 21.48 万 m^3，形成水面总长度 1830m，水面面积 15.72 万 m^2。同时在 1 号、2 号、3 号左坝端各设净宽 4.0m 的冲沙闸，用于河道上游的排沙。工程主要由橡胶坝、冲沙闸、控制室、充水泵站及输水管道、水源井、亲水平台、堤防等部分组成。

橡胶坝鸟瞰图

2.4　主要建筑物设计

沈河综合治理项目主要由橡胶坝、冲沙闸、充排控制工程、水循环工程、防渗工程、充水泵站工程、输水管道工程、水源井群工程、堤防工程、河道清障工程、河道内已建工程保护、景观平台及防护栏杆等组成。

（1）橡胶坝。1 号橡胶坝位于新西潼公路桥上游 100m 处，设计坝高 2.0m，坝长 85m，蓄水量 4.0 万 m^3，形成水面长 480m。2 号橡胶坝位于东风小桥上游 96m 处，设计坝高 2.0m，设计坝长 80m，蓄水量 5.08 万 m^3，形成水面长 580m。3 号橡胶坝位于三马路口上游 60m 处，设计坝高 3.2m，坝长 90m，蓄水量 12.4 万 m^3，形成水面长 770m。

三座坝设计底板设计长度分别为 7.0m、7.0m、10.7m。

（2）冲沙闸。设计闸室为开敞式水闸，闸孔宽 × 高 =4m×2.5m，闸室底板高程按低于河道现状渠底 0.5m 确定。冲沙闸为单孔闸，闸孔净宽 4.0m，闸墩宽 1.0m，钢筋混凝土结构，厚度分别为 0.8m、0.8m 和 1.0m，闸底板长为 8.0m。

渭南市沋河 2 号冲沙闸闸后效果图

（3）控制室。控制室布置于沋河河岸左侧，采用就近钻井取水，自排和机排相结合，将坝袋水排至下游库区的方式，同时考虑井水兼供上游库区蓄水。利用阀门切换来实现充排水功能；在 1 号橡胶坝泵房工作室专设集中控制室，对 3 座橡胶坝的水位、坝袋压力、水泵启停、闸门切换进行集中监视和控制，并实现自动控制和保护。

（4）防渗设计。橡胶坝防渗设计包括库底防渗、两岸边墙防渗、河道排水渠防渗三部分。从投资、防渗效果及对河道地下水位影响三方面综合比较，库底防渗采用素土＋复合土工膜作为库底防渗设计方案；边墙防渗采用 15cm 厚 C20 混凝土衬砌，中间配置温度筋，为满足稳定要求，边坡每隔 50cm 设置一条钢筋锚杆；河道排水渠通过对两侧边坡采用 12cm 混凝土进行衬砌。

（5）充水泵站及输水管道。充水泵站位于渭南市污水处理厂东南角，沋河西堤北侧。充水泵站为加压泵站，将污水处理厂达标排放水通过加压输送至1号蓄水区，设计输水流量0.35m³/s，最大扬程22m，最小扬程17m。加压泵站采用自灌充水方式，机组为淹没式机组。输水管线自污水处理厂东侧泵站出水池起沿已建成及拟建堤防外坡角布设，穿越堤防后经河床布设至1号坝区。堤外管线为预应力钢筋混凝土管，河床铺设管材选用钢管。

（6）水源井群。为满足蓄水区对生态稀释用水需求，从西潼高速公路桥—沋河公园段布深水井6眼，设计井深130~150m，井径300mm，开孔600mm，设计供水半径150m，出水量50~80m³/h。井管采用钢管，管壁为8mm。

（7）堤防工程。在3号橡胶坝蓄水范围内对850m堤防需做改线处理，其中人工湖以下至三马路口之间长450m防护堤因房地产开发建设影响，此段由原设计的梯形断面形式调整为背水侧顶宽80cm的浆砌石挡土墙断面形式，临水侧设3.0m亲水平台；三马路以下至乐天大街段长400m防护堤维持原梯形断面形式。

1号蓄水区亲水平台效果图

（8）景观平台。为改善和美化环境，同时增强和完善蓄水工程在娱乐、休闲、景观等方面的综合功能，分别沿 1 号、2 号、3 号蓄水区左、右岸共设亲水平台 6 处，景观平台以半圆弧形式自堤岸向河道延伸，平台面层采用防腐木地板铺装。

3　技术要点

3.1　水源、水质问题

水源问题是该工程的核心，也是需要解决的首要问题。工程区的水源有三种：一是沈河水库水源；二是地下水水源；三是污水处理厂达标排放水水源。

从运行及水量方面综合分析，设计在提高污水处理能力、加强水质观测及合理的工程运行方式基础上，将达标排放水作为主水源，地下水源作为补水水源，两种水源联合运用较符合工程实际。

3.2　泥沙问题

沈河下游河道泥沙主要来源于沈河水库、南塬排洪工程及区间泥沙三部分。

经过计算，橡胶坝建成后可能滞留坝区的泥沙淤积量共计 20.11 万 t，折合 14.74 万 m³。蓄水区淤积泥沙若不及时清理，会不断抬高河床，淤塞入渭河口，影响河道防洪及城市安全，因此在沈河水库泄洪排沙及南塬防洪工程运行期间，除调整橡胶坝运行方式进行排沙减淤外，须考虑沈河河道清淤问题。

3.3　环境影响

橡胶坝建成后可能产生的环境问题包括地下水位抬升以及地下水质改变两部分内容。

橡胶坝工程建成后，加大了河水侧向排泄的水力坡降，使一定范围地下水位得到抬升，对河道两岸局部建筑基础产生浸没影响。因水源采用污水处理厂达标排放水，加之河床质为透水砂层，渗漏将对地下水资源造成不同程度的污染。要降低工程修建带来的环境影响，必须对蓄水区做好防渗处理。

3.4　渭河洪水倒灌对橡胶坝工程影响

渭河洪水倒灌对橡胶坝工程影响分两种情况：一是渭河发生较大洪水，而沈河河道无洪水或发生小洪水时，橡胶坝处于立坝运行状态，这时橡胶坝可作为挡水建筑物防止渭河洪水向城区倒灌；待渭河洪水降落后，再采用橡胶坝换水方式冲刷 3 号坝后淤积，因此该种情况对橡胶坝不会造成大的影响；二是当渭河发生较大洪水，而且沋河河道亦来洪水情况，会产生淤积，这时橡胶坝全部处于坍坝泄洪状态，坍坝运行时，河道泄洪顺畅，对工程本身不会有大的影响。

4　技术创新

（1）合理选用防渗方案，防止水面工程产生的浸润影响。沋河河道为透水河床，为保持水面工程正常运行，结合河床质特性以及两岸防护型式，对工程区采取防渗处理。防渗设计包括库底防渗、两岸边墙防渗、河道排水渠防渗三部分：其中河床防渗采用 60cm 素土 +PE600 土工膜 + 肋带固定组合方式，两岸边墙采用混凝土护面 + 锚筋加固型式，河道排水渠防渗采用砼抹面 + 土工膜防护型式。通过防渗处理，较好地解决了水面工程修建后产生的水量渗漏以及浸润影响，同时也避免了工程区因使用达标中水而对地下水可能造成的污染问题。

（2）中水资源的有效利用。在缺水区利用城市再生水作为水源形成水面景观，改善地区生态环境已较为普遍，但如何在不设曝气抑制厌氧腐败以及跌水回流装置情况下防止夏季水质"富营养化"，满足环境景观用水指标，节约水资源，是设计需要解决的首要问题。渭南市沋河综合治理工程就是在利用污水处理厂排放中水作为水源的前提下，通过水泵加压将下游蓄水通过管道输送到上游蓄水区，使库水沿橡胶坝产生溢流，整个蓄水区形成流动水，周而复始，延缓水质变化，同时结合上游水库渗水及地下水的适量补给，防止夏季水质变臭，使水面景观能够长期存在。

5　运行情况

沋河橡胶坝工程自 2009 年建成蓄水以来，工程运行一直良好。通过修建该工程，极大地改善了沋河两岸城市生态环境、投资环境以及居住环境，使渭南市城市面貌和城市品位得到极大提升。

建成后的沈河橡胶坝（一）

建成后的沈河橡胶坝（二）

6　获奖情况

该工程于 2010 年荣获陕西省第十五次优秀工程设计评选省级表扬奖。

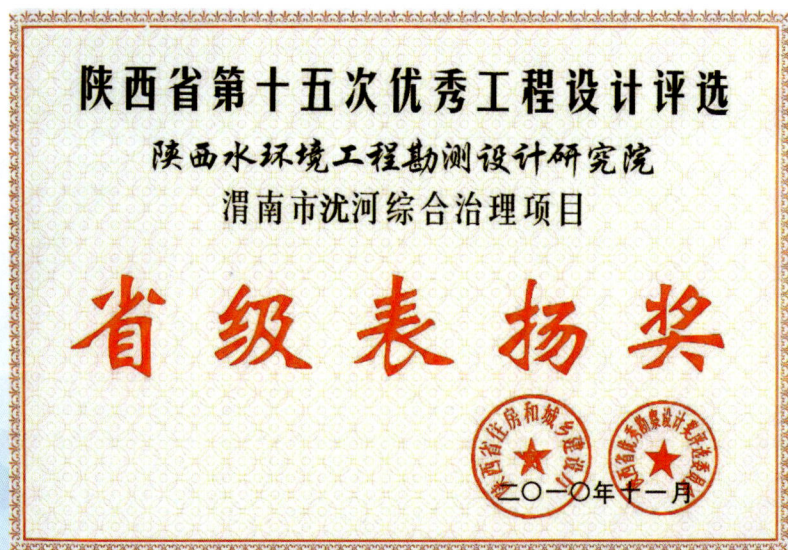

陕西省第十五次优秀工程设计评选

陕西水环境工程勘测设计研究院

渭南市沈河综合治理项目

省级表扬奖

二〇一〇年十一月

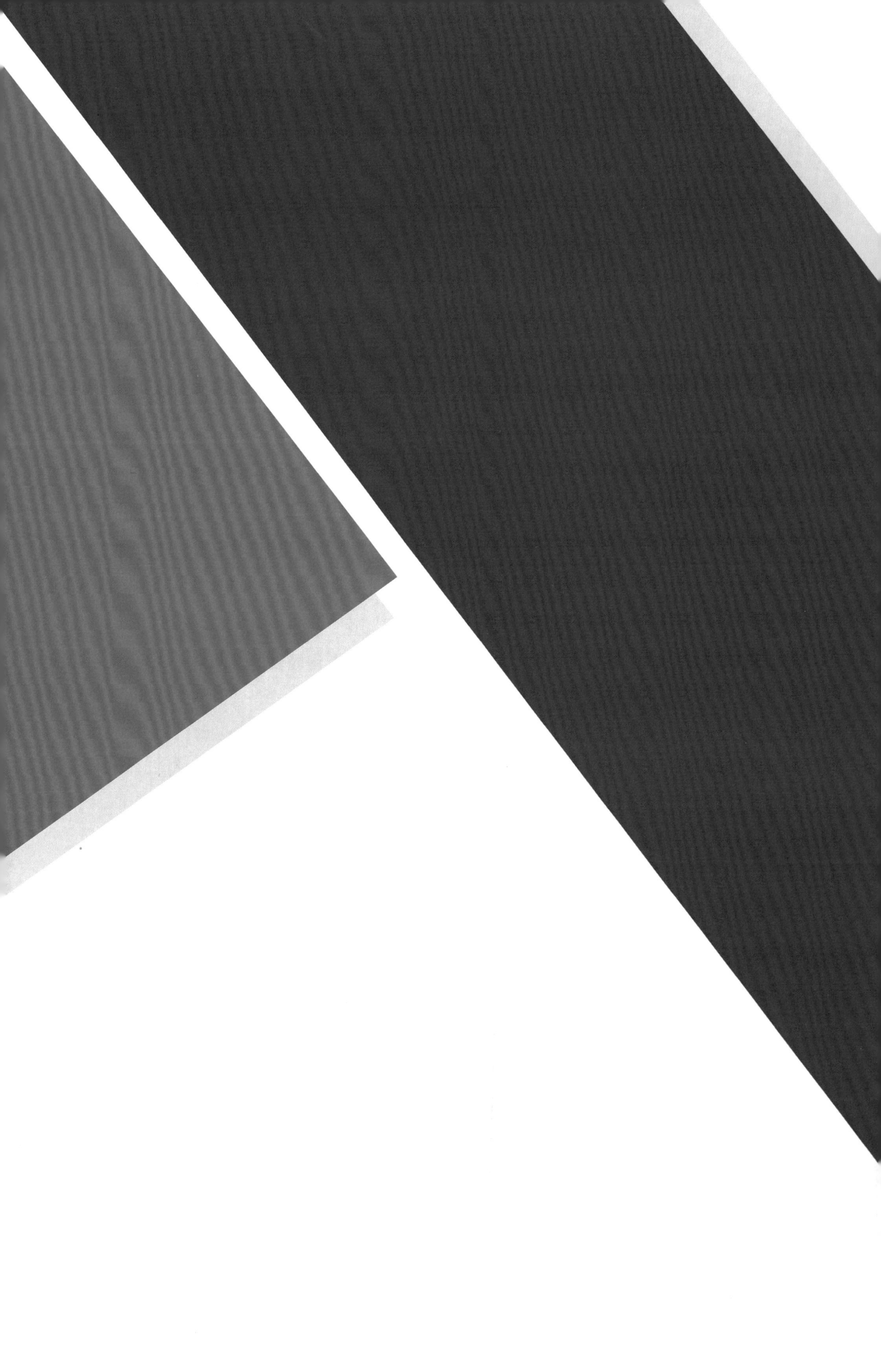

韩城市澽水河
综合治理工程

1 项目基本情况

1.1 工程背景

韩城市位于陕西省东部，处于关中盆地北部边缘台地和陕北黄土丘陵之间的过渡地带，地貌类型多样、地质结构复杂，基本特征为"七山一水二分田"。地理位置得天独厚，历史人物众多，文物古迹荟萃，有"文史之乡"和"关中文物最韩城"之美誉。韩城市古城中心位于韩城市东南部濮河川道，从上至下依次分布着韩城古城景区、金城街办、芝川镇及司马迁祠景区等。目前该段河道防洪体系不完善，还存在部分无堤段，河道内生活、建筑垃圾随处可见，滩面荒草丛生，加之围垦耕作、侵占河道，给防洪安全造成严重威胁。同时濮河串联着韩城市古城及司马迁祠两大景区，前期河流治理无相关的旅游、文化元素，未能对区域经济发展起到带动作用。2015 年韩城市水务局委托陕西水环境工程勘测设计研究院对该段河流进行治理，在不影响河道原有功能、保证防洪安全的前提下，修建橡胶坝等建筑物拦蓄濮河形成生态水面，并对河道两岸进行绿化、美化和亮化，把治理河段建成集水利、绿化等多功能为一体的环境优美、风景秀丽、历史文化特色鲜明的生态河道。

治理前的濮河堤防

1.2 工程建设条件

濾水河径流由降雨形成，并随降雨的变化而变化。年内分配不均，年际变化大。经计算濾水河流域多年平均径流量为 1.985 亿 m^3，考虑上游薛峰水库用水及区间水库已利用径流量，工程起、终点处多年平均径流量分别为 3988 万 m^3 和 8691 万 m^3。工程区濾河 50 年一遇洪峰流量为 $1130m^3/s$，20 年一遇洪峰流量为 $694m^3/s$。本次治理工程平均进入工程区河段的泥沙量为 6.77 万 m^3。

韩城市地处关中盆地与陕北黄土高原的过渡带，地质构造属汾渭地堑。工程区位于陕北黄土高原以东，汾渭地堑北缘。黄河从区内由北向南穿过。工程区出露地层主要为新生界第四系松散堆积层，岩性有砂壤土、卵石、圆砾及含砾粗、细砂，夹条带状粉砂薄层等。

2 工程总体设计

2.1 工程等别和标准

本工程河道内蓄水量为 211 万 m^3。根据《水利水电工程等级划分及洪水标准》（SL 252—2017），水库库容为 100 万 ~1000 万 m^3，相应的工程等级应属Ⅳ等，相应的主要建筑物级别为 4 级，次要建筑物级别为 5 级。

本工程毓秀桥至 2 号跌水之间的堤防设防标准为抵御濾河 50 年一遇洪水，毓秀桥以上段规划堤防及 2 号跌水以下段堤防设防标准均为抵御濾河 20 年一遇洪水。据此参照《堤防设计规范》确定相应的两岸堤防工程等级分别为：毓秀桥至 2 号跌水之间堤防级别为 2 级，其余区段堤防级别均为 4 级。

本工程防洪闸、河湾闸等穿堤建筑物按照《堤防设计规范》要求，应不小于堤防工程设计标准，故设计取其标准与相应的堤防工程相同，取 4 级。

2.2 工程任务

通过对濾河下游河道进行防洪和生态治理，提高濾河下游河道防洪能力和改善濾河下游生态环境，为韩城市旅游发展的两个中心，即古城区组团和芝川城区的发展提供防洪安全和生态环境保障，提高韩城市整体的城市品位，增强旅游吸引力，拉动旅游产业的发展，实现社会经济的可持续发展。

2.3 总体布置

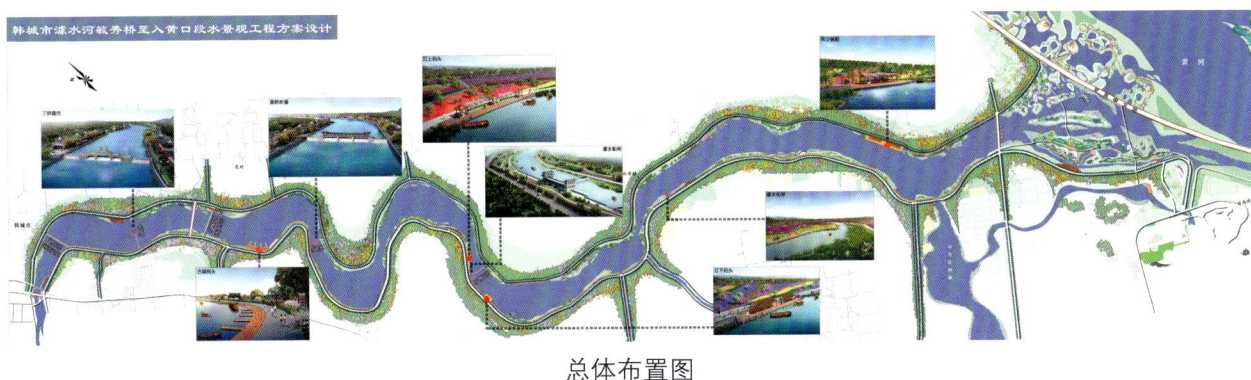

总体布置图

2.3.1 堤防工程

沿现状岸坎对无堤段布置堤防，已成段堤防基本维持原堤线走向不变，仅对临水侧进行缓坡化改造，保证濛河两岸堤防形成封闭体。并在濛河左岸平行于芝川河高速公路特大桥下游布设 1.51km 沿黄路堤。

2.3.2 水面景观工程

为改善河道生态环境，在濛河毓秀桥上游 1.25km 新建拦沙坝一座，用于拦蓄濛河上游来沙；在已成 2 号橡胶坝下游分别新建 1 号、2 号跌水，用于拦蓄上游泥沙，调整河道比降；在 2 号跌水下游设计桩号处分别新建 3 号、4 号橡胶坝工程，形成生态水域 9.8km，改善河道生态条件。

2.4 主要建筑物设计

2.4.1 堤防工程

改建堤防工程总长 26km，其中毓秀桥至 2 号跌水为濛河水街段，设防标准为濛河 50 年一遇洪水，堤防采用防洪墙复式断面。2 号跌水以下段堤防设防标准为濛河 20 年一遇洪水，采用坡式梯形断面，采用 1：6~1：10 的缓坡形式。设计堤顶宽不小于 10m。

2.4.2 水面工程

濛水河水面工程自下而上由 7 座蓄水工程工程组成，回水长度 12.7km，总水面面积 163 万 m²，总蓄水量为 211 万 m³，通航里程 9.99km。

堤防改建效果图（单位：cm）

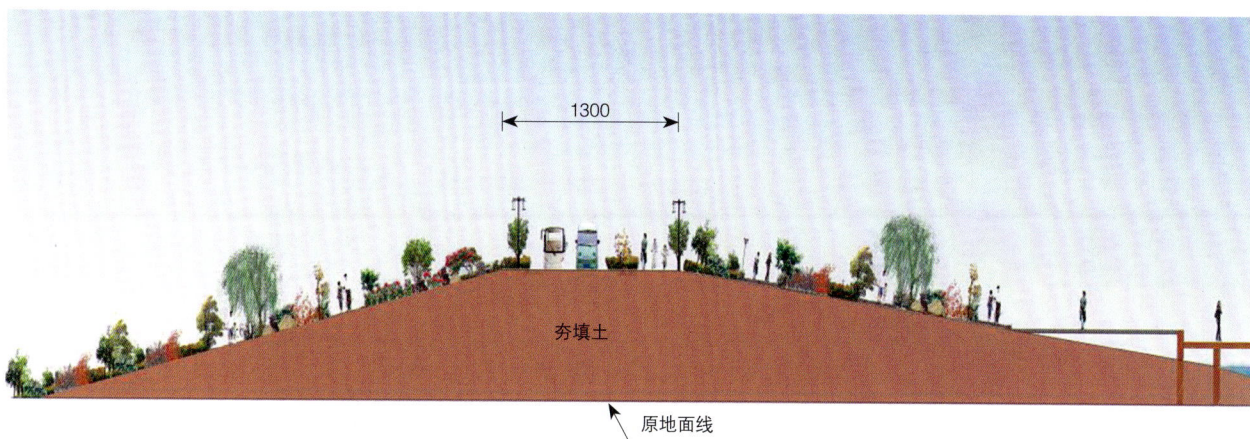

坡式梯形断面效果图（单位：cm）

0 号橡胶坝位于最上端，主要以拦蓄上游泥沙为主，设计坝高 2.0m，坝长 90m，左岸配套建设退水闸一座，设计年拦砂量 6.3 万 m³。

1 号、2 号橡胶坝工程为现状已成工程，设计维持现状不变。

3 号、4 号跌水为河道瀑布景观建筑物，主要是蓄水形成濂河水街水面景观效果及河水跌落的瀑布景观效果，分别由 3 号橡胶坝和 2 号跌水组成，坝总长 62.8m，跌水位于橡胶坝两侧，长度均为 18m；工程建成后分别在两座建筑物顶端建设廊桥和仿古拱桥，形成水街观水的景致。

5 号橡胶坝，主要为拦河蓄水形成通航水深，并兼具水面景观功能。由 1 号橡胶坝和 1 号船闸组成，其中橡胶坝坝高 2.70m、坝长 92.26m；船闸布置于橡胶坝左岸，净长 25.0m、净宽 6.0m，可满足 40 人级游轮往返濂水河的需求。

6 号橡胶坝在拦河蓄水形成通航水深的基础上，兼具水面景观及防止黄河洪水倒灌等功能，由两跨橡胶坝和 1 座泄洪排沙闸组成，其中橡胶坝高 4.0m、坝长 133.60m；泄洪排沙闸布置于橡胶坝右岸，净长 15.0m、净宽 4.2m。

3 号跌水效果图

4 号跌水效果图

建成的 3 号、4 号跌水

建成的 5 号橡胶坝

2.4.3 交通工程

工程建成后，为方便旅游交通，设计在堤顶布设旅游专用道路，路面功能分布从临河侧向背河侧依次为堤肩绿化带、人行休闲步道、草坪灌木花卉带、旅游观光车道（兼自行车道）、停车带、堤肩绿化带组成。

2.4.4 控制系统

主要完成 5 座橡胶坝、2 座跌水、1 座防洪闸的测控系统，工程通信系统、防洪预警系统、调度中心运行管理系统设计，最终实现本工程所有橡胶坝、船闸、防洪闸、跌水工程的统一调度、联合运行。

3 工程难点

3.1 坝群的联合调度问题

工程修建完成后濠河下游 15.5km 河道内共有橡胶坝 5 座，跌水 2 座。尤其在毓秀桥上、下游 3.2km 范围内有橡胶坝 3 座，跌水 2 座。一旦濠河发生洪水，而橡胶坝塌坝不及时，会存在较大的防洪安全隐患。但同时濠河下游作为景区的重要组成部分，河道还承担有通航的任务，如频繁的塌坝不仅会造成水资源的浪费，同时也会对景区的运行造成一定的影响。因此需合理地制定工程运行方式，既能够满足工程安全运行的要求，同时也能最大限度地满足景区运行的要求。本次设计在薛峰水库大坝下游小迷川支流交汇口以下布设一条监测断面，通过该断面水位－流量关系对上游来水进行预报。对于正在建设的小迷川水库以及准备建设的侯家峪水库分别在水库溢洪道设置水位计，对水库下泄流量进行预报。

3.2　挡水形式的多样性及景观性

濠河作为串联韩城市两大景区的景观河，河道挡水坝形式应具备多种样式，单一的挡水坝形式，即影响整体的美观性，也容易造成游客的视觉疲劳。为充分体现挡水坝挡水形式的多样性及景观性，本次设计采用了橡胶坝、跌水等不同形式挡水坝形式，同时又结合跌水建设了廊桥等建筑，同时两岸建筑物设计时充分考虑景区的建筑风格，采用了古建的外观形式，与景区的风格保持一致。

4　工程创新

4.1　设计贯穿"生态水工程"设计理念进行

（1）堤防邻河侧边坡设计为1：10的缓坡，此设计理念不同于以往的堤防设计理念，重点考虑了在景区建成后，游客在游船上游河的视觉感受，缓坡既可开阔视野，又为后期景观设计创造了较好的条件。

（2）3号、4号跌水建筑物的设计，充分考虑濠河水街景观的需求，既形成一定长度的水面工程，又形成跌落的瀑布景观效果，并在跌水上部建设特色桥梁，使整个水利工程完美地融入到周围环境中。

（3）建筑设计充分考虑景观需求，要求建筑功能应能满足工程需要，建筑外观应能满足周围景观设计需要，设计了唐宋风格的古建筑。

（4）芝水河入濠水河口距离濠河河口4号坝距离较近，为避免芝水河高含沙量洪水进入4号坝坝区造成坝前淤积，同时为了改善芝水河河道环境并防治濠河洪水倒灌芝水，在芝水河口设置橡胶坝及冲刷槽，既满足蓄清排浊的要求，又能够形成一定的水域景观。

治理后的濂河河道

建成的仿古船闸

（5）濠河干流修建有薛峰水库，除洪水期外，枯水期河道仅有上游河道水库下泄的少量来水、县城雨水及污水处理厂达标排放水。由于治理后濠河水面面积约 160 万 m²，同时河道外还建设有司马湖水面景观约 180 万 m²，水量短缺是巨大挑战。为充分解决水量短缺问题，规划对不同类型的河道防渗措施：上段砂卵石河床采用砼框格加复合土工膜的防渗形式；中段砂卵石河床，由于地下水位高于河床高程，为防止防渗层下部扬压力破坏防渗结构，采用柔性黏土层防渗；下段河床淤积了一层渗透性小的黄河倒灌淤积的泥土层，经过计算，利用现状土层不采取新的防渗措施。对于坝基强透水的砂层防渗采用坝上游河床黏土铺盖防渗。

4.2　采用新技术

（1）横拉门作为一种新型的挡水闸门，在南方应用较为广泛，北方地区相对较少，该闸门的优点是闸门以横向推拉进行启闭，不需要进行闸门的提升，从而减少了启闭机房的高度，有利于和周围景观的协调。

（2）液压坝作为河道挡水建筑物，是近年来新型的一种挡水形式，其特点是闸门型式新颖，启闭灵活、快速，运行管理方便，陕西水环境工程勘测设计研究院在本项目中，初次设计液压坝工程，解决了濠水河梯级库群塌坝时间控制的问题及工程区景观效果的问题。打造"史记韩城、风追司马"文化旅游大品牌，进而带动整个韩城市社会经济的发展。

在建的横拉门挡水闸门

建成的河道液压坝

5 运行情况

　　韩城濮河下游河道治理工程于2015—2017年陆续建成，濮河的碧水绿地连接了韩城古城景区、芝川湿地和司马迁祠景区，诠释了韩城市得天独厚的水域景观和丰富的历史人文景观，山、水、城、人相统一，提高了城市品位，带动了城市旅游业的发展，支撑了韩城市社会经济的健康可持续发展。

治理后的濮河河道

延河（延塞段）综合治理工程

1 项目基本情况

1.1 项目背景

延河，有着悠久的历史和灿烂的古代文明，不仅哺育了延安儿女，也养育了中国革命。历史上，延河水流绵延、碧波荡漾，滋养着沿岸人民。由于地处黄土高原丘陵沟壑区，水土流失严重，干流缺乏必要的防洪骨干性调蓄工程，设堤河段比例严重不足，防洪问题依然是延河流域的心腹之患。加之近年来流域内水资源短缺、水环境恶化等，严重制约了流域经济社会持续健康发展。

为了贯彻落实习总书记新时期"山水林田湖草是一个生命共同体"的系统治水思路，实现国家振兴革命老区的战略目标，在"十三五"开局之年，延安市委、市政府立足实际，要求对延河实施系统化、综合性治理，改善延河水生态环境质量，加快水生态文明建设。

1.2 存在问题

1.2.1 防洪体系不完善，洪涝灾害频繁

延河干流的洪水灾害较多，这在历史文献中都有记述。20 世纪以来，延河发生了数次洪水灾害，给人民的生命财产带来严重损失，尤其是 1977 年 7 月 6 日延河洪水淹没了延安城，洪峰流量达到 8960m³/s，淹没、冲毁耕地 18 万亩，倒塌房屋 5000 多间，死亡 134 人，冲毁小水库 200 多座，洪水流进延安城。

1.2.2 调蓄功能低下，雨洪资源利用不足

延安市地处陕北黄土高原丘陵沟壑区，干旱少雨，水资源贫乏，且时空分布不均，加之近年来延河流量明显减少，非汛期常流量仅为 1m³/s 左右，甚至出现断流现象。因延河干支流缺乏蓄水工程，汛期来水量占水资源总量比重较大且含沙量较大，汛期径流无法续存留用，汛后又无水可用，水资源流失严重，治理段供蓄水工程数量少，调蓄能力低下，雨洪资源未能有效利用。

1.2.3 生态环境脆弱，河流综合功能未能充分释放

本次治理河段位于延河川道内，河川宽600~1000m，期间有高速公路、省道等公路沿川道穿过。延河两岸不仅有独特的自然地理地貌，而且沿岸人文历史文化厚重，得天独厚的自然人文条件，应该成为水草丰美、水生动物种类繁多、植物季相景观丰富，体现人与自然和谐共处的最佳地段。然而现状河道水生态景观效果差，生态效应不明显，缺乏整体规划及系统开发。随着延塞一体化的发展，延河将成为一条城中河，但延河的治理开发还与城市建设需求差距甚大，服务于两岸的流域综合功能未能充分释放，与生态文明建设要求不相适应。

治理前延河河道

2 治理思路

2.1 规划目标

遵循五大发展理念，以保障防洪安全、改善生态环境、减少水土流失、维护河流健康为基本出发点，通过防洪保障体系、低碳交通体系、生态景观体系、休闲健身体系和产业发展体系五大体系的实施，实现延河沿岸"防洪安全保障、滨河道路通畅、滩涂生态自然，河边景色优美、休闲功能完善"的总体目标，打造"河在林中流、路在河边展、车在景中行、人在画中游"的意境，使延河的资源功能、环境功能、生态功能得到充分释放，支撑两岸经济社会实现可持续发展。

延河鸟瞰图

2.2　规划布局

根据延河的河道特性、现状承载能力以及区域经济社会发展的需求和相关规划，空间上形成"一轴四廊多点"总体布局。

（1）"一轴"。以延河为轴线，充分利用其丰富的自然资源，将延河建设成防洪安澜、水源涵养、生态优美、河流健康的示范性河流。

（2）"四廊"。一是以堤防工程、护岸护滩工程为主构成防洪保障廊道；二是以堤顶快速干道、自行车道、休闲步道为主构成的低碳交通廊道；三是以湿地修复、绿化林带、滨河景观为主构成绿色生态廊道；四是以沿河健身运动场所、公共服务驿站构成的休闲健身廊道。

（3）"多点"。以滩区湿地、河道水面、调蓄湖面、景观节点、文化小品等为主构成的网络状滨河观光景点。

2.3　整治标准

2.3.1　堤防防洪标准

按照延塞段沿岸未来经济社会发展需求，确定重要集镇、工业园区为30年一遇防洪标准，农防段采用10年一遇防洪标准。

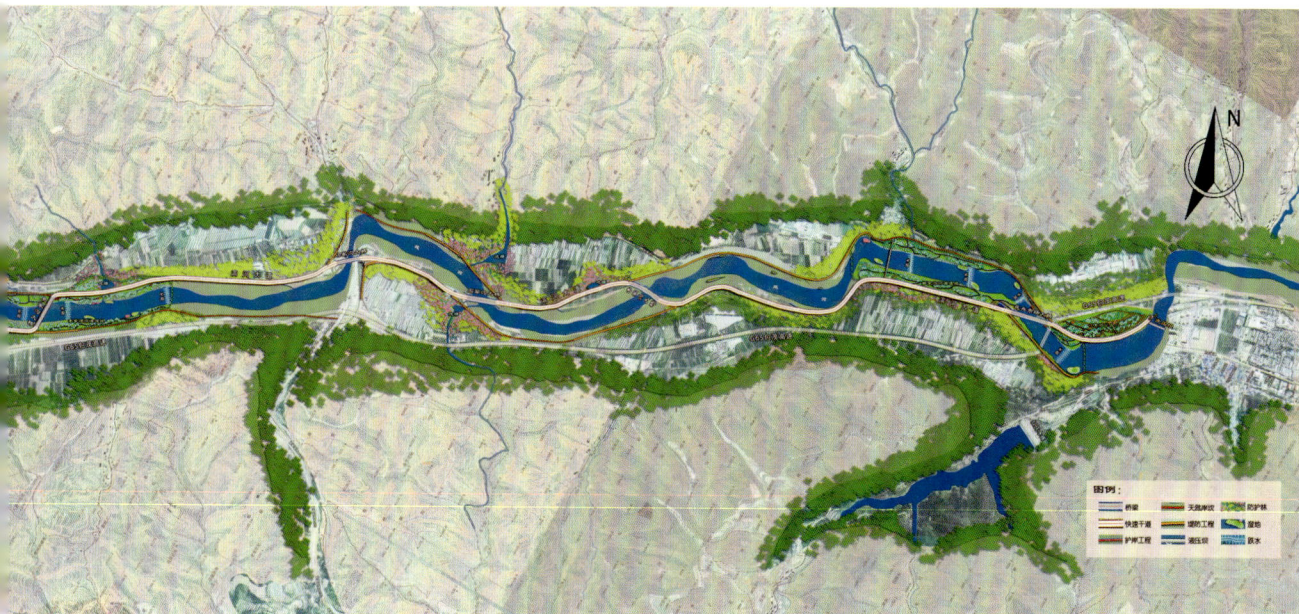

延河安塞至宝塔区段综合治理工程实施方案平面布置图

2.3.2　低碳道路标准

为保证道路贯通，结合堤顶道路以及延塞段一级公路建设全线贯通的低碳道路工程，低碳道路宽度不低于12m。

2.3.3　绿化景观标准

依托河道自然特性、区域历史人文，结合延塞一体化发展规划，在城镇、工业园区或交通要道两岸，建设具有当地特色的滨河景观工程，充分展示延河自然与历史文化。

2.4　整治任务

2.4.1　防洪保障体系建设

按照堤路结合、分区治理的思路，通过堤岸防护、河道清障等工程措施和信息化管理、河道保护红线等非工程措施的建设，形成延河完善的防洪保障体系。结合延河两岸的经济社会发展需求和发展空间，滩岸宽阔、保护面积较大区域建设高标准、大断面堤防，形成对重要区域的保护屏障；滩岸狭窄、保护面积较小区域建设护岸或小断面堤防工程，形成封闭的防洪体系。

2.4.2　低碳交通体系建设

根据地形条件和保护区域空间的大小，左右岸交替，尽可能与堤岸工程建设相结合，以低碳、快速、景观、旅游为定位，建设延塞一体化低碳交通工程，包括滨河城市快速干道及慢行观光道。

2.4.3　生态景观体系建设

按照"生态保护、水源涵养、河湖连通、园林绿化、景色迷人、设施完备"的思路，以延河为轴线，通过河滩湿地恢复、岸边湖池调蓄，堤防景观绿化、防护林带及滨河公园建设，构筑延河生态涵养带，把延河建成延安最长、最大的生态氧吧。

2.4.4　休闲健身体系建设

在延河综合治理的框架和基础之上，建设以自行车道、人行步道为纽带，以沿岸公园、休闲健身区、健身站点为核心，贯通上下游的沿岸休闲健身体系和沿岸城乡"10分钟体育健身圈"，统一建设里程标记、运动标线、设置隔离措施，把延河建成延安市景色优美、设施完善、最具特色的休闲健身谷。

3　规划创新

（1）沿河以堤路结合的形式建设一条宽阔的堤顶道路，作为一条连接宝塔区和安塞区的汽车快速干道。滨河大道兼有防御洪水、景观道路、休闲观光、运动健身的功能。跨河桥梁按照景观桥的要求，采用不同风格形式的桥型。全线设观景台、休憩驿站等旅游服务设施，共建设慢行观光道 30km，串联起沿河规划建设的产业园区及中国鼓文化乐园、山体公园等自然人文景观节点，着力提高旅游吸引力和吸附力。

（2）通过沿河滩涂及支流河口湿地的建设，发挥湿地涵养水源、蓄洪抗旱、调节气候、降解污染等方面的作用。按照涵养水、聚集水、用好水的要求，结合柔性治水理念，在延河较大支沟处修建蓄水留水工程，与主河道连通，调蓄利用支沟及周边雨洪资源，在洪水季节减轻自然河道的排洪压力，加强地下水补充，枯水季节回流自然河道，增加河流的生态基流，并兼做城市生态用水和景观湖面。

（3）规划在延河综合治理的框架和基础之上，建设以自行车道、人行步道为纽带，以沿岸公园、休闲健身区、健身站点为核心，贯通上下游的沿岸休闲健身体系和沿岸城乡"10分钟体育健身圈"，统一建设里程标记、运动标线、设置隔离措施，把延河建成延安市景色优美、设施完善、最具特色的休闲健身谷。

（4）在县南沟支沟治理时，结合延安市河流枯水期水少沙少、洪水期水多沙多的特点，将支沟主槽及滩区分开治理。其中主槽治理以泄洪排沙为主要功能，按照 2~5 年一遇过洪能力对主槽进行防护，滩区以生态修复为主要功能，通过引水上滩形成湿地景观。治理后一是通过主槽泄洪避免了滩区生态景观被频繁淹没的风险，二是避免了高含沙洪水对滩区的淤积。

4　实施效果

工程建成后，滚滚延河穿城而过，防洪安全得到保障；河滩内是一望无垠的绿草地，湿地、湖面点缀其中；堤岸及道路两侧树木林立葱茏、生机勃勃；沿岸历史人文景观丰富，特色产业欣欣向荣，开创了延河治理工作新局面，对探索延河生态文明建设新路径，推动延塞一体化发展都具有重要的意义。

目前，延塞段延河综合治理已基本实施完成。

建成后的延河堤防及低碳道路

建成后的延河堤防及低碳道路

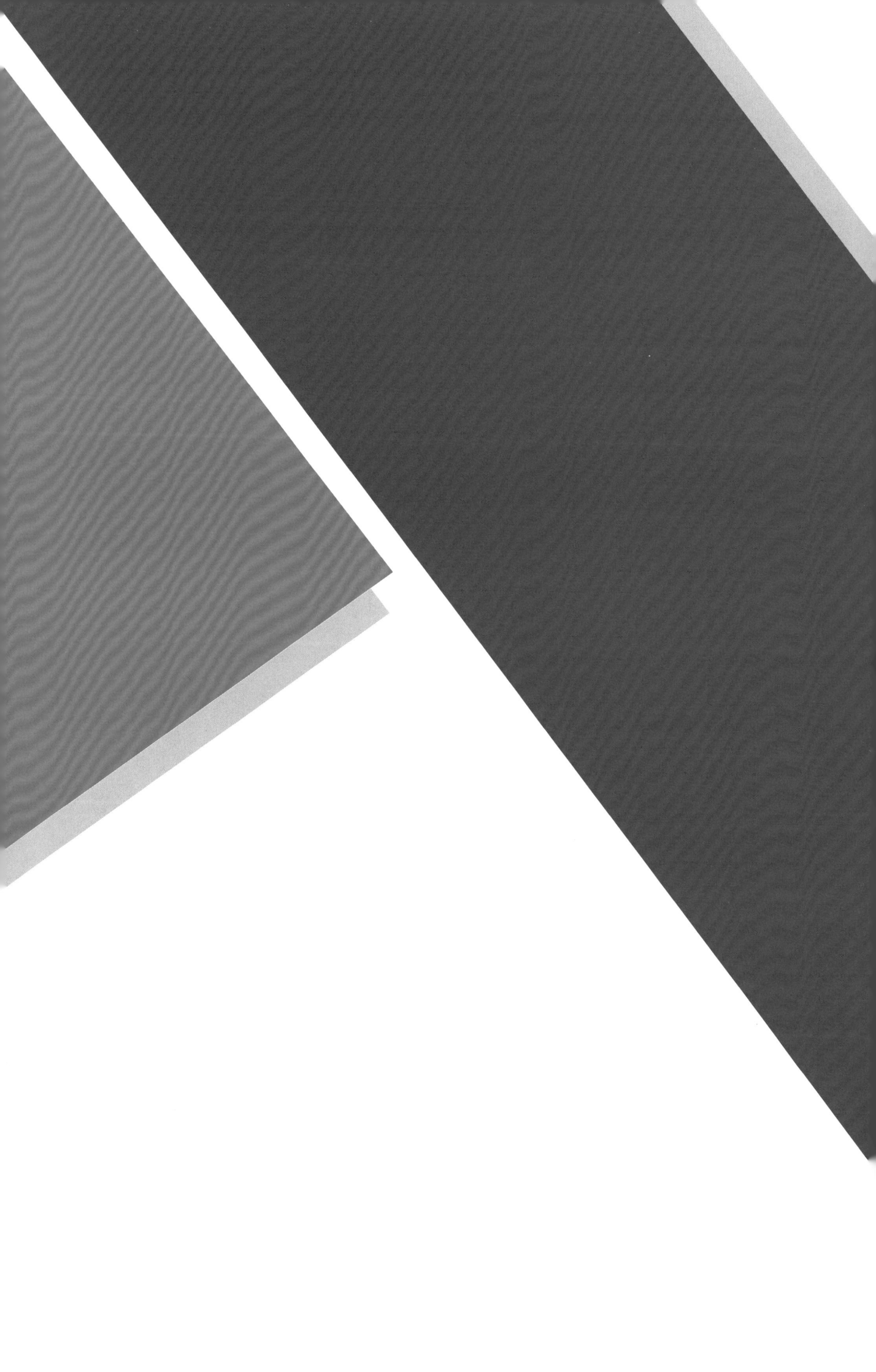

延安市西川河下游段湿地生态修复工程

1 工程基本情况

1.1 项目背景

延安市西川河下游段湿地生态修复工程上起延安市八一敬老院，下至石佛沟大桥，河道长 6.5km，平均宽度 70m，平均河道比降 4.5%。河道内基本为自然植被，杂草丛生，河滩地利用率低，景观效果差。西川河河道右岸是自然的山坡，部分岸坎冲淘严重。左岸堤防近乎垂直，没有下河踏步可以接近水面，缺少亲水设施。大部分时间河中没有水，滩地荒芜，河道被直线化、硬质化治理，丧失了西川河原有的自然风貌。

延安市政府为了优化环境，完善基础设施，改善延安西川河生态环境，提升城市环境品位，改善人居环境，增强城市竞争力，安排实施西川河下游段湿地生态修复工程。

1.2 工程建设条件

1.2.1 水文条件

西川河系延河右岸的一级支流，发源于志丹县双河乡麻家河，自西向东流经安塞县西河口、砖窑湾、高桥，宝塔区枣园等乡（镇），于延安市宝塔区枣园镇石佛沟附近汇入延河。河道全长 61.5km，流域面积 801.1km²，河道平均比降 5.7‰。经分析，西川河段水面工程处的设计洪水，30 年一遇洪水洪峰流量为 1840m³/s。

1.2.2 地质条件

西川河流域位于西北黄土高原，其流域地形地貌较为复杂，全流域介于丘陵沟壑区向稍林沟壑区过渡地带，左岸为荒山覆盖的丘陵，右岸为稍林，稍林面积约占流域面积的 1/6，中下游两级台地为砂壤土。工程区位于鄂尔多斯台凹东南部，新构造运动差异性小。该区以大面积缓慢抬升为主，按区域构造稳定性分级属稳定性好地区。该区地层走向 0°~25°，倾向 W 或 NW，倾角 2°~8°，断裂不发育，节理裂隙稀疏呈："棋盘格式"，走向 NW64°

及 NE40°，陡倾角张开度 0.2~0.6cm，最大可达 2~3cm。拟建工程区河谷呈 U 形发育，滩面宽 60~100m，滩面高程 958.0~988.0m。左岸堆积有一级、二级阶地，一级阶地台面宽 150~300m。阶地堆积物二元结构清晰。

工程区地层按岩土野外鉴定特征可划分为 3 个工程地质单元。各工程地质单元主要有：①杂填土：全新统人工堆积层（Q_4^{al}），杂色。②砂砾石：全新统近期冲积层（Q_4^{2al}），杂色、稍密，成分以砂岩为主，一般粒径 2~60mm，最大粒径 250mm，砂砾石呈椭圆~扁平状，层厚 0.9~5.4m，分布于河床漫滩。③侏罗系下统延安组（J_1^V）砂岩：灰黄色~灰白色，主要成分以长石、石英为主，云母次之，钙泥质胶结，强化带垂直厚度 0.5~0.7m。砂岩顶板高程 951.50~1005.22m。

2　工程总体设计

2.1　工程等别和标准

依据相关规范确定西川河防洪标准为 30 年一遇，堤防级别为 3 级。水面景观工程建设以不降低左岸防洪标准为原则，气盾坝的塌坝控制流量为 100m³/s，当流量大于 100m³/s 时塌坝泄洪。

2.2　工程任务

以习近平总书记提出的"节水优先、空间均衡、系统治理、两手发力"的重要治水思路为指导，围绕生态文明建设新任务，依据延安城区规划和布局，结合西川河特点，在保证西川河延安市城区段行洪安全的前提下，因地制宜，多措施并举，对该段河道进行综合治理，打造防洪安澜、景色宜人的生态景观河，提升西川河生态效应，改善西川河城市段生态环境，为延安的开发建设创造优美的投资环境。

2.3　总体布置

结合河道实际情况，通过修建三座气盾坝，形成水面工程长度 2.58km。水面工程范围内左岸修建亲水平台 3 座，码头 1 座。在水面工程上游及之间共修建跌水 4 座。在河道右岸沿山体坡脚修建步道 2.6km。

西川河下游段湿地生态修复工程总体鸟瞰图

2.4 主要建筑物设计

工程主要内容包括水面工程、景观工程及防洪工程三部分。

（1）水面工程。包括新修气盾坝三座：0 号气盾坝位于延安职业技术学院大门下游 320m 处，坝高 3.5m，坝长 60m，回水长度 870m，形成水面面积 4.35 万 m²；1 号坝位于南京大桥下游 90m 处，坝高 3.5m，坝长 50m，回水长度 600m，形成水面面积

1 号气盾坝效果图

3.92 万 m²。2 号坝位于包茂高速枣园大桥下游 70m 处，坝高 3.5m，坝长 55m，回水长度 850m，形成水面面积 4.84 万 m²。

（2）景观工程。包括亲水平台 3 处、慢行步道 2.6km，跌水 4 处。

1）亲水平台工程。1 号亲水平台位于延安干部学院南门，长 80m，宽 10m，面积 680m²，2 号亲水平台位于南京桥下游 230m 处，长 60m，宽 8m，面积 560 m²；3 号亲水平台位于邓家沟上游 200m 处，长 40m，宽 9m，面积 390m²。

1 号亲水平台效果图

2）慢行步道工程。慢行步道上起西川河右岸职业技术学院操场对面山体公园上游入口，下至邓家沟大桥，长 3.04km，沿山体坡脚布设，接近水面。

3）跌水工程。共设置跌水 4 处，在水面工程 1 号坝回水上游设置 1 号、2 号、3 号景观跌水，分别位于西川河八一敬老院下游 300m、延安职业技术学院、延园中学，在 2 号气盾坝下游 800m 设置 4 号景观跌水一处。

4）码头：在 0 号气盾坝回水区新建码头一处，码头平台面积 115m²。

（3）防洪工程。包括新建堤防 140m。新建护岸 597.8m。

1号跌水效果图

码头效果图

3　工程亮点

（1）经过多方考察、多坝型比选，在陕北多泥沙地区，首次采用了气盾坝，解决了排沙问题及陕北天气寒冷时冰块行洪问题。

（2）本次设计沿河道修建气盾坝，抬高水位，增大水面面积，在蓄水区沿线修建亲水平台、慢行步道等亲水设施，使居民可以近距离亲水，通过水面、休闲景观建设，形成一条亮丽的城市河流风景线。

（3）在河道右岸现状高岸坎冲淘区采用连锁式护坡，坡面植草，坡顶植树。既对现状岸坎进行了防护，又对岸坎进行了绿化。

（4）跌水工程形式多样、且与过河步道相结合，增加了游人的景观体验。

4　治理效果

该工程于 2018 年 12 月建成运行良好，已成为沿岸居民日常生活休闲的重要场所，对改善西川河河道及沿岸生态环境，营造良好的水生态环境，带动相关产业的发展，提高城市品位，提高市民生活质量都发挥了重要的作用。

工程实施后实景

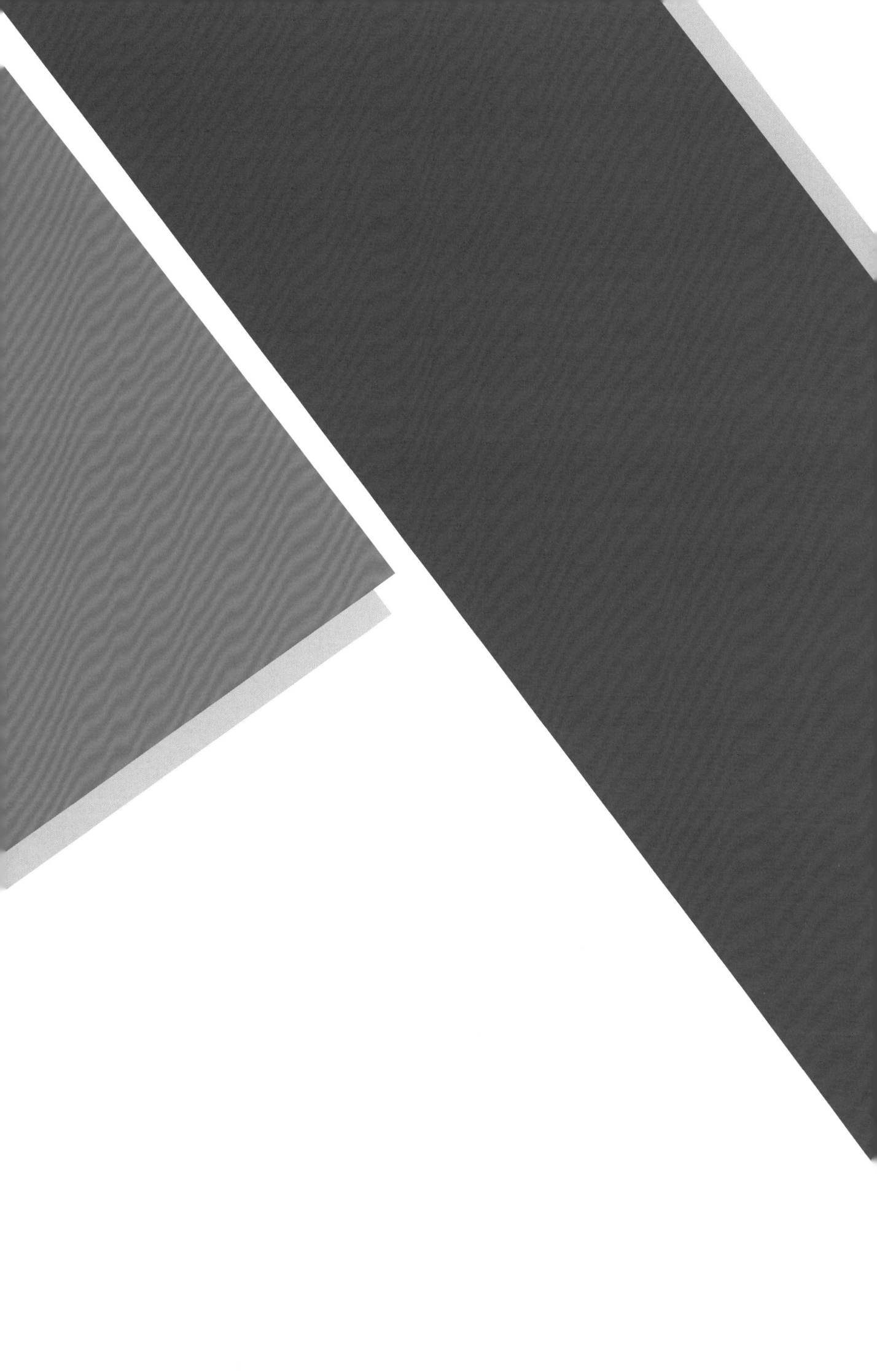

岐山县渭河蔡阳大桥至龚刘大桥段生态治理工程

1 项目基本情况

1.1 工程背景

近年来，中央及省市各级政府高度重视和关心渭河治理，《陕西省渭河全线整治规划及实施方案》《宝鸡市渭河综合治理工程详细规划》等一系列规划及方案的制订，为宝鸡市渭河综合治理工程的实施打下了坚实的基础。

目前，渭河岐山段北岸十里芦苇荡绿色景观长廊工程部分景观节点已实施完成，形成了集护岸固堤、生态景观、生物净水、亲水休闲等功能为一体的生态景观水利风景区。而南岸工程段由于多年采砂，滩面散乱，生态景观效果较差。工程区有浆砌石溢流堰一座，堰上游河道淤积较严重。

实施前河道内浆砌石溢流堰

实施前工程区渭河滩面现状

为实现"在水一方"景观效果，对渭河岐山蔡阳大桥—龚刘大桥段河道实施生态治理工程，修复河流生态，满足人们亲水近水的愿望。

1.2 工程建设条件

渭河岐山县境内流域面积 121km²，干流河床平均比降 1.37‰，河槽平均宽 500m，河流具季节性、多泥沙特征，河谷开阔，河槽宽浅、平坦，洪、枯流量悬殊，水位变幅大。工程处多年平均来水量为 29.84 亿 m³。

工程区地貌单元为渭河河漫滩，渭河呈东西向分布，漫滩及一级阶地较开阔，局部为二级、三级阶地。与本工程相关的地貌单元为渭河河漫滩及两岸的一级阶地。工程区外围出露地层主要为中生界侵入岩和新生界第四系松散堆积层，河床及漫滩岩性有卵石、砾石及含砾粗、中砂，夹条带状薄层细砂等。

2 工程总体设计

2.1 工程任务

以保持滩面整洁美观为原则，通过在河道内修建蓄水工程，形成水面，从而实现"在水一方"的景观效果，改善河道生态环境，满足两岸居民及游人亲水近水的愿望，促进蔡家坡经济技术开发区的招商引资及经济发展。

2.2 总体布置

共修建 3 道蓄水挡水坝，形成水面面积 2422 亩。

总体平面布置图

1 号坝设置在热力管道上游 268m 处，坝长 288m，蓄水区域长 1.2km，水面宽度为 180~260m，蓄水水面面积 511 亩。

2 号坝位于蔡家坡渭河大桥下游 636m 处，总长度 480m，利用溢流坝段长度 264m，新建坝段长度 216m，为减轻溢流坝段坝前淤沙压力，在现状溢流坝段左侧新建冲砂段，长度为 18m。2 号坝蓄水区域长 1.3km，水面宽度为 195~450m，蓄水水面面积 622 亩。

3 号坝布设在龚刘大桥上游 1km 处，主要在芦苇荡核心区（在水一方景观区）处形成水面，坝长 225m，回水区域长 2.36km，形成水面宽度为 160~380m，蓄水水面面积 1289 亩。

2.3 工程等别和标准

1 号坝、2 号坝蓄水库容分别为 42.7 万 m^3、38.1 万 m^3，按照《水利水电工程等级划分及洪水标准》为 V 等小（2）型工程，主要建筑物橡胶坝（液压坝）、泵房等按 5 级建筑物设计；3 号坝蓄水库容为 139.8 万 m^3，按照规范为 IV 等小（1）型工程，主要建筑物橡胶坝、泵房、蓄水池等按 4 级建筑物设计。

2.4 主要建筑物设计

（1）1 号橡胶坝工程。共 4 跨，坝高 2m，顺水流方向总长度为 64m；充排水系统，位于堤防背河侧坡脚。

（2）2 号液压坝工程。利用现状溢流坝段长度为 264m（含冲沙坝段 18m，3 扇坝面板），新建坝段 216m（36 扇坝面板），设计坝高 2.0m，顺水流方向总长度为 56.7m；液压控制室 96.84m^2，位于堤防临河侧堤肩。

（3）3 号橡胶坝工程。共 4 跨，设计坝高 4.0m，顺水流方向总长度为 86.9m；充排水系统，位于堤防背河侧坡脚。

3 技术难点

（1）渭河属于多泥沙河流，须处理好泥沙淤积问题。

（2）汛期洪水大，须保障河道行洪安全问题。

4 设计亮点

（1）总体布置采用了滩地设置引水式生态景观湿地，主河槽设置橡胶坝、液压坝等对泄洪影响小的活动坝形成水面景观的措施，滩地湿地区作为游人亲水休闲健身的主要场所，洪水淹没风险相对较小，淹没后恢复也较快；主槽区蓄水形成大面积的水面景观，为水生动物提供大的生存空间，为北方城市段较大河流探索出一条生态修复治理的方式。

（2）河道蓄水区设置了深水行洪区、浅水滩地区，浅水滩地区预留了较多的水中生态岛，为野生水禽、两栖类动物、湿地植物提供了良好的生存环境。

（3）对原有的挡水浆砌石溢流堰设置排沙槽，在排沙槽中布置可快速启闭的液压坝，减少泥沙淤积，经过 2018 年、2020 年洪水期运行，排沙减淤效果显著。

浆砌石溢流堰冲沙槽改造图

（4）放缓了堤防的边坡坡比为生态绿化工程提供良好条件，堤坡脚水边设置亲水休闲步道及水中亲水平台，堤坡上设置了下河踏步，种植了较多的景观花草，提升了市民群众的休闲观光体验。

5　运行情况和效益

工程于 2015 年开工建设，先期实施 2 号坝，将原有的溢流坝部分改为液压坝，汛期能够迅速塌坝不影响河道过洪，同时有利于河道排沙，工程建成后在渭河洪水畅泄和排沙方面取得了显著的效果。

神东矿区大柳塔小区橡胶坝工程

1 工程基本情况

1.1 项目背景

神东矿区是我国重要的现代化能源基地，多项技术指标达到世界一流水平。矿区在环境保护和水土流失治理方面也取得了很大的成效。大柳塔小区是矿区的核心。2016年前小区段河道环境差，坑洼不平，人为破坏严重，乱采砂石、乱倒垃圾等现象十分严重，与矿区环境综合治理的要求不相适应，与神东煤炭分公司现代化的生产设施和小区优美的环境也不相协调。因此急需对小区段的河道进行疏浚治理，修建梯级拦河蓄水工程，形成水面景观，改善河道面貌，生态环境和人居环境。

1.2 工程建设条件

乌兰木伦河为黄河右岸二级支流窟野河上游，发源于内蒙古自治区东胜区巴定沟，经神木县沙峁头沟汇入黄河，乌兰木伦河全长138km，流域面积3839km²，平均比降2.83‰。拟建大柳塔小区橡胶坝工程位于乌兰木伦河大柳塔小区河段，坝址以上流域面积3320km²，河道长108km，工程范围内河道宽度为400~450m，河道比降3‰，河道两岸为平坦的川道区域。

工程区地处鄂尔多斯台向斜东缘间歇性的缓慢抬升地区，是黄土高原与毛乌素沙漠的过渡地带，总的地势由西北向东南倾斜，波状起伏，沟壑纵横，组成了西北部风沙丘陵和东南部黄土丘陵两大地貌类型。橡胶坝坝址及蓄水区所在河段河床被第四系地层覆盖，其下部地层为侏罗系砂岩层，个别河段为泥岩。

2 工程总体设计

2.1 工程等别和标准

根据《水利水电工程等级划分及洪水标准》，确定该工程为IV等工程，橡胶坝等主要建筑物别为 4 级。根据《防洪标准》（GB 50201—2014），确定其设计防洪标准为 20 年一遇，校核洪水标准为 50 年一遇。

工程区地震动峰值加速度为 a=0.05g，相应的地震基本烈度为Ⅵ度，设计不考虑地震因素。

2.2 工程任务

工程建设的主要任务是对小区段的河道进行疏浚治理，修建梯级拦河蓄水工程，形成水面景观，改善河道面貌、生态环境和人居环境。

2.3 总体布置

大柳塔小区橡胶坝工程位于活鸡兔沟口至 2 号公路桥之间的乌兰木伦河道内，修建三级橡胶坝，工程建设后，水域覆盖 2 号桥上游至活鸡兔沟口间大柳塔中心区段的整个河道，形成水面总长 1650m，宽 346~378.5m，水面面积 60 万 m²，总蓄水量 146 万 m³。在河道右岸布置一条冲沙槽，槽宽 20m。坝端冲沙槽内各设一座冲沙闸，与冲沙槽联合运用，以解决常流量下泄流排沙问题。

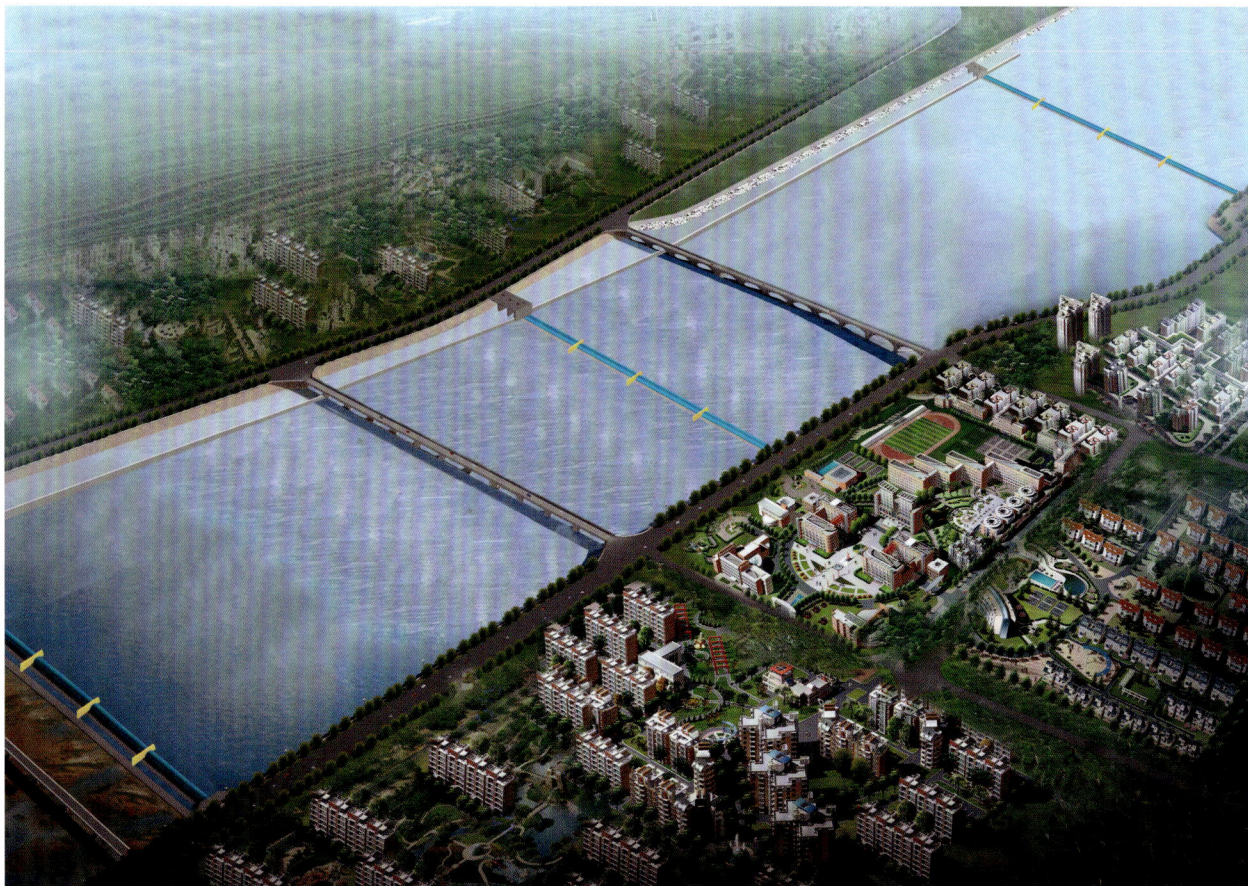

神东矿区大柳塔橡胶坝工程设计效果图

大柳塔橡胶坝工程主要由橡胶坝、冲沙槽和冲沙闸、亲水平台及母河沟污水排放等部分组成。

2.4　主要建筑物设计

2.4.1　橡胶坝工程

1 号坝位于右岸活鸡兔沟口下游 200m 处，相应桩号 0+250，距上游包神铁路桥 830m；2 号橡胶坝布置于母河沟口上游 100m 处，相应桩号 0+900；末端 3 号橡胶坝布置于 2 号公路桥上游 100m 处，相应桩号 1+900。设计 1 号、2 号、3 号橡胶坝总长度分别为 346m、354m 和 378.5m。三座坝均在轴线方向分为 5 跨，由中隔墩隔开，每跨长分别为 68m、69.6m 和 74.5m。设计坝底板高程高出上游平均滩面 0.2m。坝底板基础置于基岩层上。结构为 C20 钢筋混凝土平底板。经计算，1 号、2 号、3 号坝顺水流方向设计长度分别为 6.7m、9.5m 和 12.8m。

2.4.2　冲沙槽和冲沙闸

考虑到人水亲近的原则，为不破坏中心区段水面景观，冲沙槽布置在河道右岸。冲沙槽沿右岸护坡在蓄水区河道纵向布设，槽底宽 20m，总长 1650m。为便于冲沙，槽底纵向比降 3.5‰，始末端设计桩号 0+250~1+900，相应槽底高程为 1079.88~1074.10m。冲沙槽右侧利用已成护坡，考虑蓄水区蓄水要求和下泄小流量洪水，设计左侧隔墙顶与坝顶高程一致。

为控制冲沙槽沉沙、冲沙和橡胶坝蓄水运行，在橡胶坝端冲沙槽内分别设冲沙闸各一座，1 号闸为 5 孔、2 号、3 号闸为 3 孔闸门，单孔净宽为 6m。

2.4.3　河道平整及亲水平台

目前河道滩槽高低不平，因采砂、在河道内乱挖、乱堆，还有部分简易房、菜地、等附属物，为使河道洪水下泄畅通、便于橡胶坝蓄水形成水面，需对工程区内 0+100~2+000 段河道按设计高程 1080.75~1075.05m 进行清理整平，比降 3‰。

为便于居民休闲娱乐，在河道左岸母河沟口下游至 1 号桥上游护岸凹入部位设置一处亲水平台，桩号为 1+044~1+495，宽度为 1~67m，长 439m，面积 16375m²。设计亲水平台顶面比降为 1‰，高程为 1080.45~1079.95m，平均高出蓄水位 0.5m。平台顶采用

15cm 厚混凝土护面。在亲水平台上设置台阶、临河栏杆和休闲设施等。

2.4.4 母河沟污水排放工程

母河沟道内长年有生活污水流下，进入蓄水区后会影响水质，因此在污水治理工程实施前，必须组织拦截后排入工程区下游。拟在母河沟 2 号公路桥上游 30m 处修建混凝土溢流坝。并在右岸坡脚埋设混凝土管道，通过入口闸门控制，将污水引入管道，管道沿左岸坡脚布设，出口位于 3 号橡胶坝下游。涵管为钢筋混凝土结构，管径 0.6m，长 1160m，纵向比降 3‰。沟道上游来洪水时，关闭控制闸门，洪水通过低坝溢流下泄。

3 技术难点

（1）乌兰木伦河属多泥沙河流，必须解决好河道泥沙淤积问题。

（2）乌兰木伦河径流年内年际变化大、常流量小，洪水峰高尖瘦，必须兼顾好河道行洪与建筑物防洪。

（3）工程区冬季气温低，冰冻期长，必须充分考虑冰冻期橡胶坝的运行管理及防护措施。

4 技术创新

本工程在著名的高含沙河流——窟野河上游段乌兰木伦河上。在多泥沙河流上修建橡胶坝，防止泥沙淤积是解决的重要问题。该工程利用冲沙槽、橡胶坝、冲沙闸联合运用的方案，成功地解决了橡胶坝蓄水区泥沙淤积等问题。工程的总体部置为沿河道修建三道梯级橡胶坝、沿河道岸边修建一条冲沙槽，并在冲沙槽内修建 3 座冲沙闸。防淤积运行原理是：①在河水进入蓄水区前，最上游橡胶坝先将河水导入冲沙槽，经沉淀泥沙、河水从冲沙槽与橡胶坝蓄水区隔墙顶部溢流进入蓄水区，为橡胶坝蓄水，避免了运行时泥少进入蓄水区；②蓄水区蓄满后，打开冲沙槽内的闸门，利用冲沙槽内蓄水和河道来水冲刷槽内沉积的泥沙；③在汛期河道洪水较小时（2 年一遇以内），橡胶坝不塌坝，冲沙槽下泄全部洪水，避免了小洪水淤积；④大洪水时橡胶坝塌坝，全河道泄洪，洪水降落到较小时，上游导流坝立坝，冲沙槽泄洪，避免了大洪水的淤积。

这种工程措施和运行方式为多泥沙河道上的橡胶坝工程提供了较好的防淤方案，不但能使工程达到了蓄清排浑、防止淤积的目的，冲沙槽兼顾下泄洪水还可以大大减少橡胶坝的塌坝次数，方便工程管理、节约运行成本。

5　运行情况及效益

神东矿区大柳塔小区橡胶坝工程效益显著，新修橡胶坝的工程，在环境恶劣的毛乌素沙漠边缘地带，形成了绿洲，改善了乌兰木伦河河道水环境状况，形成一处长 1650m、宽 346~378.5m，总面积 60 万 m² 的河道水域，改善了工程沿河生态环境及区域小气候，对促进当地社会经济增长也发挥了重要作用。

建成后的神东矿区大柳塔小区橡胶坝工程实景

建成后亲水平台实景

橡胶坝建成后实景

冲沙槽建成后运行实景

冲沙闸建成后运行实景

6 获奖情况

该工程于 2008 年荣获陕西省第十四次优秀工程设计评选省级三等奖。

陕西省第十四次优秀工程设计评选
陕西水环境工程勘测设计研究院
神东矿区大柳塔小区橡胶坝工程设计
省级三等奖

神木县窟野河水面工程

1 工程基本情况

1.1 项目背景

神木县历史悠久，地理位置优越，素为塞上重地。始建制于秦汉，县境内有杨家城、红碱淖、汉墓群和秦长城、明长城遗址等，是陕西省历史文化名城。窟野河沿县城西岸流过，县城段河道长约 10km，宽 200~400m，已形成较完整的防洪工程体系，右岸为高岸坎，大多为自然岩石，基本满足设防要求，较大支沟已基本治理。但受自然条件和人为因素等方面的影响，河道内滩面裸露，乱采、乱堆、乱排现象严重。河堤两侧杂草丛生，垃圾随意倾倒，环境较差，与城市的发展和环境改善要求很不协调。2007 年神木县委托陕西水环境工程勘测设计研究院对城区段五龙口桥至二郎山桥之间河道进行了治理设计，五龙口至二郎山桥之间在不影响河道行洪的前提下，利用其水源优势，修建梯级拦河蓄水工程，形成生态水域，改善河道面貌、生态环境和人居环境，为区域经济的发展创造一个良好的外部环境。

五龙山桥处建设前现状

二郎山桥处建设前现状

1.2 工程建设条件

神木水文站多年平均径流量为 4.52 亿 m^3，径流丰水、平水、枯水年的相应频率分别为 25%、50%、75%，相应年径流量分别为 5.85 亿 m^3、4.24 亿 m^3、2.88 亿 m^3，经过分析比较选择设计代表年分别为 1988 年、1989 年、1997 年，相应年径流量分别为 5.83 亿 m³、4.23 亿 m³、3.07 亿 m³。相应 50 年一遇洪峰流量为 14600m³/s。神木站多年平均悬移质输沙量为 5633 万 t，其输沙模数为 7719t/km² 年。平均输沙率为 1.79kg/s、平均含沙量 108kg/m³。实测最大年输沙量 19100 万 t（1976 年）。

工程区地处鄂尔多斯台向斜东缘间歇性的缓慢抬升地区，坝址及蓄水区所在河段河床被第四系地层覆盖，其下部地层为侏罗系砂岩层，个别河段为泥岩。河谷阶地及漫滩区，表层为第四纪冲积砂砾卵石层，一般厚 3~5m，最大厚度不超过 7m。

2　工程总体设计

2.1　工程等别和标准

根据《水利水电工程等级划分及洪水标准》（SL 252—2017），确定该工程设计防洪标准为 50 年一遇，Ⅳ等工程，橡胶坝等主要建筑物别为 4 级建筑物。

工程区地震动峰值加速度为 0.05g，相应的地震基本烈度为Ⅵ度，设计不考虑地震因素。

2.2　工程任务

在不影响河道原有行洪功能的前提下，非行洪期蓄水，在铧山桥至二郎山桥间形成水面景观；通过疏浚整治河道、平整滩地，增加过流能力；增加城市景观面积和绿地面积，改善人居环境，完善城市功能，提高城市品位，改善生态环境和投资环境，促进区域经济社会发展。

2.3　总体布置

考虑到窟野河属多泥沙河流，为防止泥沙淤积，蓄水工程采用分槽方案，由中隔墙将河道分为蓄水区和冲沙槽。为便于居民休闲亲水，将蓄水区布于左岸，宽 190m 左右，总长 9000m，全部蓄水，形成水面景观。共布设 7 道橡胶坝，其中最上游的 5 号橡胶坝为导流坝，将上游来流导入冲沙槽，位于五龙口桥上游 100m 处，最下游 B 号橡胶坝位于神木县污水处理厂上游 1km 处。橡胶坝控制室布置于左岸堤坡上。

冲沙槽起补水、冲沙、过长流水和小洪水等功能，布于右岸，宽 30~36m，总长度 9000m，冲沙槽左侧设中隔墙与蓄水区分开。为控制冲沙槽沉沙、补水和冲沙，在每道橡胶坝端部的冲沙槽内修建一座冲沙闸。

工程平面布置示意图

2.4　主要建筑物设计

（1）橡胶坝。7 座，充气式。其中位于最上游的 5 号橡胶坝为导流坝，将上游来流导入冲沙槽，5 号橡胶坝位于五龙口桥大桥上游，建业路南约 80m 处，设计坝长 280.9m，坝高 3m，蓄水长度 1150m；4 号坝位于五龙口桥下游 750m 处，坝长 280m，坝高 3m，蓄水长度 1180m；3 号橡胶坝位于铧山桥上游 100m 处，坝长 184.9m，坝高 2.0m，蓄水长度 750m；2 号橡胶坝布置在西大街与滨河路交会口上游 170m 处，坝长 181m，坝高

2 号橡胶坝设计效果图

3.5m，蓄水长度 1400m；1 号橡胶坝位于二郎山桥下游 200m 处，坝长 191.5m，坝高 4m，蓄水长度 1600m。A 号橡胶坝位于现状 1 号橡胶坝以下 998m，坝长 125.5m，坝高 3m，蓄水长度 998m；B 号橡胶坝位于滨河南路路口拐弯处，四支河口以下 230m 处，坝长 121m，坝高 3m，蓄水长度 970m。

（2）冲沙槽。冲沙槽底板设计坡降为 2.0‰。为便于冲沙、泄洪，冲沙槽进口底高程低于橡胶坝底板 1.00m，槽底板为 20cm 厚 C20 钢筋混凝土。

（3）冲沙闸。冲沙闸布设于冲沙槽内，闸室为带胸墙的开敞式水闸，3 号冲沙闸设置 7 孔闸门，每孔净宽为 5.0m。其余冲沙闸设置 5 孔闸门，孔净宽为 5.0m，闸底板高程与冲沙槽底部高程相同。闸顶高程跟左岸防洪堤高程一致。闸室采用 C25 钢筋混凝土结构，底板厚 1.0m，底板顺水流方向长 11.0m，前端齿墙深入基岩面以下。

（4）坝袋的充排系统。坝袋的充排方式采用充气式橡胶坝。通过风机给坝袋充气，塌坝时可以采用水力机械式自动排气或是通过风机排气。

（5）自动控制系统。本工程各泵站在实现主机组和辅助设备自动化的基础上，采用计算机监控系统。

3 技术难点

3.1 泥沙问题

在多泥沙河流上修建橡胶坝，防止淤积是必须解决的首要问题。窟野河神木县以上河段长 170km，流域面积 7298km²，河道平均比降 2.88‰。根据神木水文站多年观测资料，年平均径流量为 2.59 亿 m³，平均流量 8.22m³/s，多年平均输沙量为 7432 万 t，其中 7—8 月输沙量占全年输沙量的 91%。多年平均含沙量为 131kg/m³，含沙粒径在 0.05mm 以上的粗沙占全部沙量的 40% 以上。窟野河是著名的多泥沙河流，水面工程建设中如何避免泥沙淤积，是工程建设和运行的最关键的问题。

3.2 防洪问题

橡胶坝工程，因为坝袋锚固于底板上，泄洪时坝袋排空后，紧贴在底板上，不缩小原有河床断面，基本不阻水。实际上修建橡胶坝时，经过河道平整，对滩地中的垃圾、弃渣和其他阻水物的清理，减小了水流阻挡，使河床糙率减小，过洪能力也有增加的因素。根据以往设计计算，修建橡胶坝会抬升洪水位 0.2~0.4m。因此在橡胶坝塌坝情况下坝底板及其他土建工程不会对行洪产生大的影响，但橡胶坝充坝运行时，存在一定的防洪风险，需进行合理的运行设计和调度，避免影响河道行洪。

3.3　冰冻问题

工程区年平均气温 8.9℃，年极端最高气温 38.9℃，年极端最低气温 −28.1℃。最大冻土深度 1.46m，河道初冰期为每年 11 月 2 日左右至次年终冰期 4 月 3 日左右，封冻日期为 12 月 26 日，解冻期为 3 月 5 日左右，封冻天数为 64d，河心最大冰厚 0.66m，岸边冰厚 0.8m。在寒冷地区修建橡胶坝，存在冰冻期水面结冰挤压破坏坝袋、水工建筑物冻融破坏问题，应在设计建设中考虑解决防冰冻问题。

4　技术创新

（1）多泥沙河流水面工程防沙排沙运行方式创新。根据工程的特点，泥沙问题分大洪水期、小洪水期和正常运用期三种情况予以解决。大洪水期，橡胶坝塌坝泄洪，坝袋紧贴底板，不占用行洪河槽，洪水和泥沙正常向下游排泄；小洪水期，采用冲沙槽治理方案，利用中隔墙将河道自上游至下游分为蓄水区和排洪区两部分，其中排洪区河槽高程相对较低，比降大，宽度窄，水流流速大，挟沙能力强，洪水全部从排洪区下泄，蓄水区橡胶坝不塌坝，河道也可避免淤积；正常运行期，采用冲沙槽，通过橡胶坝或导流潜坝，将上游河水先引入岸边的排洪冲沙槽，通过闸门控制，在河水进入蓄水区前沉淀泥沙、并利用河道来水冲刷槽内沉积的泥沙。同时排洪冲沙槽可以兼顾下泄小流量的洪水，减少了塌坝次数。这种方案能较好的避免泥沙入库，达到蓄清排浑、防止淤积的目的。

（2）洪水预警及充气坝快速塌坝解决防洪问题。为利用上游现有的水文设施建立洪水预警系统，当上游来大洪水时利用充气系统强排，橡胶坝会在 1h 内完成塌坝任务，安全泄洪。为防止系统预报不准确或不及时，设计了自动塌坝系统，当坝顶水位达到一定高度时，自动塌坝系统便会启动，橡胶坝自动塌坝，保证工程自身和防洪的安全。另外，运行要求在洪水集中的汛期橡胶坝塌坝，不蓄水，保证防洪安全。

（3）寒冷地区橡胶坝防冰冻措施。一是采用新型钢丝骨架材料橡胶坝袋、充气橡胶坝解决冰冻期间运行问题；二是冰冻期橡胶坝塌坝不蓄水，充气坝入冬前可放空坝袋内积水，保持橡胶坝自然坍落状态，可利用冰冻层或积雪覆盖层保护坝袋越冬，坝袋冻在冰层下，或覆盖积雪 0.3~0.5m 厚，对保护橡胶坝是有利的；三是加强冬季运行管理，采取坝前破冰的办法，防止冰冻压力对坝体的作用。在冰冻期不调节坝高，待坝袋内的冰凌溶解后方可适当调节坝高排泄冰凌。

5　运行情况

　　神木橡胶坝工程于 2007—2012 年陆续建成，经过多年蓄水，运行稳定，泥沙淤积、防洪和水量水质等问题通过工程措施或运行管理措施解决，水质清澈，改善了两岸生态环境和人居环境，对丰富城市内涵，提升城市品位，改善投资环境，促进旅游业发展，都具有重要的战略意义和历史意义。工程建设带来了显著的社会效益、环境效益及经济联动增值效益，受到社会各界和广大城市居民的称赞。

二郎山俯视橡胶坝

子长县南河城区段河道综合治理工程

1 工程基本情况

1.1 项目背景

南河城区段河道综合治理工程位于南河河口段，长约 3.2km，工程段河道比降为 5.04‰。现状河道两岸建有河堤，长约 1.8km，堤高 8~10m，河堤结构为土堤，浆砌石挡土墙护岸，设防标准较低。现状河堤参差不齐，河道宽窄不一，河道内垃圾满沟、污水横流、河槽淤积严重，主河道两岸临河建筑凌乱不堪，严重地影响着河道的正常行洪及城市景观，与城市的发

河道现状

展和环境改善要求很不协调，在一定程度上影响着城市的开发建设，制约了县城河道两岸的发展空间。

子长县南河城区段河道综合治理工程是子长县为改善城区河道环境，完善城区污水处理功能，形成水域景观场所的一项综合性民生工程。工程主要由堤防工程、橡胶坝、冲沙闸、

现状箱涵末端

后桥村至交警队桥头段现状堤防

排污箱涵、充排控制工程、防渗工程、泵房工程、污水收集工程、河道清障、河道内已建工程保护、景观平台及栏杆等组成。

1.2　工程建设条件

1.2.1　蓄水水源

南河多年平均径流量 1104 万 m^3，最小月径流量 23.2 万 m^3，2~7 号橡胶坝静态蓄水总量为 14.20 万 m^3，通过河道净来水量计算，即使在枯水年，河道来水量为拟建橡胶坝工程需水量 10.38 万 m^3 的 1.6 倍，远大于橡胶坝工程需水量，因此利用南河水水量是完全有保证的。

1.2.2　水质

橡胶坝蓄水工程的主要目的是形成水面景观，其水质最低应达到《地表水环境质量标准》（GB 3838—2002）V 类水的要求。南河子长县城以上水质较好，满足橡胶坝蓄水水质的要求。县城及其下游河段，由于近年来工矿企业发展迅速，排污口较多，水质较差。对城区段排污管道可采取箱涵截污集中排放至下游河道，使其不影响橡胶坝区水质。

另外，橡胶坝工程建成后，当上游河道来水水质较好时，可通过闸门控制，使上游来水经过蓄水区和橡胶坝面溢流至下游，蓄水区为流动的活水，水质可进行不断的交换和净化。当上游河道来水水质较差或含沙量大时，直接从排污箱涵排至下游，减少蓄水区水质的污染和泥沙的淤积。

1.2.3　泥沙淤积

南河是一条多泥沙河流，从多年平均输沙量分析，沙量主要集中在6—10月的洪水过程中，非汛期河道流量、含沙量相对较小。综合治理工程南河河口处控制流域面积为 221.1km²，经计算，南河河口处多年平均输沙量为 249.2 万 t。若悬移质的容重按 1.35t/m^3 估算，则南河河口处多年平均输沙量为 184.6 万 m^3。

工程运行后，上游因坝前水位壅高会产生一定的淤积。根据水流特点，坝前淤积一般呈三角形分布，对该处的泥沙淤积，除利用汛期大洪水全断面行洪冲刷外，还可以利用排污箱涵和冲沙闸进行控制，以增大流速，加大水流的挟沙能力，达到冲刷目的，同时还在每道橡胶坝蓄水区内箱涵临水侧每隔300m设置一座侧闸门，能够进入清污机械，用来解决箱涵内的泥沙淤积。

1.2.4　防洪影响

橡胶坝工程最大的优点是不阻水，因为坝袋锚固于底板上。泄洪时，坝袋排空后，紧贴在底板上，不缩小原有河床断面，基本不阻水。实际上修建橡胶坝时，经过河道平整，对滩地中的垃圾、弃渣和其他阻水物的清理，减小了水流阻挡，使河床糙率减小，过洪能力也有增加的因素。根据以往设计计算，修建橡胶坝对洪水位的抬升不超过 0.3m，因此，工程修建后对河道的过洪能力不会造成大的影响。

2　工程总体设计

2.1　工程等别和标准

橡胶坝工程总蓄水量 14.2 万 m³，工程等别为 IV 等，防洪堤采用 30 年一遇洪水标准设防，橡胶坝、箱涵、冲沙闸等主要建筑物级别为 4 级。

工程区地震动峰值加速度为 0.05g，地震动反应普特征周期 0.35s，相应地震基本烈度为 VI 度，设计不考虑地震因素。

2.2　工程任务

工程的主要任务是在不影响河道行洪的前提下，通过修建梯级拦河蓄水工程，形成水面景观，通过疏浚整治河道，平整滩地，增加过流能力，为全面实施子长县南河城区段河堤改造景观工程创造条件。工程建成后，可增加城市景观面积和绿地面积，改善人居环境，完善城市功能，提高城市品位，改善生态环境和投资环境，促进区域经济和社会发展。

2.3　总体布置

本工程设计范围为子长县县城秀延河与南河交汇处—瓷窑大桥处，长约 3.2km。设计在不影响河道行洪的基础上在河道内修建 6 道橡胶坝，1 道拦泥景观闸，景观闸两侧分别设置冲沙闸，主河槽两侧紧贴河堤设置钢筋混凝土排污箱涵，长 6005m；箱涵顶部每 200m 设一处检查孔，共 30 处；在河道两岸堤防临水侧水边修建亲水观景平台，共设计 15 处；加固及新建两岸防洪工程共 7577m。考虑堤防两岸游人下河交通需要及亲水要求，共设计 14 处下河踏步和 7 处旋转楼梯。工程建成后，将形成 30~50m 宽、2790m 长的水域景观，形成水面 6.55 万 m²，总蓄水量 14.20 万 m³。

子长县南河城区段综合治理工程总体鸟瞰图

2.4　主要建筑物设计

（1）堤防工程。设计时对土质堤坡铺设草皮护坡和三维生态袋护坡，左岸草皮护坡长498m，三维生态袋护坡长827m。右岸草皮护坡长1874m。对已有浆砌石护岸表面喷锚C20钢筋混凝土护面，长3769m，其中左岸长2105m，右岸1664m。右岸修建M10浆砌石挡土墙长141m，新建土堤404m，两处加固段，表面喷射C20钢筋网混凝土护面。

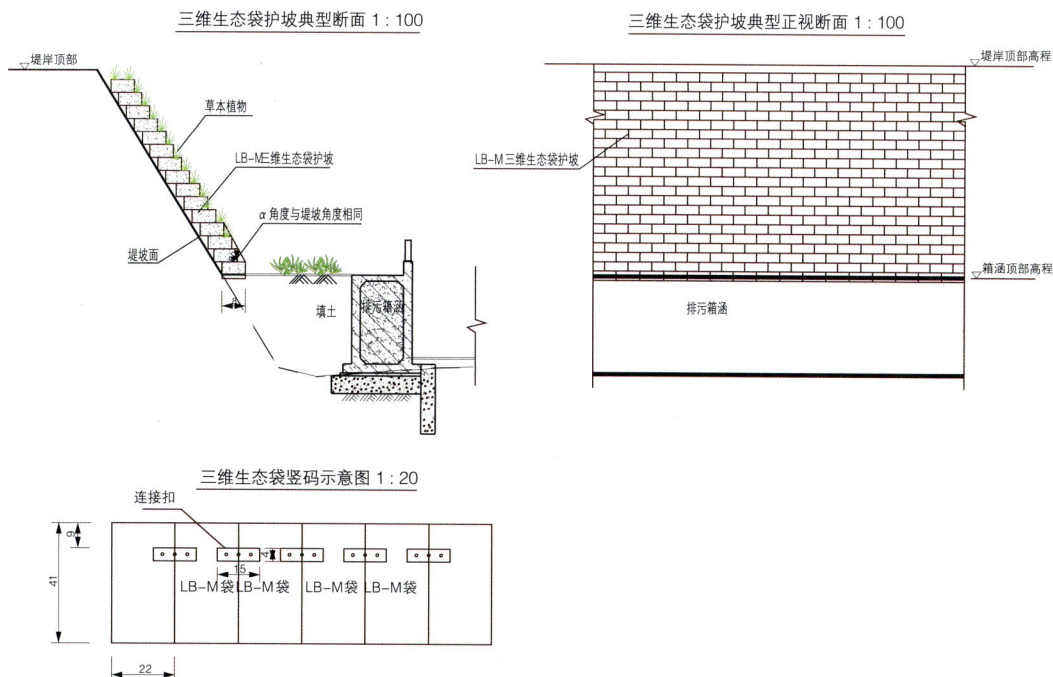

三维生态袋护坡设计图（单位：cm）

（2）橡胶坝工程。设计新修橡胶坝6道，坝高为3m，6道坝回水总长度为2790m，形成水面面积7.66万m²，总蓄水量14.2万m³；为满足充排气需要，根据地形在橡胶坝左右岸设计控制室6座。

橡胶坝设计参数表

坝号	坝高	坝长	底板高程/m	坝顶高程/m	蓄水区长度/m	蓄水区面积/万m²	蓄水量/万m³
2	3.0	25.8	1039.74	1042.74	410	1.14	2.0
3	3.0	30.0	1042.26	1045.26	440	1.23	2.2
4	3.0	26.0	1044.80	1047.80	520	1.43	2.5
5	3.0	29.0	1047.30	1050.30	530	1.50	2.7
6	3.0	27.6	1049.77	1052.77	480	1.25	2.6
7	3.0	33.2	1052.35	1055.35	410	1.11	2.2
合计	21	171.6	6276.22	6294.22	2790	7.66	14.2

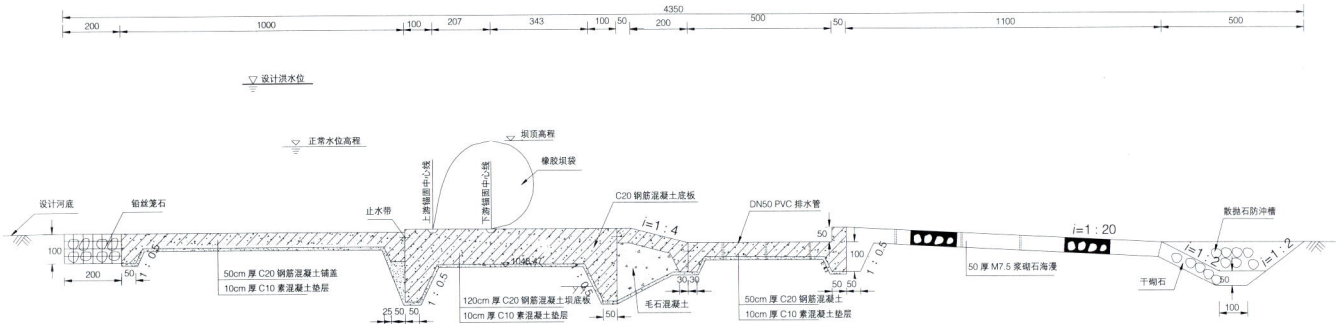

橡胶坝纵剖面图（单位：cm）

（3）冲沙防淤工程。为了减少推移质对蓄水区的不利影响，在瓷窑大桥下游150m处设置一道拦泥景观闸，设计闸高3m，长20m。两侧分别设置冲沙闸，冲沙闸采用1m×1m钢制闸门，洪水期景观闸塌坝与冲沙闸共同泄流。为确保河道两岸污水及上游小量浑水能顺利排向下游而不进入蓄水区。

（4）污水收集工程。为确保河道两岸污水及上游小量浑水能顺利排向下游而不进入蓄水区，设计对河道两岸的污水进行截污，因已成工程为排污暗箱涵，为上、下游平顺衔接及整体美观，设计采用排污暗箱涵。其优点有：①排泄两岸支管及来自上游的污水和初期雨水；②箱涵是两岸边坡的挡墙及蓄水区池壁；③箱涵是一级绿化景观平台的一部分；④箱涵是治理段的纵向通道，可供巡河管理及游人漫步，可作为两岸绿化带的重要组成部分。

标准箱涵结构图 1:50

仿木混凝土栏杆

预埋钢板
250×250×16间距2m

∇ ±0.00

排水沟

开挖线

1:0.5

30cmC25钢筋混凝土
10cmC15素混凝土垫层
60cm砂卵石垫层
原土夯实

C20毛石混凝土截渗墙

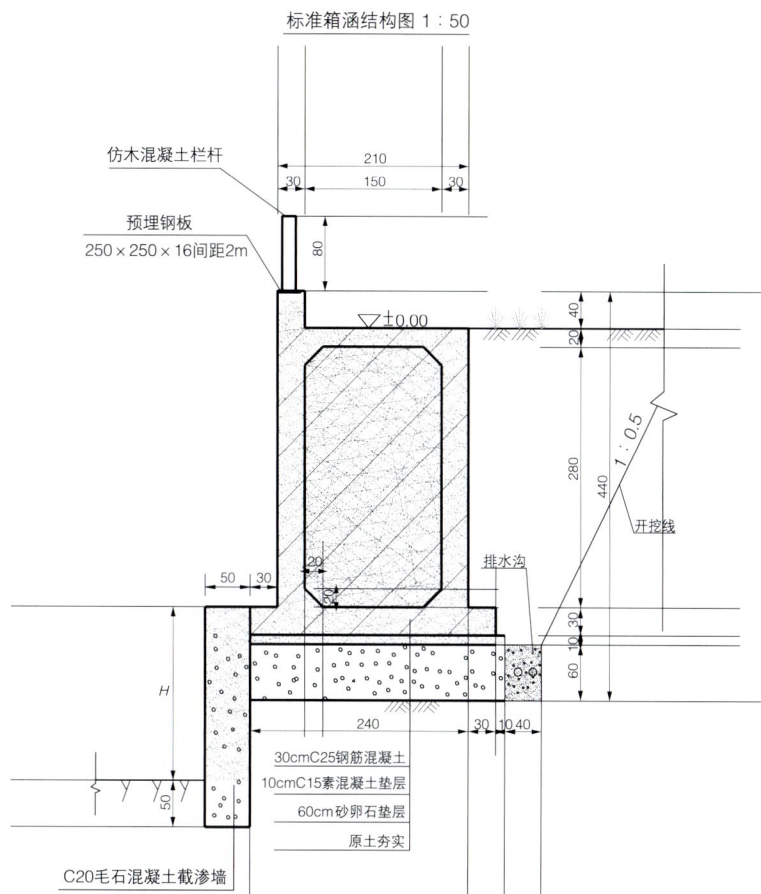

箱涵剖面图（单位：cm）

排污箱涵走向紧贴两岸堤防，总长 6005m（其中右岸长 3022m，左岸长 2983m），采用矩形钢筋混凝土结构，断面净尺寸为宽 × 高 =1.5m×2.8m，最大过流量为 12m³/s，底板厚 0.3m（橡胶坝处底板厚 0.8m），顶板厚 0.2m，侧墙厚 0.3m。

（5）亲水景观工程设计。本工程设计采用亲水平台与箱涵结合的方式，即在箱涵上部铺设盖板，形成平台，亲水平台距水面 20cm 左右，平台宽 2.1m，长 6005m，其中左岸长 2983m，右岸长 3022m。沿蓄水区左、右岸共设景观节点 15 处，其中右岸 7 处，左岸 8 处，亲水平台节点长 15m，宽 5m，伸进河道约 3m，基础为钢筋砼立柱。为安全起见，在蓄水区两岸设仿木成品栏杆，设计栏杆间距 2m，高为 1.2m。考虑到堤防两岸游人下河交通需要及亲水要求，本次共设置下河踏步 14 处，旋转爬梯 7 处。

（6）防渗工程。本次橡胶坝防渗设计主要为蓄水区防渗，为减小蓄水渗漏，必须对蓄水区进行防渗处理。本次设计在橡胶坝上下游均设置钢筋混凝土齿墙，齿墙深入基岩以下0.5m，箱涵临水侧设置毛石混凝土截渗墙，截渗墙深入基岩以下 0.5m，箱涵起点和末端底板均设齿墙，齿墙深入基岩 0.5m，橡胶坝钢筋混凝土齿墙与两岸箱涵截渗墙形成一个封闭体共同完成蓄水。

（7）河道清障工程。对现状河道滩面按设计滩面进行平整，以及清除建筑垃圾及生活垃圾、碍洪建筑拆除等。

（8）河道内已建工程保护。对工程范围内输水管道及污水管道进行加高及安全防护。

3 技术要点

（1）工程段位于子长县城主城区，河道两岸雨污水排入口较多且杂乱不堪，雨污水直接排入河道，对蓄水工程水质影响很大，因此，必须将沿河两岸及上游污水全部截流至河道下游待建污水处理厂。

（2）南河属于多泥沙河流，立坝时间较长易淤积，泥沙淤积或石头等杂质对坝的升和塌会形成阻挡，不利于泄洪。因此，必须解决多泥沙河流淤积问题及对坝运行产生的影响问题。

（3）从遵循绿色生态，提高城市品位角度出发，沿岸已成工程均为重力式浆砌石挡墙，现状土质岸坎较高，坡度较陡，设计时均需考虑生态设计。

子长县南河城区段河道综合治理工程效果图（一）

子长县南河城区段河道综合治理工程效果图（二）

子长县南河城区段河道综合治理工程效果图（三）

4　工程亮点

本设计遵循人与自然和谐相处，建设城市生态景观河的理念，寻求最佳的生态工程方案，使水利工程既体现水工建筑物的特点和功能，又与周边植被、地貌等自然环境相协调。主要工程亮点、创新点列举如下：

（1）设计采用景观水闸，克服了陕北地区多泥沙淤积问题。

（2）为确保河道两岸污水及上游小量浑水能顺利排向下游而不进入蓄水区，设计时对工程范围内污水管道进行集中收集排放至箱涵，由箱涵顺利排放至下游。排污箱涵是多功能的，既能截污、泄洪，同时在工程蓄水过程中，又能作为两岸城区居民休闲娱乐通道，满足了子长县委、县政府对城区段南河综合治理工程河道治理与城市污水收集紧密结合的要求，使城市成为居住舒适、环境优美、水清岸绿、和谐自然的生存和发展空间。

5　运行情况

工程于2011年建成，经过多年蓄水运行，状况良好，橡胶坝形成水面工程，改善了沿岸居民的生活环境，提高了城市品位，是一项在陕北严重缺水地区以及多泥沙河流上成功采用新技术的工程。

建成后实景

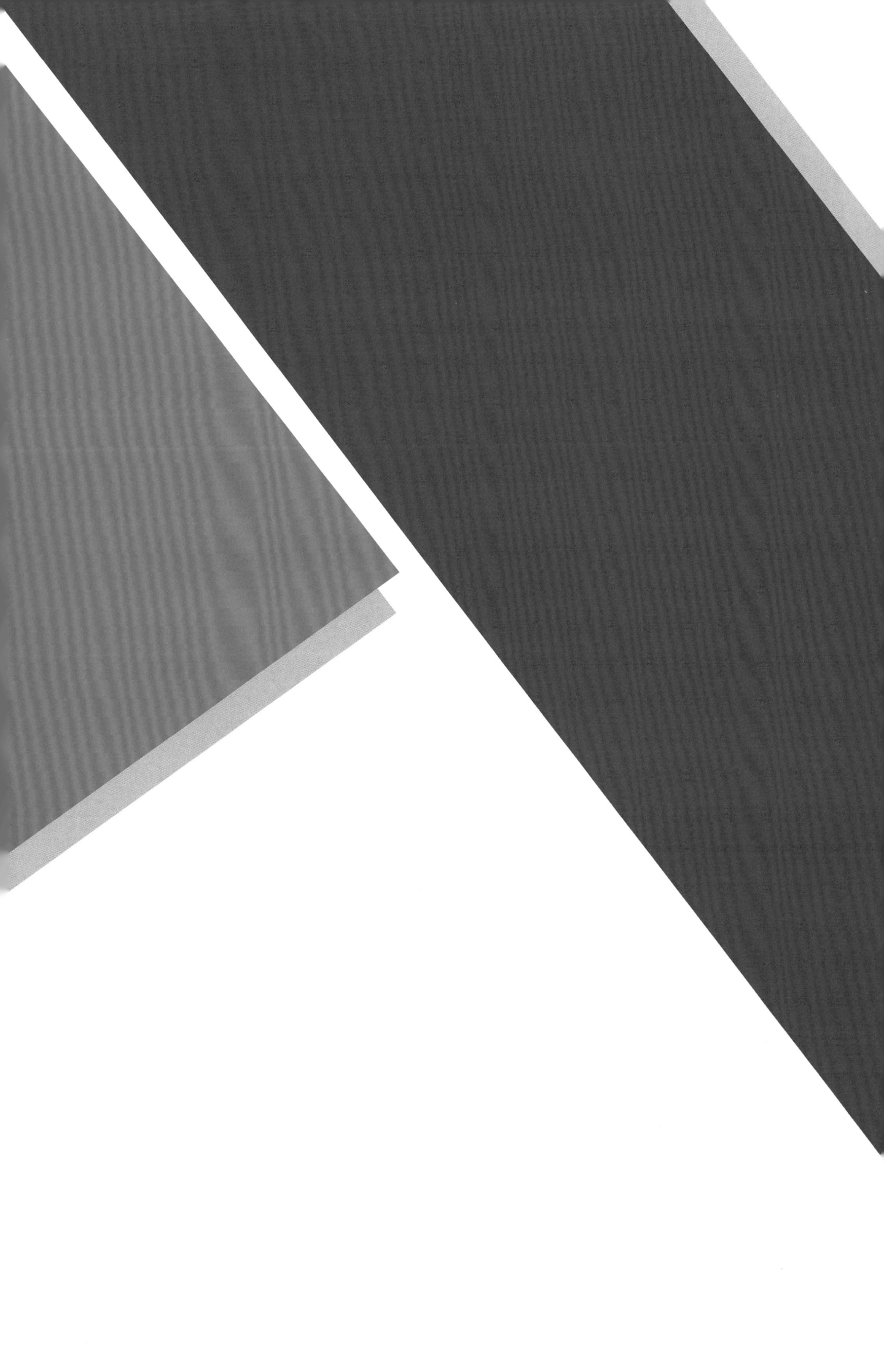

甘肃省庆城县城区段河道水面工程

1 工程基本情况

1.1 项目背景

根据《庆城县县城总体规划（2010—2030 年）》，庆城县计划用 20 年时间建成集历史文化、旅游休闲养生、现代文明发展为一体的新型"庆州古城"。工程主要包括古城墙加固、河道治理、麻家山休闲度假村、药王洞岐黄养生民俗文化基地、马嵬驿民俗文化村、南门广场、梦阳文化景区、小南门唐宋一条街、钟楼巷明清一条街、老城区仿古改造等项目。随着"庆州古城"建设步伐的加快，柔远河、马莲河必将成为代表城市形象的重要载体，是城市生态建设的重要一环。

根据《庆城县县城总体规划（2010—2030 年）》河道治理要求，本次水面工程范围北起柔远河（东川）屈家湾村段，南至马莲河交汇口以下崭山湾大桥，西至马莲河（西川）长乐供热有线责任公司供热站段，在不影响河道行洪安全的前提下，利用其水源优势，修建梯级拦河蓄水工程，形成生态水域，改善河道面貌、生态环境和人居环境，为区域经济的发展创造一个良好的外部环境。

工程建设前崭山湾大桥上河道情况

工程建设前东西河交汇口河道现状

1.2 工程建设条件

1.2.1 水文条件

马莲河是泾河的一级支流，发源于宁夏盐池县麻黄山，流经甘肃省环县、庆城、合水、宁县等四县，于宁县政平注入泾河，干流全长 374.8km，流域面积 19086km²。柔远河又称东川，是马莲河的一级支流，发源于甘肃省华池县乔河乡，流经华池、庆城两县，于庆城县东门外注入马莲河，河道全长 129.9km，流域面积 3063km²。经分析，柔远河段、马莲河段水面工程处的设计洪水，其 20 年一遇洪水洪峰流量分别为 3160m³/s 和 4580m³/s。

1.2.2 地质条件

工程区位于华北地台陕甘宁台坳，陕北台凹南缘西端。地貌单元属黄土高原残塬沟壑区。经马莲河、柔远河等侵蚀及其支流、冲沟蚕食，使其塬面破碎，沟壑密布，沟谷切割深度 80~150m，沟谷成 U 形。工程区以黄土梁（塬）为主，地貌单元相对简单。柔远河两岸发育一级阶地，具二元结构，阶地形式以基座为主，呈条带状分布。

塬面上部地层为上更新统（Q_3^{eol}）风积黄土及中更新统（Q_2^{eol+pl}）风洪积黄土状壤土，厚度 60~80m，其间夹有 5~10 层古土壤。河谷为全新统（Q_4^{al+pl}）冲洪积堆积壤土、砂壤土和砂、砂卵、砾石，分布于河流阶地下及河漫滩，壤土软塑~可塑，砂、砂卵砾石，松散~稍密。

2 工程总体设计

2.1 工程等级和标准

根据《防洪标准》（GB 50201—2014）及《水利水电工程等级划分及洪水标准》（SL 252—2017），挡水坝工程设计洪水标准为 20 年一遇，校核洪水标准为 50 年一遇，目前柔远河庆城县城段堤防防洪标准为 20 年一遇，该工程设计防洪标准为 20 年一遇。该工程区总蓄水量为 73.48 万 m^3，挡水建筑物为 V 等小（2）型工程，主要建筑物级别为 5 级，次要建筑物为 5 级。

2.2 工程任务

该工程首先在保证行洪安全的前提下，重在改善河道行洪能力，以打造绿色生态河流为主要目标，并通过水面、滨水景观建设，兼顾交通、休闲、娱乐、文化等多种功能，营造良好的区域生态生活环境，将河道建成一个自然风光区、水利风景区、旅游休闲区、文化体验区。

2.3 工程总体布置及主要建筑物设计

本次工程由挡水液压坝、冲沙槽、管理站及其他附属工程组成。

2.3.1 挡水液压坝

考虑到柔远河、马莲河属多泥沙河流，为防止泥沙淤积，蓄水工程采用分槽方案，由中隔墙将河道分为蓄水区和冲沙槽。为便于居民亲水，同时与新建护岸工程衔接，蓄水区布置于右岸，宽 54~120m。共布设 3 道液压坝，1 号液压坝位于崭山湾大桥上游 80m 处，坝轴线与河道垂直，坝长 94m，坝底板高程 1039.30m，坝高 2.7m，坝顶高程 1042m，回水长度 1400m；2 号液压坝布置在东河大桥以上漫水桥上游 50m 处，坝长 48m，坝底板高程 104.00m，坝高 2.5m，坝顶高程 1044.50m，回水长度 1550m；3 号液压坝位于迎凤桥下游已成翻板闸闸址处，坝长 58m，坝底板高程 1044.50m，坝高 2.5m，坝顶高程 1047.00m，回水长度 1650m。泵房控制室均布置于右岸二级、三级阶地上。

为将上游河道来水引入冲沙槽、防止高含沙量的河水进入蓄水区，在蓄水区上游回水末端修建 2 座导流坝，命名为 4 号、5 号坝，其中 4 号导流坝位于柔远河屈家湾已成护岸末

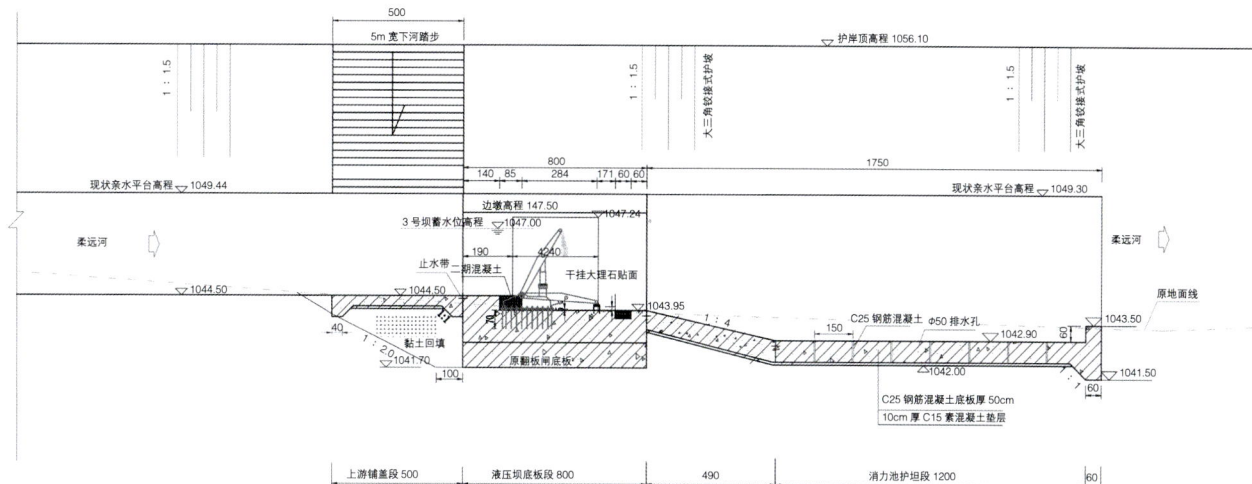

挡水液压坝剖面图（单位：cm）

端，坝长 102m，坝底板高程 1047.00m，设计坝高 2m，蓄水位 1049m；5 号导流坝位于长乐供热有线责任公司南区供热站，设计坝长 78m，坝底板高程 1042.00m，设计坝高 2m，蓄水位 1044m。

2.3.2　冲沙槽

冲沙槽起补水、冲沙、过长流水和小洪水等功能。为满足景观工程设计要求，柔远河段冲沙槽布置于河道左岸，宽 10~15m，总长 4640m；马莲河段布置于河道右岸，总长 1874m。冲沙槽中隔墙将之与蓄水槽分开。为控制冲沙槽沉沙、补水和冲沙，在每道液压坝端部冲沙槽内修建一座液压坝，宽 10m。

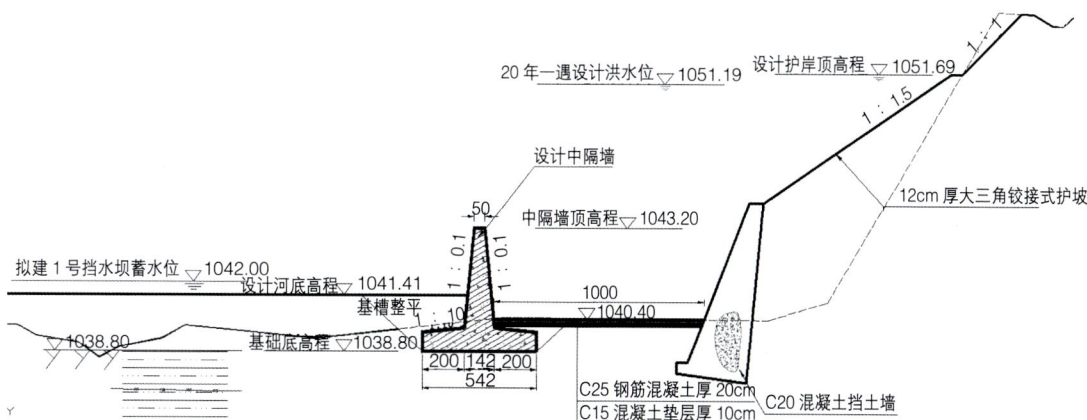

冲沙槽剖面图（单位：cm）

为便于冲沙、泄洪，柔远河（东川）段冲沙槽进口底高程低于 4 号液压坝底板 0.4m，高程为 1046.60m。马莲河（西川）段冲沙槽进口底高程低于 5 号压坝底板 0.7m，高程为 1041.30m；末端 1 号液压坝位置处槽底板高程低于设计坝底板 1m，高程为 1038.30m。

甘肃省庆城县城区段河道水面效果图

本次综合确定 4~2 号坝之间的河道设计比降为 1.8‰，2~1 号坝之间的河道设计比降为 1.8‰，5~1 号坝之间的河道设计比降为 1.5‰。

管理中心位于两河交汇口以北空地处，总占地面积 2635m^2。本次管理房建筑面积 1082.22m^2，建筑高度 11.4m，地上二层，占地面积 585m^2，院内绿化面积 1575m^2。院内道路结构为 C30 混凝土路面，主要干道道路宽 8m，院内种植桧柏、国槐等绿植。管理中心大门选用不锈钢电动伸缩门（带 LED 显示屏），总长 8m，两侧为人行道。

管理站内均设置停车区，本次考虑 4~10 个停车位，长 8m，宽 3m，并排考虑。停车区附近布设运动休闲区，设置羽毛球和乒乓球场地，供管理工作人员进行休闲娱乐。

3 技术难点

在含沙量很大的河流上修建蓄水工程，泥沙淤积是很严重的问题。本工程设计遵循人与自然和谐相处，建设城市生态景观河的理念，寻求最佳的生态工程方案，使水利工程既体现水工建筑物的特点和功能，又与周边植被、地貌等自然环境相协调。

为克服多泥沙地区河流泥沙淤积问题，根据该段河道来水来沙主要集中在汛期和小水淤积、大水冲刷的特点，采用分槽治理方式，用中隔墙将河道分为蓄水槽和冲沙槽。利用冲沙槽的沉沙、补水、冲沙和宣泄小洪水等功能，达到蓄清排浑、减少淤积的目的。

4 运行情况

庆城县城区段水面工程于 2016 年开工建设，截止到目前，主要建筑物已建设完成，工程运行状况良好。

工程建设后崭山湾大桥上河道

工程建设后东西河交汇口河道现状

5 获奖情况

2020 年 7 月，《渭南市港口抽黄灌区零级泵站更新改造工程设计》被评为 2020 年度陕西省优秀工程设计三等奖。

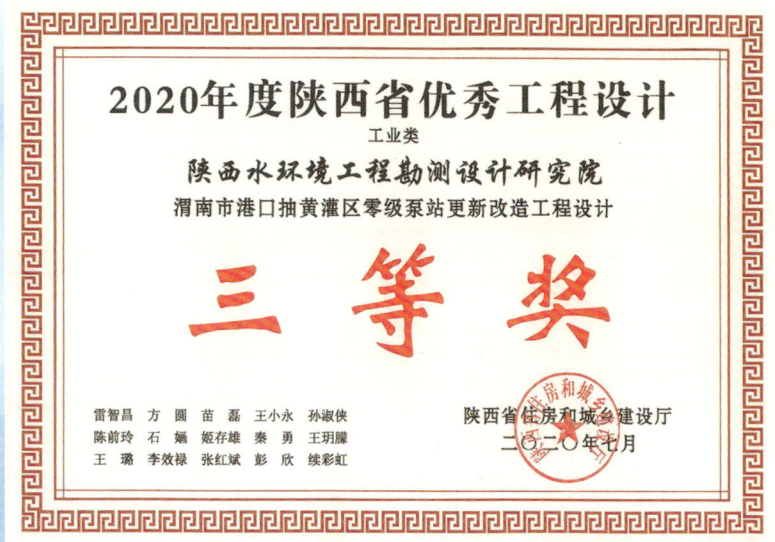

2020年度陕西省优秀工程设计
工业类
陕西水环境工程勘测设计研究院
渭南市港口抽黄灌区零级泵站更新改造工程设计

三 等 奖

雷智昌 方 圆 苗 磊 王小永 孙淑侠
陈前玲 石 嫣 姬存雄 秦 勇 王玥朦
王 璐 李效禄 张红斌 彭 欣 续彩虹

陕西省住房和城乡建设厅
二〇二〇年七月

221

第三部分
水资源利用
工程

陕西省临渭区东关水库工程（平原水库）

蒲城县重泉水库工程

黄地台水库工程（闸坝型）

红石峁水库工程（黄土沟壑区均质土坝）

延川县袁家沟水库工程（多泥沙河流水库）

后河沟水库工程（浅山丘陵区均质土坝）

陕西省渭河下游"二华夹槽"地区应急分洪
滞洪工程

榆佳工业园区应急供水工程

渭南市澄城县温泉抽水站更新改造工程

渭南市港口抽黄大型灌溉泵站更新改造工程

神木县石窑店工业集中区取水工程

陕西省临渭区东关水库工程（平原水库）

1 工程基本情况

1.1 项目背景

陕西省临渭区东关水库位于渭南市临渭区下邽镇南部、城南村东北部，距离市区28km。

东关水库处在渭南国家高新技术产业开发区渭北葡萄产业园区内，属于小（2）型灌溉应急水源水库。工程是为了解决渭北葡萄产业园核心区4500亩葡萄基地干旱年份灌溉缺水问题，提高核心区抗旱应急灌溉供水保证率，充分发挥核心区带动示范作用，促进渭北葡萄产业园持续发展。

1.2 工程建设条件

1.2.1 水文条件

东关水库蓄水区堆积物为第四系上更新统风积（Q_3^{eol}）和冲洪积层（Q_3^{al+pl}），岩性主要为黄土状壤土、古土壤和壤土（夹有透镜体状细砂层）。

工程区地下水类型主要为孔隙潜水，主要受大气降水补给，埋藏浅，埋深1.4~3.5m，高程352.01~356.20m，年变幅0.5~0.7m。排泄不畅，多以人工沟渠式排泄。地下水盐碱矿化度较高，一般为3~16g/L，属于重碳酸盐—钠镁型，且含氟达0.5~4mg/L。该区域地表水水质不适宜作为农作物灌溉水源。

工程所在的交口抽渭灌区渭河水可适用于灌溉。

1.2.2 地质条件

东关水库区域出露地层为第四系松散堆积物，总厚度300~400m。

工程区位于渭河断凹（I_2）带上，属新生代复杂的"箕状"地堑式断块凹陷，受断凹北缘北山山前与南缘秦岭山前两大断裂所控制，属于地震Ⅷ度区。

2　工程总体设计

2.1　工程等别和标准

东关水库为临渭区渭北平原蓄水反调节水库，总库容 83.3 万 m³，相应水面面积 20.37 万 m²，属于小（2）型水库，工程等别为 V 等，水工建筑物级别 5 级。

水库大坝合理使用年限为 50 年，退水管、出库建筑物小型泵站的合理使用年限为 30 年，充库引水渠道、城南排水沟合理使用年限为 20 年。水库底部的排水工程属于灌排工程，其合理使用年限为 30 年。

2.2　工程任务与规模

东关水库工程是陕西省首批应急水源工程，也是临渭区抗旱规划工程之一，是在平原盐碱地带原有排水坑和荒地的基础上，修建的一座反调节应急灌溉水库。东关水库来水水源依靠交口抽渭灌区北干二支渠及其六斗、八斗渠退水和灌溉季节富余的渭河水充库。东关水库供水对象是临渭区现代农业创业示范基地中的渭北葡萄产业园核心示范区，应急抗旱灌溉保障面积 4500 亩。

东关水库是抗旱应急灌溉水源，具有常规和抗旱应急双重任务。常规任务：承担周边区域正常年份和一般干旱年份的春灌、夏灌紧张期的应急灌溉供水；抗旱应急任务：在严重干旱年份全力发挥抗旱应急作用，保证严重干旱年（灌溉保证率 P=90%），满足葡萄园基地核心示范区的灌溉需求，达到稳产、高产目标。

东关水库为应急灌溉水源，该库为年调节，采用典型年法进行调节计算，保证春灌、夏灌，二次运用的反调节水库。

正常年份（灌溉保证率 P=50%）、一般干旱年份（灌溉保证率 P=75%）、严重干旱年份（灌溉保证率 P=90%）计入损失的用水量分别为 38.3 万 m³、49.1 万 m³，70.2 万 m³，根据东关水库兴利计算，按照 11 月多年平均含沙量计算，在 50 年使用寿命期内，分别淤积泥沙 2.54 万 m³、3.25 万 m³，4.66 万 m³。预留 0.8m 深度作为死库容（13.8 万 m³），相应兴利库容分别为 37.8 万 m³、48.5 万 m³，69.5 万 m³。

严重干旱年（灌溉保证率 P=90%）时，兴利库容为 69.5 万 m³，加上死库容 13.8 万 m³，得到总库容为 83.3 万 m³，库区水面面积 20.37 万 m²。

东关水库正常蓄水位 358.10m，坝顶高程 359.10m，淤积高程 353.90m，相应淤积库容 5.1 万 m^3，大于使用寿命 50 年内泥沙淤积量 4.66 万 m^3。生态水位（运行最低水位）为 354.40m，死水位（最大淤积水位或清淤水位）为 354.40m，与生态水位相同，高出库底 0.8m。当死库容淤满时，需及时清理库底的淤积泥沙。

2.3　总体布置

东关水库处于渭北葡萄产业园核心区西端，为平原地区深挖土方形成的蓄水塘库。

水库库区为南北狭长区域，南北长 820m，东西宽最窄 200m、最宽 420m，正常蓄水位水面面积 20.37 万 m^2，水深 4.5m，水库大坝临水侧边坡 1：3，背水侧边坡 1：2，挖深 6.5m，库容 83.3 万 m^3。

环绕库区四周的建筑物为大坝，大坝坝顶铺筑 20cm 厚 C20 混凝土水泥路面。大坝临水侧坝坡防渗层以下和库底防渗层以下埋设排出地下盐碱水的排水暗管。水库东西两侧分别布置一条充库引水渠，库东新建渠道长 870m、库西新建渠道 25m，渠道穿坝段各长 15m，埋设直径 80cm 钢筋混凝土管道，向东关水库充水。东关水库南侧新建退水闸和消力池，修筑长 100m 退水渠，退水渠经过原生产路及路下埋设钢筋混凝土管道，与长 1500m 的城南排水沟相接。退水和排水工程末端均汇入永安支沟。在东关水库周围布置三处小型出库泵站，可以将库水抽提至库外进行应急灌溉。

2.4　主要建筑物设计

水库主要建筑物由大坝、排水工程、充库引水渠道（2 条）、退水工程、出库泵站工程 5 部分组成。

（1）大坝。在库区内水面四周修筑梯形断面挡水均质土坝，大坝长 2.328km。最大坝高 5.5m，顶宽 7m。坝体利用库区内开挖土料填筑而成，压实度不小于 0.96。坝体临水侧坡面采用坡比 1：3 的 15cm 厚 C20 混凝土板护坡＋下铺两布一膜聚乙烯土工膜（400g/m^2）防渗结构。库底防渗采用厚 50cm 黏土层＋复合土工膜防渗。

（2）排水工程。东关水库采取防渗措施之后，丧失了排水坑原有的排渍涝、排盐碱功能，设计在库周采取排水措施，以替代弥补原有的区域排水功能。在水库临水坝坡脚以下环库埋设高密度聚乙烯双壁打孔波纹管排水暗管。排水暗管沿着城南退水沟底部地面以下排入永安支沟。

（3）充库引水渠道。新建引水渠 2 条，分别设在库区的东西两侧。从双官路以南

500m 处六斗渠开口设置渠道向东关水库充水，西引水渠长 870m；采用 D80 全 U 形断面 C15 混凝土衬砌明渠，设计比降 2‰，设计流量 2.07m³/s。同时，改造六斗渠 700m，将西侧引水渠道取水口至六斗渠渠首段横断面由 D60 改造为 D80 全 U 形断面 C15 混凝土衬砌明渠，比降仍为 1‰，设计流量增大为 1.463m³/s。

从双官路以南 400m 处八斗渠开口设置渠道向东关水库充水，东引水渠长 25m。维持 D60 全 U 形断面 C15 混凝土衬砌明渠，设计比降 25‰，设计流量 1.48m³/s，其受八斗渠过流能力制约，仅有 0.296m³/s 通过。

两条充库渠道的充库流量为 1.76m³/s，可以达到 5.5d 充满设计库容。

（4）退水工程。退水工程均布置在东关水库南端，能够使库内死水位以上蓄水全部进入永安支沟，建筑物包括：埋设退水管道、修筑大坝背水侧坡脚退水渠、铺设排水暗管、整修城南退水沟、永安支沟防护等。

（5）出库泵站工程在库区东西两侧共设置 3 处小型泵站。按三处泵站 1 周左右一次抽水量能够满足核心示范区 4500 亩一次灌水量要求（18 万 m³）设置配水管道断面，三处泵站出水管道设计总流量 0.29m³/s，每处 0.097m³/s（约 350m³/h）。出水管道流速按 1~2m/s 控制，按钢管选用，管道直径为 200mm。

3 技术难点

（1）库区地下水位较高，如何减小地下水位对库底的扬压力，以降低库底防渗的工程投资。

（2）地下水水质矿化度较高，如何防止盐碱水深入，污染库内水体。

（3）如何防止库区发生渗漏，保证库水不走失。

4 设计特色

4.1 应用新材料复合土工膜实现双向防渗

水库坝体临水侧坡面设置防渗结构。大坝临水坡面为 15cm 厚 C20 现浇混凝土板，下铺防渗两布一膜聚乙烯土工膜。库底防渗采用 50cm 厚壤土料，下铺防渗土工膜。通过复合土工膜达到了双防目的，即防渗漏与防反渗漏，既要防止水库库内蓄水渗漏，避免水量外逸，又要防止库外地下水渗入库内，避免水质盐碱化。

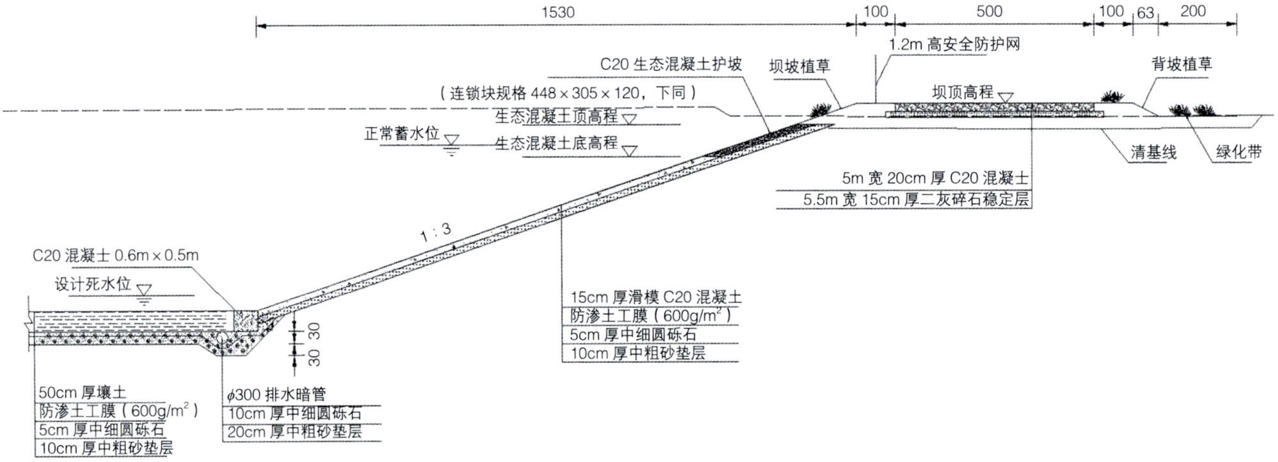

库区防渗结构断面图（单位：cm）

4.2 应用新材料进行库底暗管排水

库底暗管排水不仅能够降低防渗体扬压力，而且能够排除库区周围区域的地下水。以往排除地下水采用陶制管道或者较厚的反滤体排水，设计库底排水采用 PE（聚乙烯）给水管打孔外包裹反滤土工布排水，库南退水沟地下水采用 HDPE（高密度聚乙烯）双壁波纹管排水，应用了新材料排水，效果较好。

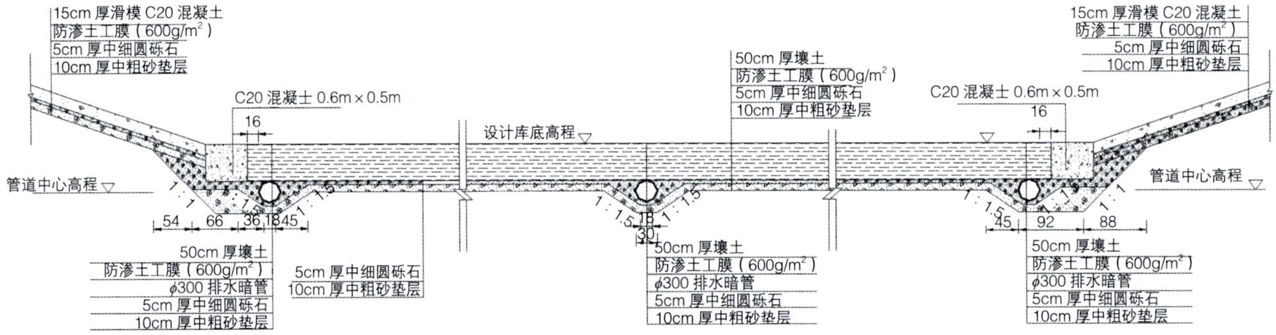

库底暗管排水结构断面图（单位：cm）

5 运行情况

该项目 2015 年 10 月开工，2017 年 12 月竣工技术预验收，2018 年竣工验收。东关水库建成以来，运行良好，没有发生渗漏破坏，库水水质较好，保证了产业园核心区抗旱应急灌溉用水，取得了显著的经济效益和社会效益。

临渭区东关水库蓄水实景照片

临渭区东关水库水库西侧坝坡绿化实景照片

6　获奖情况

　　2018 年 11 月，《陕西省临渭区东关水库工程》被评为陕西省第十九次优秀工程设计三等奖。

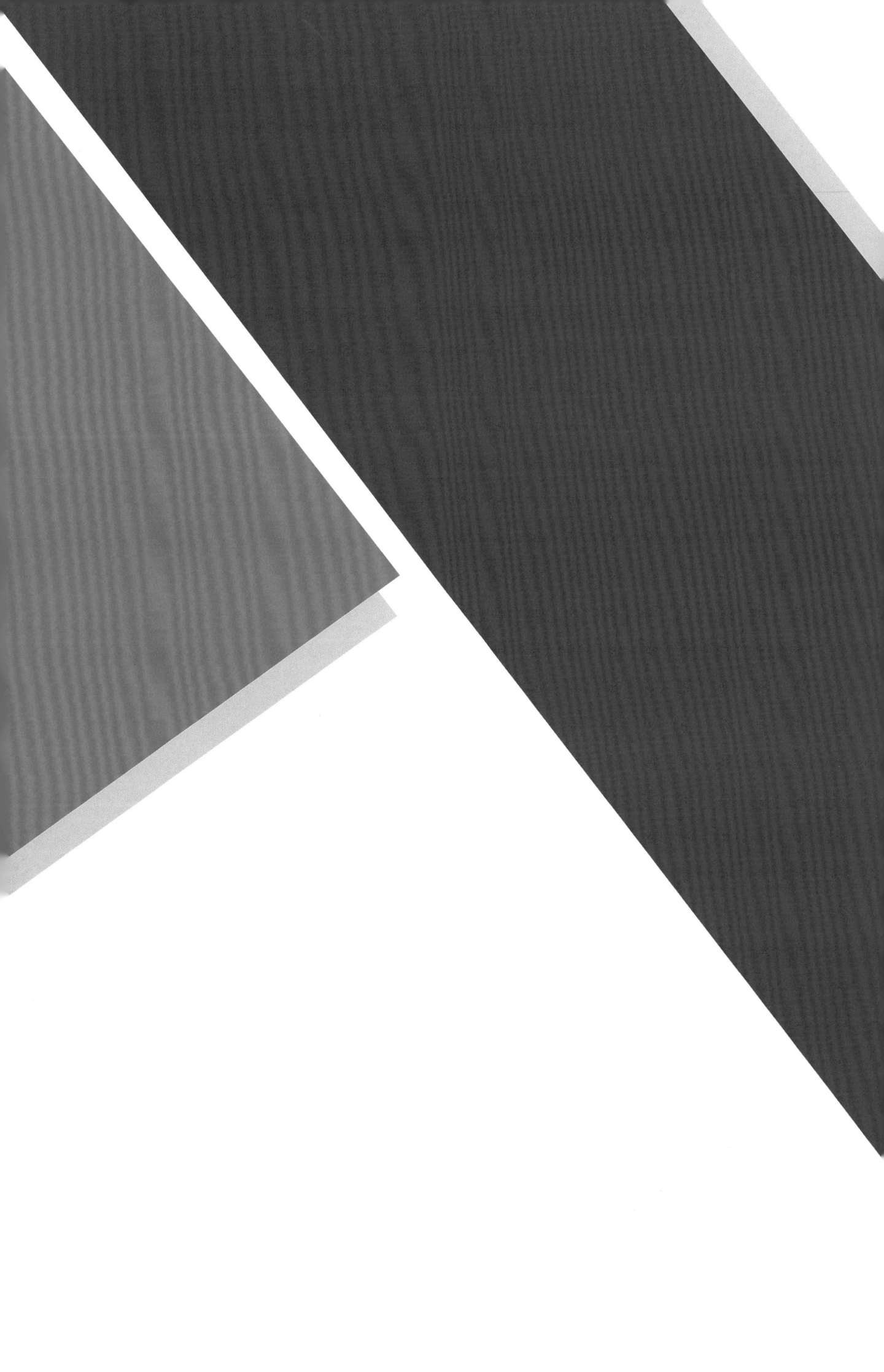

蒲城县重泉水库工程

1 工程基本情况

1.1 项目背景

重泉水库位于蒲城县城南5km处王窑村，是蒲城县县委县政府遵循习总书记"节水优先、空间均衡、系统治理、两手发力"的治水思路，推进水生态工程建设，落实陕西省"关中留水、陕南防水、陕北引水"区域方略，为减少区域地下水位降低，促进农业产业结构调整，保证国家粮食安全，改善县域干旱缺水的生态环境面貌，促进全县社会经济可持续发展，而建设的一座典型的"平原水库"。

蒲城县城重泉水库工程鸟瞰图

1.2　工程建设条件

1.2.1　水文条件

项目区北高南低，北侧为东雷二期抽黄北干渠，南侧为洛河下寨干渠，水库库区和北侧汇流流域面积较小，径流量对工程影响甚微，为安全设计不考虑项目区的径流量，计算其产生的雨洪量。

水库设计取用黄河干流地表水资源作为水库水源，充库水源泥沙含量较高，水量大，是库区淤积的主要泥沙来源，项目区内产生的泥沙量十分有限，对工程规模影响很小，设计时考虑充库泥沙。经分析，充库水源平均含沙量按 5.0kg/m³ 计。

1.2.2　地质条件

水库处于南部平原区与中部台塬区过渡部位，南侧平原区后缘高程 402~406m，南部东雷抽黄干渠渠面高程边界 430~434m。

工程区表部为：①层素填土、②－1 层黄土（Q_3^{eol}），中部有②－2 古土壤（Q_3^{eol}），下部③层黄土状壤土（Q_2^{eol}），地层从新至老共分为三层。根据地基土的土工试验结果，判定地基湿陷性为Ⅱ级自重湿陷。

2　工程总体设计

2.1　工程等别和标准

重泉水库工程主要由围坝、取水建筑物、退水建筑物组成。水库工程总库容 188.8 万 m³，工程规模为小（1）型水库，工程等别为Ⅳ等，主要建筑物级别为Ⅳ级，次要建筑物及临时建筑物为 5 级。

水库主要建筑物围坝、取水及放水建筑物按 20 年一遇洪水标准设计，100 年一遇洪水校核。工程抗震设防烈度为Ⅶ度，工程合理使用年限为 50 年。

2.2　工程任务

重泉水库从东雷二期抽黄北干渠引水蓄水，作为灌区的灌溉调蓄库，替代灌区的灌溉机井，利用地表水置换地下水，并为小寨灌区 3 万亩农田发展高效节水灌溉提供补充水源，减少区域地下水位降低，有利于农业产业结构调整，是保证国家粮食安全，改善区域干旱缺水的生态环境面貌，促进区域社会经济可持续发展的需要。设计水平年 2025 年，95% 保证率多年平均可供高效节水水量为 400 万 m³。

2.3 总体布置

2.3.1 库区

根据现状地形和村庄分布，水库平面北侧靠王窑村和庙坡村，南侧基本与下寨干渠平行，东侧靠渭清公路，西侧至郭家村北，东西长约 2.6m，南北宽 200~450m。

2.3.2 取水工程、退水设施

水库从东雷二期抽黄北干渠取水，考虑到项目区北高南低，输水干渠均为由东至西，因此取水工程尽可能靠东北方向布置，水库应急退水口应尽可能布置于西南方向。结合实际地形、村庄、道路、灌溉和排洪渠道情况，设计将取水工程布置于王窑村东侧，沿现状

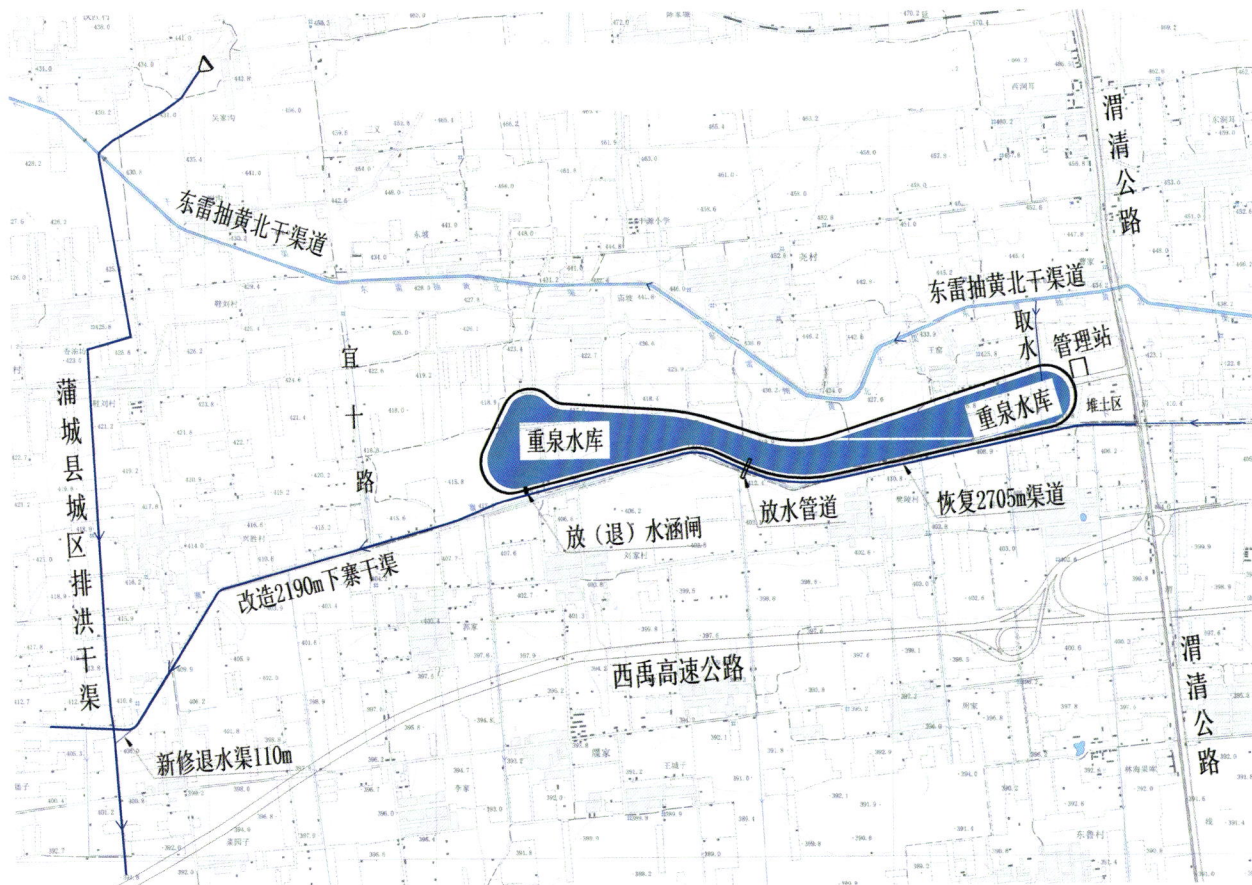

陕西省蒲城县重泉水库工程总体平面布置图

生产路和雨水冲沟布置。退水涵闸布置于水库西南角,利用现状下寨干渠将正常蓄水位 408.2~411.5m 约 105 万 m³ 库水退水至西侧蒲城县排洪干渠。

2.3.3　放水放空管道及阀井

为尽可能地扩大节水灌溉控制面积,将放水放空管道及阀井布置于水库南侧偏东坝段,并兼顾水库事故放空需要,可将 405.5~408.2m 间约 72 万 m³ 库水通过放水放空管排放至下寨灌区斗渠,进入灌溉系统。

2.4　主要建筑物设计

水库工程由围坝、取水工程、退水工程、放水放空管道及阀井工程四部分组成。

2.4.1　围坝

围坝采用均质土坝坝型,设计坝顶高程 413.50m,最大坝高 9.71m,围坝长度 5.65km。坝顶宽 30m,坝体上、下游边坡均为 1:3,最大基底宽 90m。上游坡面采用大三角混凝土块护坡下设复合土工膜防渗,上游护坡顶部高程与坝顶齐平,底部高程与河底齐平,下游坡面采用草皮护坡。

围坝总长 5.65km,分为南侧围坝和北侧围坝。南侧围坝长 3.013km,为填土围坝;北侧围坝长 2.637km,为挖土围坝。南侧填土围坝采用均质土坝,设计坝顶高程 413.50m,南侧围坝预留竣工后沉降超高 0.50m,最大坝高 9.71m。北侧围坝与北侧村庄和道路平顺衔接,两端坝顶高程平顺过渡到南侧围坝坝顶高程。

2.4.2　取水工程

工程区北高南低,水库从北侧东雷二期抽黄北干渠取水自流充库。取水工程取水线路由北向南,沿现状生产路和雨水冲沟布置,长度约 380m,下穿北侧围坝入库,设计取水流量为 4.5m³/s。

取水口处抽黄北干渠现状渠底高程为 429.40m,为防止进口被渠道泥沙淤积,设计取水口底板高于现状渠道底板 0.40m,高程为 429.80m。分别计算庙坡节制闸挡水和渠道正常输水两种情况下的取水流量,拟定取水闸尺寸为 2.0m×2.0m。

2.4.3　退水工程

退水涵闸位于水库西南角,退水渠利用改造水库西南部现状下寨干渠,复核现状渠道的过流能力为 3.68m³/s，相应取本次水库退水工程的设计流量为 3.68m³/s，该流量下可满足水库在 4 天左右放空 408.2m 以上库容。

2.4.4 放水放空管道及阀井工程

考虑后期灌区发展高效节水农业，在水库南侧围坝预留 3 条放水放空管道，兼顾事故放空。根据供水规模及相关要求计算确定采用 DN820 钢管。出水管进口设置进水池，在围坝临水侧边坡上设置控制阀井。

3 技术难点

3.1 湿陷性黄土地基处理

工程区表部为：①层素填土、②-1 层黄土，中部有②-2 古土壤，下部③层黄土状壤土，地层从新至老共分为三层。根据地基土的土工试验结果，场地平均自重湿陷量 153.68mm，建筑场地湿陷类型：自重湿陷性黄土场地，场地平均总湿陷量 457.29mm，场地平均湿陷性黄土地基的湿陷等级为 Ⅱ 级。

水库工程区湿陷性等级为 Ⅱ 级自重湿陷，主要是存在②-1 层湿陷性黄土层。结合工程区地形北高南低的地貌特点，设计采取了库区整体铺设土工膜防渗结构，库底及边坡在土工膜上再压土盖重，对南侧围坝坝基进行强夯处理。

3.2 围坝防渗及边坡防护

现状库区地下水位埋深约为23m，水库建成后蓄水位为 411.50m，库区南岸村台高程为 402.00~409.00m，水库蓄水后水位远高于现状地下水位，所以不对库区采取防渗措施，水库将会对南岸村庄及农田产生浸没影响，因此设计对库底和库周边坡均采取了铺设复合土工膜的防渗措施。重泉水库工程铺设土工膜面积达 56 万 m²，土工膜施工

大三角混凝土预制块护坡照片

的质量直接决定着水库的防渗效果，是影响整个工程成败的关键。

坝体临水侧边坡表面采用 12cm 厚大三角混凝土块防护，下设反滤土工布、1.5m 厚压实土保护层、复合土工膜防渗层。库区底部采用复合土工膜进行防渗，防渗结构从上至下依次为：素土保护层 80cm，复合土工膜防渗层，并且将库底土工膜与坝体临水侧坡面土工膜连接，形成一道整体的防渗体系。

设计依据相关规范，并参考类似工程的经验，特从以下几个方面对土工膜的材料和施工质量提出了具体要求和建议，以保障工程施工质量：①复合土工膜材料选取；②施工准备工作；③施工流程；④施工方法；⑤焊接质量检测；⑥回填要求；⑦质量验收标准；⑧安全保证措施。

4 建设情况

重泉水库工程于 2019 年开工建设，目前正在建设中。

重泉水库工程南侧围坝强夯施工现场

黄地台水库工程
（闸坝型）

1 工程基本情况

1.1 项目背景

志丹县保安镇是志丹县政府所在地，也是该县新能源、新技术和新材料等新兴产业的集中区，目前志丹县城主要供水水源为地下水，水源单一，总量不足，缺水已成为县域经济社会发展的主要制约问题。黄地台水库位于志丹县城西北约 21km 处的黄地台沟，是当前增加县城供水、增强抗旱应急供水能力的有效水源。

1.2 工程建设条件

1.2.1 水文条件

黄地台水库坝址位于北洛河周河右岸一级支流黄地台沟，全流域面积 31.6km^2，坝址以上流域面积 31.0km^2，沟道长度 12.7km，河道平均比降 1.62%，多年平均径流量 99.9 万 m^3。10 年一遇洪水洪峰流量 283m^3/s，50 年一遇洪水洪峰流量 473m^3/s，多年平均输沙量 33.9 万 t。

1.2.2 地质条件

工程区位于鄂尔多斯台拗向斜西部，岩层倾向平缓，无区域性活动断裂，无大的褶皱，总体为一向西缓倾的单斜构造。但局部分布有一些规模不大隔挡式小型背斜，向斜构造不明显，新构造运动以震荡式抬升为主，作用微弱。坝区地下水按含水层岩性分为孔隙潜水和基岩裂隙水两种类型，孔隙潜水含水层岩性主要为砂砾石层，基岩裂隙水含水层以强~弱风化砂岩为主。砂砾石层渗透系数 K=（1.60~2.17）×10^{-2} cm/s，强透水；粉土、黄土渗透系数 K=（5.34~5.64）×10^{-4} cm/s，中等透水；强风化砂岩的透水率 q=14.69~25.47Lu，中等透水；弱风化砂岩按透水率分两层：上部 5.0~26.0m 岩体透水率 q>10Lu，中等透水；下部岩体的透水率 q<10Lu，弱透水。

2 工程总体设计

2.1 工程等别和标准

根据工程性质和供水对象，确定本工程等别为 V 等、工程规模为小（2）型水利工程。相应的拦河闸坝、输水管线及蓄水池等主要建筑物为 5 级，次要建筑物与临时建筑物按 5 级设计。主要建筑物拦河闸坝、输水管线及蓄水池按 10 年一遇洪水标准设计，50 年一遇洪水校核；消能防冲建筑物的洪水标准为 10 年一遇设计；施工导流为 5 年一遇洪水标准。

工程区地震动峰值加速度 $a=0.05g$，地震反应谱特征周期 $T=0.35s$，相应的地震基本烈度为 Ⅵ 度。水库工程使用年限 50 年。

2.2 工程任务与规模

本工程为城镇供水，供水任务分常规城镇供水与抗旱应急供水。该工程为保安镇补水水源工程，不设定固定供水量，来水丰富时按照最大能力供水，常规供水可以一定程度缓解保安镇缺水量，可以增加抗旱应急时段内应急水量，提高保安镇抗旱应急供水能力。

黄地台水库总库容 11.6 万 m^3，蓄水池容积 4 万 m^3，多年平均供水量为 44 万 m^3，95% 典型年全年可供水量为 29.51 万 m^3，持续 4 个月干旱期间可供水量 7.2 万 m^3，缓解发生特大干旱时缺水 21.7 万 m^3 的要求，基本能满足 1.5 万人应急生活用水需要。

2.3 总体布置

枢纽工程由拦河闸坝、输水管线及蓄水池等建筑物组成。拦河闸坝包括泄洪坝段、挡水坝段、土石坝段等建筑物；拦河闸坝坝长 118.7m，泄洪坝段长 30m，泄洪坝段设 3 孔 6m×4.5m 泄洪排沙闸。输水管道进口设置于闸墩内侧，接 DN500 输水管线，管线总长 797m，管线下游接调蓄水池，管材为 PE 管。蓄水池布置于黄沟与周河交汇处的高阶地上，为双池并排布设。

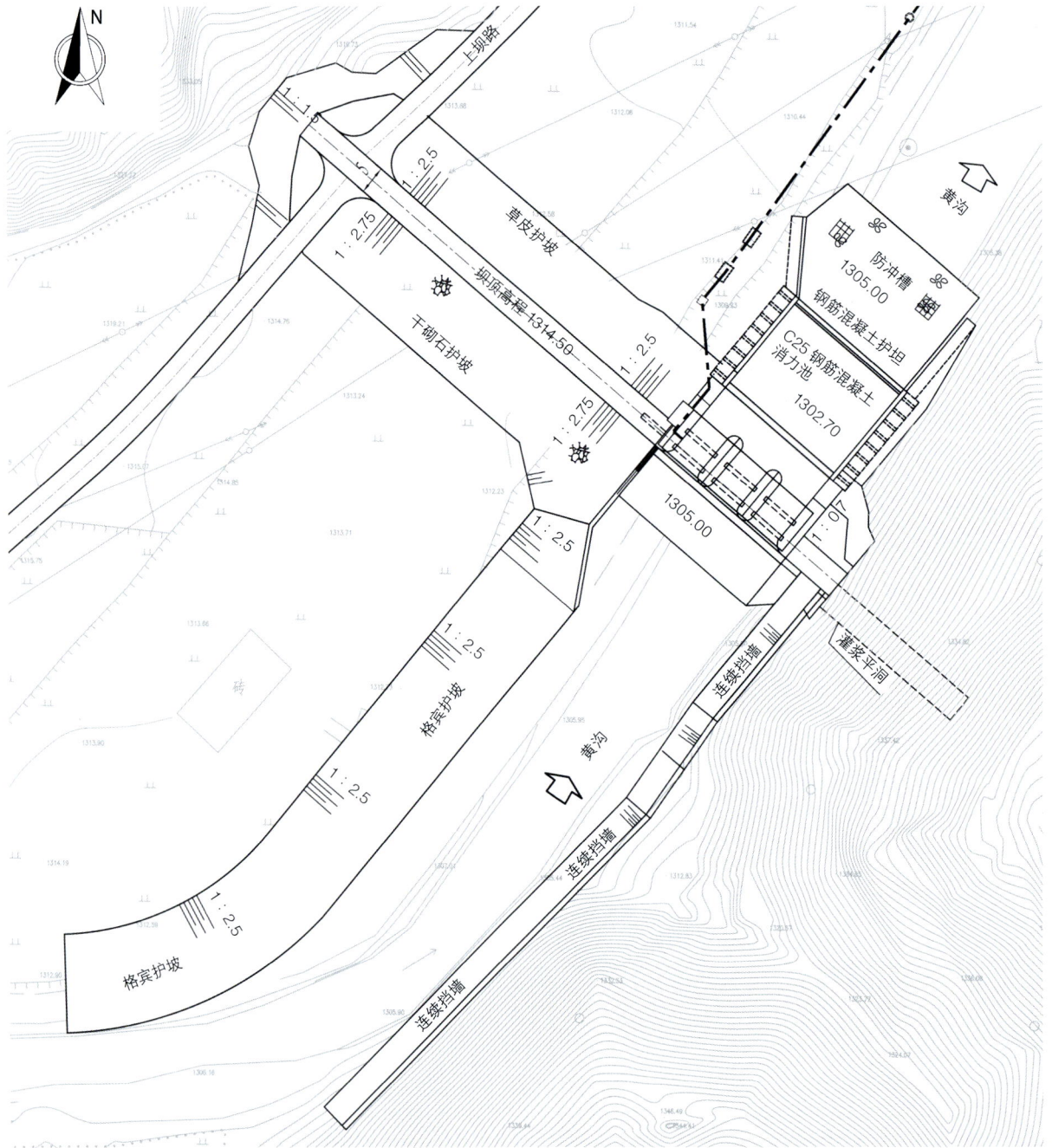

总体平面布置图

2.4　主要建筑物设计

拦河闸坝：坝顶高程 1314.50m，坝高 14.5m，坝长 118.7m，泄洪坝段长 30m，泄洪坝段设 3 孔 6×4.5m 泄洪排沙闸，采用露顶式平板钢闸门，启闭机型号为 QP-2×250，下游消能方式采用底流消能，消力池长 20m，池深 2.3m，宽 24m，溢流面采用 100cm 厚 C30 钢筋混凝土面板，堰体内部填筑 C15 混凝土结构。

输水管线：管线长 797m，管径为 DN500，管材选用 PE 管。沿线设置检修阀井 3 座，计量检修阀 1 座，泄水阀井 3 座，排气阀井 3 座，跨河倒虹 1 段。

蓄水池：布置于黄沟与周河交汇处的一级阶地上，蓄水池采用双池并排布设，单个水池最大蓄水量为 2 万 m^3，总蓄水量为 4 万 m^3，池顶高程 1306.00m，池底高程 1298.00~1294.50m，最高蓄水位 1305.20m。各池分别设计进水管、出水管、排泥管及排泥井等建筑物。

（1）上坝路。上坝路通往坝址，沿地势上升至坝顶，与闸坝坝肩平顺衔接，长 215m，参照《公路工程技术标准》（JTG B01—2014）四级公路标准进行设计，上坝路路基宽 6.5m，路面宽 5.0m，为混凝土路面。

（2）管理站。黄地台水库管理站建筑面积为 222m^2。设计使用年限为 50 年，建筑结构类型为框架结构，抗震设防烈度为Ⅵ度，防火等级为 3 级。

3　技术特点及创新

3.1　水库运行方式研究运用

在河道上筑坝形成水库后，水深增大，水面坡度变缓，水流速度减小，水流挟沙能力降低，导致来水中的部分悬移质和推移质泥沙在库区内沉淀，使水库库区不断淤积。在含沙量很大的河流上修建水库，泥沙淤积是很严重的问题。通常水库运行方式直接关系到水库规模的确定，合理的工程规模必须建立在正确可行的水库运行方式基础上。

全拦全蓄这种粗放简单运行方式，对陕北小流域多泥沙河流的建库模式提出考问，对于该水库，坝址以上控制流域面积 31.0km^2，区域天然输沙模数为 10936t/（$km^2 \cdot a$），计算天然输沙量为 22.9 万 t，合 16.7 万 m^3，以水库运行 50 年计，需拦沙库容 835 万 m^3，考虑库区塌岸、兴利、滞洪等因素，水库总库容至少在 1000 万 m^3 以上，工程投资约 2 亿元，可水库的总供水量却为 50 万 m^3 左右，工程经济效益差，施工周期长，因此这种运行方式对于陕北小流域多泥沙河流不太适合，必须选择更合理的水库运行方式。

工程设计中研究了各种坝型的运行方式：土石坝的运行方式一般为全拦全蓄，如采用异重流排沙，对库区条件和建筑物要求较高，一般小型工程不予考虑；重力坝的运行方式可以考虑蓄清排浑；参考《水库泥沙》《泥沙设计手册》等资料，先后提出了多种运行方式，基于水库泥沙多集中在 7—8 月，两个月份的输沙量为 18.8 万 m^3，为全年输沙量的 82.1%，该运行方式虽然保证了大部分泥沙的下泄，可是损失的径流量为 57.2 万 m^3，为多年平均径流量的 51.5%，为解决水沙矛盾、提高供水保证率，经对多种运行方式进行综合比较，确

定采用闸坝 + 蓄水池的运行方案，水库蓄清排浑、汛期相机排沙，过洪期间由蓄水池供水的运行方式，合理解决了在陕北小流域多泥沙河流上建库投资大、效益差的问题。但是这种运行方式和设计方案适合当地有较可靠的供水水源，该工程只是作为补充水源的情况。

3.2　水库蓄水池工程混凝土护坡防冻胀设计

蓄水池开挖边坡为 1：2，边坡采用 15cm 厚 C25 钢筋混凝土衬砌，下铺设土工膜（600g/m²，0.3mm）防渗，边坡在 1304.20m 高程以上铺设 5cm 聚苯乙烯保温板。1 号和 2 号蓄水池底板高程为 1298.00~1297.50m，底板采用 10cm 厚 C25 钢筋混凝土衬砌和 5cm 厚 C15 砼垫层，下铺设土工膜（600g/m²，0.3mm 厚）防渗。混凝土抗冻等级 F200，抗渗等级 W6。

蓄水池防冻胀设计采用了隔水排水法、铺设保温层法和改变结构法：①隔水排水采用复合土工膜设置隔水层，隔断渗水，消减冻胀。在水池的边坡砂砾石垫层和底板下设 DN200 软式透水管（四周设砂砾石）相结合，设置排水设施排入河道，以达到排泄畅通、池基和边坡疏干、冻结层污水补给的目的；②铺设保温层保温措施，边坡在 1304.20m 高程以上钢筋混凝土板下铺设保温层，隔断大气与池边坡土的热量交换，提高护坡混凝土板下池坡土温度，消减或消除冻胀；③改变结构法即采用在护坡的坡脚和分缝处，采用混凝土与复合土工膜结构，也具有防冻胀效果。

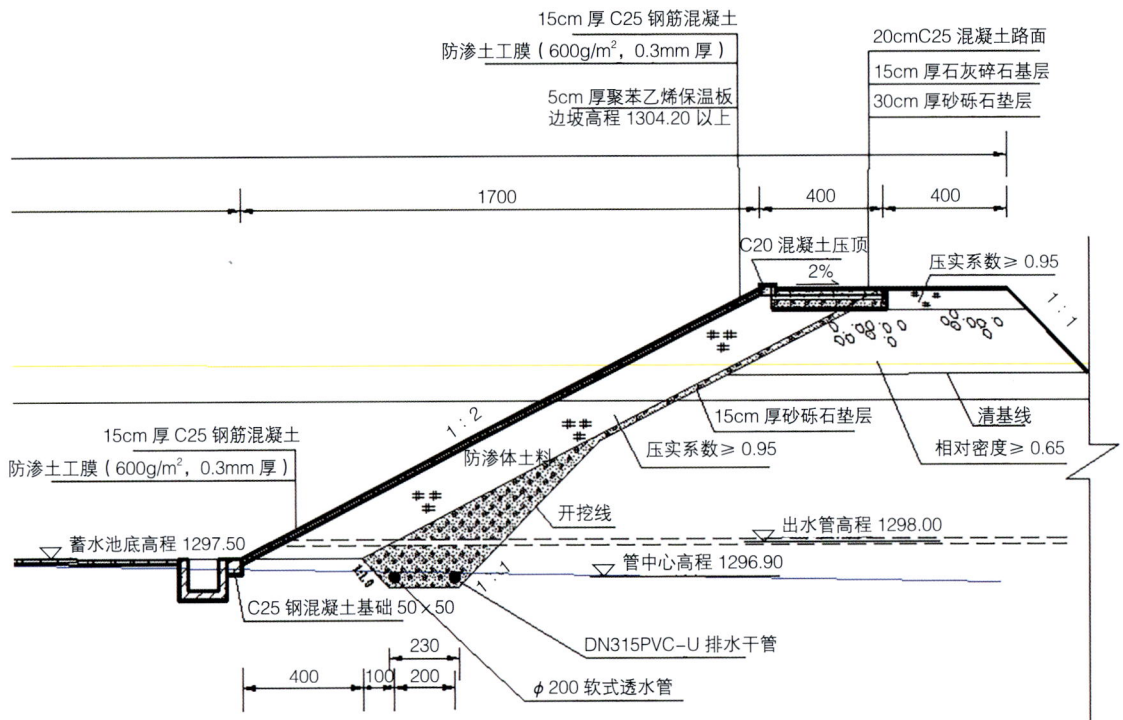

蓄水池护坡断面示意图（单位：cm）

4　建设情况

黄地台水库工程于 2017 年开工建设，目前工程已建成运行。

黄地台水库照片

红石峁水库工程
（黄土沟壑区均质土坝）

1 工程基本情况

1.1 项目背景

子长县位于黄土丘陵沟壑区，属我省严重的干旱缺水地区，近年来工农业发展用水需求增加很快，由于现状供水工程对水的调节能力低下，在 1—2 月、5—9 月枯水季节和汛期泥沙超限时无法供水，供需矛盾十分突出。水库建成后，每年平均可向子长县城供水约 378.90 万 m^3，和秀延二干渠、中山川水库三水源联合运用，可解决现状供水工程供水保证率低下及设计水平年供水量不足等问题，并可减轻下游县城的防洪压力，减轻下游河道淤积约 210 万 m^3，可为子长县经济社会发展发挥巨大作用。

1.2 工程建设条件

1.2.1 水文条件

红石峁沟系秀延河左岸一级支流，流域面积 77.0km²，河道长 15.3km。清涧河系黄河右岸的一级支流，流域面积 4078km²，河流全长 169.9km，河道平均比降 4.8‰。充库建筑物位于秀延河干流红石峁沟口上游约 350m 处。充库枢纽以上流域面积为 545.8km²，扣除中山川水库坝址以上流域面积 143km²，实际控制流域面积为 402.8km²。水库坝址处多年平均径流量 337.6 万 m^3，50 年一遇洪水洪峰流量 727m³/s，1000 年一遇洪水洪峰流量 1584m³/s。充库枢纽坝址处多年平均径流量为 1974 万 m^3，20 年一遇洪水洪峰流量 1577m³/s，50 年一遇洪水洪峰流量 2290m³/s。水库坝址处多年平均输沙量 9.85 万 t，上游淤地坝溃坝泥沙为 473.1 万 t。

1.2.2 地质条件

工程区属地质构造稳定区，地震基本烈度Ⅵ度。水库库区存在蓄水后塌岸量较大，蓄水将造成一定的淹没问题，不存在浸没问题。坝址区坝基上部覆盖砂壤土，下部为砂岩、泥岩互层，强风化厚度 0.5~5m；左坝肩上部为黄土斜坡，下部为砂泥岩互层；右坝肩基岩上覆砂砾石，再上为黄土和滑坡土，稳定性较差。坝址区存在近坝右岸单薄山梁临谷渗漏、坝肩黄土具有自重湿陷性等问题。泄洪导流洞洞身围岩主要为砂泥岩互层，岩体质量Ⅳ～Ⅴ类，地下水位高于洞顶。充库枢纽坝基上部砂砾石，下伏基岩；冲沙闸和泵站位于左岸一级阶地，上覆砂壤

建设前水库坝址处

土具有湿陷性。土料场土料天然含水量偏低需进行配水。

2　工程总体设计

2.1　工程等别和标准

红石峁水库是一座以供水为主，兼顾拦沙、防洪等综合利用的Ⅲ等中型水利工程。水库总库容 1847 万 m³，本工程属于Ⅲ等中型工程。相应主要建筑物大坝、泄洪洞、输水建筑物为 3 级，临时建筑物为 4 级，充库建筑物级别为 4 级，临时建筑物级别为 5 级。

根据《中国地震动参数区划图》，工程区地震动峰值加速度 $a=0.05g$，地震反应谱特征周期 $T=0.35s$，相应的地震基本烈度为Ⅵ度。

2.2　工程任务与规模

红石峁水库工程任务以县城和工业园区供水为主，兼有拦沙、防洪等综合效益的Ⅲ等中型水利枢纽工程。水库水源采用红石峁水库，并由秀延河抽水入库补水，与现有秀延河二干渠联合供水方式。红石峁水库按蓄洪拦沙方式运用。水库正常蓄水位 1118.41m，死水位 1112.47m，设计洪水位 1119.30m，校核洪水位为 1122.30m。水库总库容 1847 万 m³，其中死库容 950 万 m³，兴利库容 500 万 m³，滞洪库容分别 397 万 m³。秀延河抽水充库泵站设计纽抽水流量为 0.5m³/s，抽水沙限为 60kg/m³，总装机功率 640kW。

2.3　总体布置

工程由红石峁水库枢纽、秀延河充库枢纽和向县城的输水工程三部分组成。水库坝址位于红石峁沟口以上 700m 处，枢纽工程由大坝、泄洪洞、充水及放水管道组成，泄洪洞（兼导流洞）布置于右坝肩，充水和放水管道合二为一悬挂于泄洪洞顶部，上坝道路布置于左岸。充库枢纽坝址位于秀延河红石峁沟以上 400m 处，水库至净水厂的输水管线沿秀延河左岸布置。

2.4　主要建筑物设计

（1）大坝。根据坝址处的地形地质条件，拦河坝采用均质土坝，坝顶设置防浪墙，墙顶高程为 1124.00m，大坝坝顶高程为 1123.00m，坝顶宽度 5m，最大坝高 46m，坝顶总长为 386m。坝体上游边坡均为 1∶3，在 1112.0m 处设置马道，宽 2m；下游坝坡坡比均为 1∶2.75，设两级戗台，高程分别为 1108.00m、1093.00m，戗台宽 2m。最大坝底宽 264.35m。

在坝顶上游侧设置 1m 高的防浪墙，坝顶路面采用沥青砼进行硬化，下游侧设置 1.2m 高栏杆。上游坝坡采用干砌石护坡，下铺砾石反滤层和粗砂垫层。下游坝坡采用草皮护坡，坡脚设排水棱体。坝基设结合槽截渗，基岩进行帷幕灌浆。右岸单薄山梁上部砂砾石层采用砼截渗墙截渗，下部基岩进行帷幕灌浆。

（2）泄洪洞。右岸泄洪洞为无压明流洞，进口底板高程 1090.00m，最大泄量 259m³/s，全长 438.75m。放水塔为矩形钢筋混凝土结构，塔内安设检修平板钢闸门和弧形工作闸门各一扇，塔基置于弱风化砂岩上。放水塔工作桥长 68m，桥面宽 3.18m，采用 4 跨钢筋混凝土 T 型梁结构。洞身段长 384m，底坡 1/50，断面为 4.5m×5.8m 城门洞型，侧墙和顶拱采用 C30 钢筋混凝土衬砌，底板采用 HFC 粉煤灰高强钢筋砼衬砌。出口采用挑流消能。泄洪洞出口挑流鼻坎与现子靖公路交叉处，按公路Ⅱ级荷载新建交通桥，桥长 36m，桥面宽 6.38m。

（3）放水管。放水管道与泄洪洞结合布置，兼作充水入库管道。采用分层取水方式，在放水塔 1116.50m、1111.50m、1107.00m 和 1102.00m 高程处分设 4 个取水口，管道在塔内设检修电动蝶阀，合并为单管后采用锚杆支架悬挂于泄洪洞洞顶，出口设电动闸阀。塔内管道采用 DN500 钢管，洞内采用 DN500 的 PE 管，设计流量按照放水和充水不同运用工况分别为 0.35m³/s 和 0.5m³/s。

（4）输水管道。自泄洪洞出口至县城净水厂，管线全长 6.752km，在桩号 0+304 处并入抽水充库管道。桩号 0+304 以上管段兼作充水入库管道，采用 DN500 的 PE 管，设计流量按输水和充水不同工况分别为 0.35m³/s 和 0.5m³/s；以下管段分段采用 DN400 和 DN600 的预应力钢筋混凝土管，设计输水流量 0.35m³/s。

（5）抽水充库工程。引水枢纽由溢流坝、左岸冲沙闸和进水闸组成。溢流坝址位于秀延河红石峁沟口上游约 400m 处，坝顶高程 1073.05m，长 60m，最大坝高 8.81m，河床面以上 3.0m。溢流坝为浆砌石重力坝，型式为 WES 实用堰，坝轴线与河道垂直。冲沙闸闸底板高程 1070.05m，闸孔尺寸宽 × 高 = 3.5m×3.5m，单孔，采用 PHZM 平面闸门，闸后接 23m 长冲沙道。进水闸底板高程 1072.05m，闸孔尺寸 1.5m×1.5m，闸后接 32m 长 DN1000 钢筋混凝土管道引水至充库泵站前池。

充库泵站紧邻引水枢纽左岸布置，厂房为钢筋混凝土框架结构，建筑物面积 163m²，安装四台蜗壳式双吸离心泵（3 用 1 备），总装机功率 640kW，设计流量 0.5m³/s，设计扬程 57.4m。泵站出水管并管后由桩号 0+304 处接入输水管道。

（6）防汛道路。大坝左岸修建 598m 长上坝道路与下游交通道路相接，采用沥青路面，路基宽 5m，路面宽 4m。

3　技术难点

（1）水库所在流域为多泥沙河流，合理有效地降低泥沙量对于水库规模的确定及最终投资的影响较大。该水域位于多泥沙河流，控制流域面积 76km²，如考虑全流域来沙水库效益很差，考虑到水库上游目前有淤地坝系且规划上游还将修建骨干坝 14 座，因此在设计时水库来沙量仅考虑了骨干坝区间来沙。上游的骨干坝就可能发生洪水漫顶而引起溃坝，骨干坝中淤积的泥沙将会下泄，故在设计中需要考虑骨干坝溃坝带来的减淤量回加影响。通过调查省内淤地坝溃坝后保留淤积量进行调查后，确定溃坝泥沙量。

（2）水库调节计算复杂，采用引干入支水源综合利用，需要进行三水源联合调节。县城供水主要由秀延二干渠与红石峁水库联合供水。水库上游有中山川水库且其控制流域面积较大，汛期采用敞泄方式运行，因此该水库蓄满和汛期敞泄水量为秀延二干渠的主要水源之一。引干入支充库枢纽位于秀延河二干渠上游，因此充库水量需要考虑二干渠引水后的剩余水量进行充库。红石峁水库来水需要考虑本流域来水与充库枢纽的充库水量。现状供需平衡与水库径流调节需要进行三水源联合调节；其流程图详见下图。

弃水入秀延二干渠

天然来水 | 扣除生态基流 扣除泥沙超限沙限 | **可用水量** | | **供缺水量**

337.6万m³ 红石峁天然径流 — 0.011m³/s 60kg/m³ — 152.6万m³ 红石峁可用水量 — 引水流量 0.11m³/s控制 — 134万m³ 红石峁可供水量 — 补水1

203.6万m³ 红石峁弃水量

355.6万m³ 供水量

红石峁供水量 121.8万m³
秀延二干渠供水量 154.3万m³
中山川水库供水量 79.5万m³

1974万m³ 秀延河天然径流 — 0.016m³/s 60kg/m³ — 685.6万m³ 秀延河可用水量 — 引水流量0.3m³/s控制 扣永坪120万m³/年 — 352.7万m³ 秀延二干渠可供水量 — 供水

秀延二干渠弃水量

县城需水量 485万m³

128.4万m³ 缺水量

652.6万m³ 中山川来水 — 0.02m³/s — 427万m³ 中山川水库可用水量 — 引水流量0.13m³/s 扣永坪180万m³/年 扣灌溉水量12.8万m³ — 169万m³ 水库可供水量 — 补水2

129.4万m³ 水库弃水量

弃水入秀延二干渠

现状供需平衡计算流程图

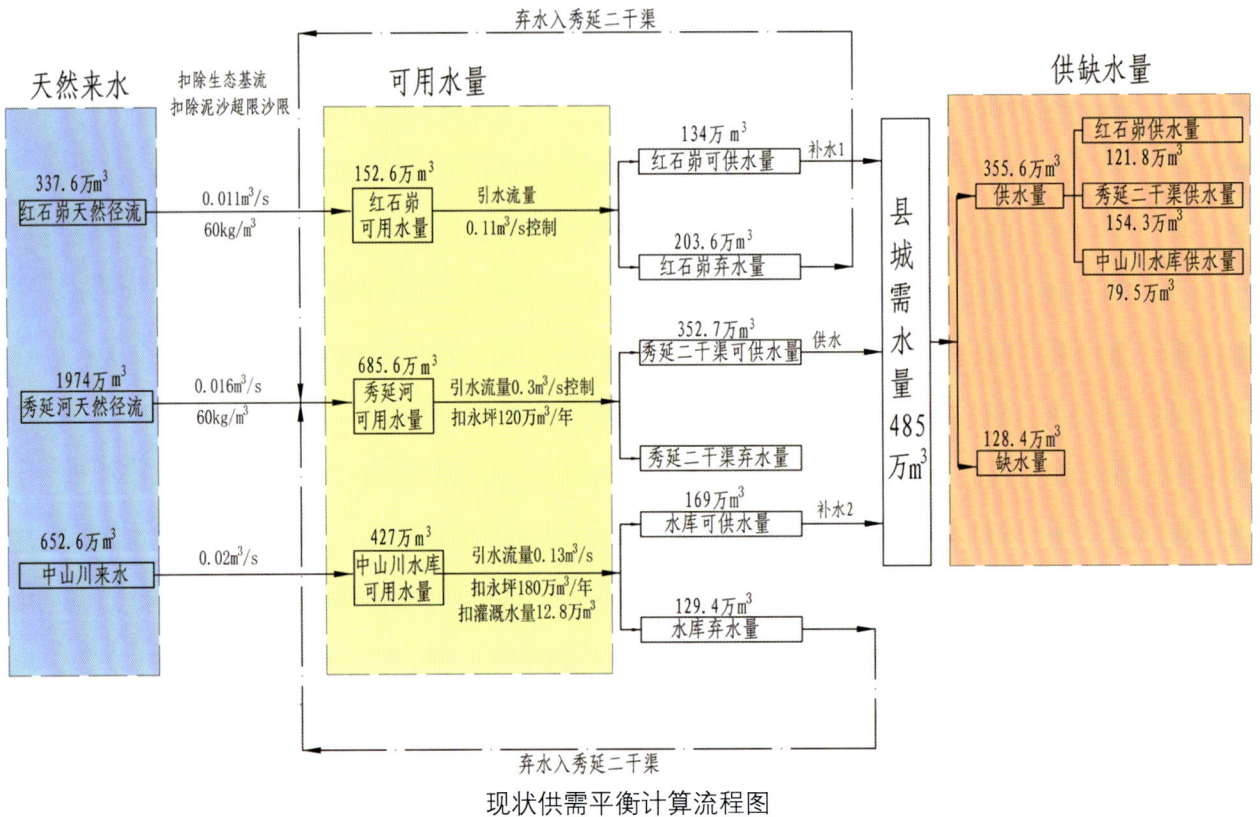

（3）泄洪建筑物与充、放水管道二者合一问题。当秀延河二干渠供水可满足县城需水时，水库不供水，如二干渠引水后仍有多余水量，水库未满库时，则充库建筑物按照最大0.5m³/s流量通过泵站将水提升至水库库区；如二干渠供水不能满足县城需水时，则水库通过输水管道经自来水厂净化后向县城供水。水库充水和放水不同时进行，且流量差距不大，因此具有二者合一的可行性。

水库输水流量为0.35m³/s，充库流量0.5m³/s，由于其输水流量较小，管道自重及管径较小，泄洪洞上部净空1.2m，放水塔壁较厚，具备在放水塔设置管道进口条件和泄洪洞顶部悬挂管道输水的可行性，以减少工程投资。

（4）右坝肩在基岩与土层中间由砂砾石层，存在临谷渗漏问题。右坝肩为一单薄山梁，沿坝轴线正常高水位1118.41m处的山梁宽度为200m，且地下水位低于水库正常蓄水位11.41m。坝肩砂页岩产状近于水平，且层理极发育，基岩顶部分布有Q_2^{al}砂砾石层，厚度3~7m，属强透水层，且分布基本连续，为集中渗漏通道。由于处理轴线位于2号滑坡体范围，工程完成后会有一部分变形，因此要求材料需要有一定的适应变形能力要求，设计时考虑以上因素，设计采用塑性截渗墙下部设帷幕灌浆的方式对右坝肩进行截渗处理。为了防止与坝轴线夹角处出现拉裂现象，在该处对截渗墙进行加固，加固范围为结合点至周围5m的距离，具体加固措施为对结合部位增加厚度为0.5m。

（5）坝基采空区处理。坝体下40m有厚度0.8~1.5m厚度不等的煤层，坝基下存在20世纪70—80年代房柱式开采小煤窑。经过大坝坝基稳定性评价，评价结论为"采空区对大坝建设及后期运营存在严重的安全隐患，筑坝前应完成采空区治理专项设计及治理工程施工。"为了防止工程后地基变形以及产生渗透破坏，设计对坝基采空区进行充填处理，充填方式采用注浆方案。注浆方式根据地表建筑物及功能不同分为三个区域，坝下按照10~15m梅花状布孔进行充填灌浆；帷幕轴线按照4.5m自上而下方式进行帷幕灌浆；放水塔及泄洪洞范围内采用定向钻工艺进行充填灌浆。

红石峁水库充库枢纽

4 建设情况

红石峁水库泄洪洞工程于2012年开工建设，充库枢纽于2016年开工，泄洪建筑物与充库枢纽主体工程已完工，目前大坝基础处理已基本完成。

红石峁水库截渗槽开挖照片

红石峁水库左坝肩施工开挖照片

红石峁水库帷幕灌浆施工照片

水塔照片

5　获奖情况

该项目于 2020 年 7 月荣获 2020 年度陕西省优秀工程设计三等奖。

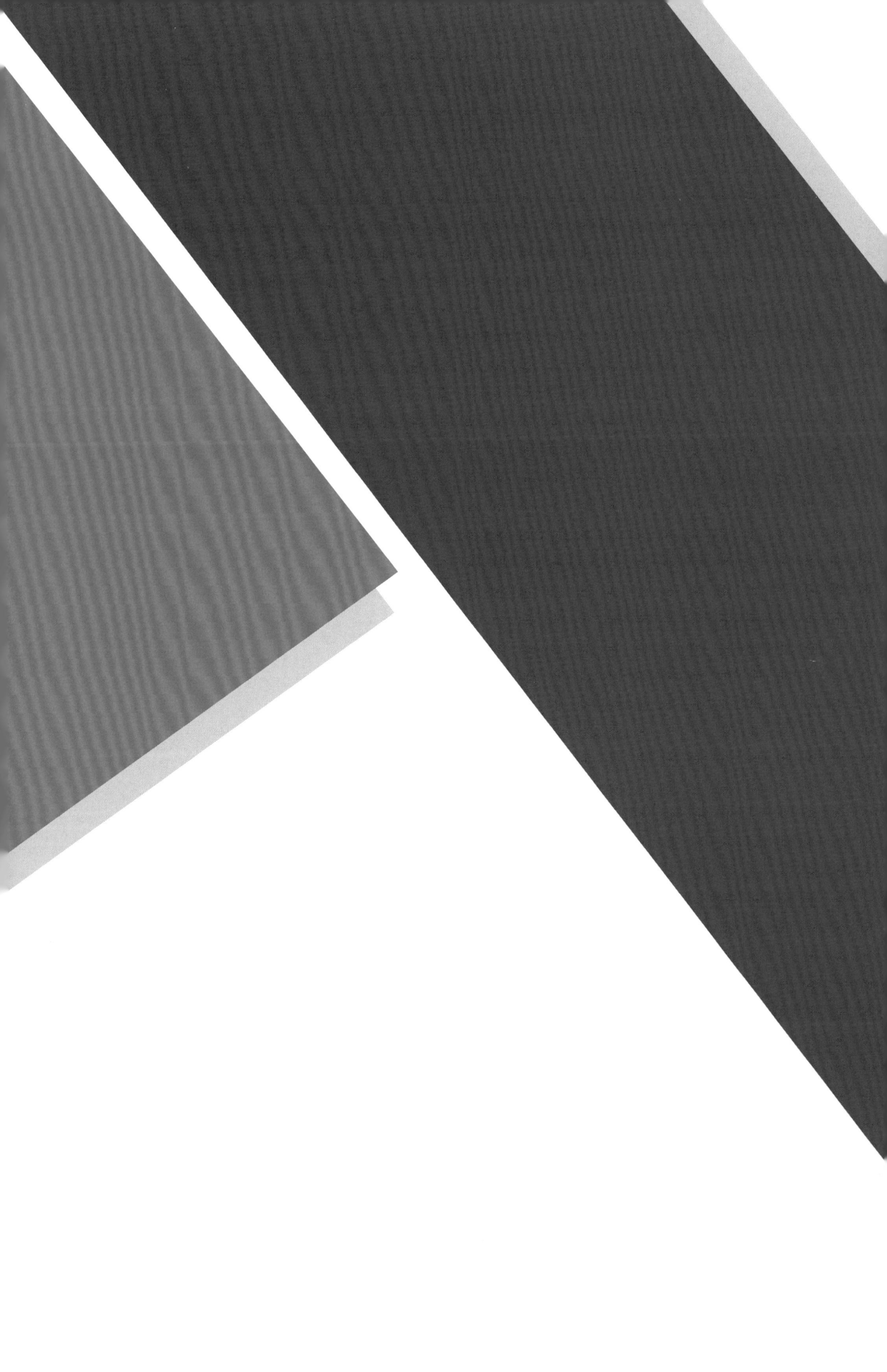

延川县袁家沟水库工程
（多泥沙河流水库）

1 工程基本情况

1.1 项目背景

文安驿镇是延安市委市政府全力推进全市城乡统筹发展首批确定的 15 个市级重点示范镇之一。袁家沟水库位于延川县城西南约 15km 处的袁家沟沟口，距文安驿镇 1.0km。袁家沟水库的建设将有效缓解文安驿镇工业及社会发展带来的缺水问题，并将成为文安驿镇骨干水源工程。袁家沟水库作为《陕西省抗旱规划实施方案》中的抗旱应急水源工程，可满足作为文安驿镇区和禹居社区居民抗旱应急水源的条件，符合抗旱应急水源工程的规划目标和建设目的。

1.2 工程建设条件

1.2.1 水文条件

袁家沟系清涧河二级支流，文安驿川右岸一级支流，流域面积 24.5km^2，河道长 12.3km，河道平均比降 13.6‰。坝址处多年平均径流量为 97.0 万 m^3，多年平均清水径流量为 82.4 万 m^3；30 年一遇洪水洪峰流量 322m^3/s，300 年一遇洪水洪峰流量 517m^3/s；流域天然输沙模数为 8540t/km^2，坝址多年平均输沙量为 20.8 万 t，合 15.2 万 m^3。

1.2.2 地质条件

工程区位于典型的黄土塬梁峁地貌，梁峁沟壑极发育，地形破碎，植被发育较差。冲沟切割、冲刷剧烈，水土流失严重。

沟谷两侧主要为黄土质边坡，坡度较陡，部分底部基岩出露，沟道多有季节性溪流，流量受季节影响大。库区存在崩塌、小型滑坡及泥石流等不良地质现象，但其对工程影响较小，总体危险性小。

坝址区地层主要有三叠系永坪组的砂岩夹泥岩和第四系各类成因的松散堆积物。

2　工程总体设计

2.1　工程等别和标准

袁家沟水库枢纽工程由大坝、溢洪道及输水放空建筑物等三部分组成。总库容 490 万 m^3，死库容 220 万 m^3，兴利库容 125 万 m^3，初期运行死库容（15 年期末淤积库容）145 万 m^3，初期兴利库容 200 万 m^3，滞洪库容 145 万 m^3。本工程属于Ⅳ等小（1）型工程，相应主要建筑物：大坝、溢洪道、输水放空洞等为 4 级，次要建筑物为 5 级，临时建筑物为 5 级。

本工程防洪标准为：主要建筑物大坝、溢洪道及输水放空建筑物按 30 年一遇洪水标准设计，300 年一遇洪水校核；消能防冲建筑物的洪水标准为 30 年一遇设计；施工导流为 5 年一遇洪水标准。

工程区地震动峰值加速度 a=0.05g，地震反应谱特征周期 T=0.35s，相应的地震基本烈度为Ⅵ度。设计不考虑地震因素。

水库工程使用年限为 50 年，结合本工程建设条件及实际情况，最终确定袁家沟水库使用年限为 30 年。

2.2　工程任务

延川县袁家沟水库工程任务为城镇供水，具有常规供水水源和抗旱应急供水水源的双重任务。常规时期向延川县文安驿镇区居民生活和工业供水，满足 90% 保证率时水库年供水量为 57.5 万 m^3；抗旱应急时期可保障延川县文安驿镇区及禹居社区共 1.21 万居民生活用水和重点部门用水，持续 4 个月干旱期间，供水保证率 95% 时可向文安驿镇区及禹居社区居民应急供水 8 万 m^3。

2.3　工程布置及主要建筑物设计

袁家沟水库枢纽工程由大坝、溢洪道、输水放空洞三部分组成。

2.3.1　大坝

坝型采用碾压式均质土坝坝型，水库死水位 908.30m，正常蓄水位 912.90m，设计洪水位 915.34m，校核洪水位 917.05m，大坝顶高程 918.50m，最大坝高 35.5m，坝顶总长 189m。最大坝底宽度为 211.33m。

袁家沟水库枢纽工程鸟瞰图

根据《碾压式土石坝设计规范》（SL 274—2001）要求，参照该地区类似工程设计经验，经过稳定计算，坝顶高程918.50m，坝顶宽6m，大坝上游坝坡确定为1：3，下游坝坡比为1：2.75。按规范要求，考虑到水库运行管理需求，在迎水坡死水位以上909.00m设置马道，在背水坡900.50m高程上设置戗台，戗台宽2m。

按坝体结构要求，该均质坝分为坝体、护坡、排水棱体三个区。其中坝体采用黄土状壤土进行填筑，排水棱体和褥垫采用石料和混凝土粗细骨料进行加工。

（1）护坡设计。土坝上游坡面经常受到风浪淘刷、冰层冻胀和水位下降时渗流等破坏作用，下游坡面有雨水冲刷等破坏，上游坡面采用20cm厚C25钢筋混凝土护坡，下设20cm级配碎石垫层、20cm细砂垫层，上游护坡顶部高程与坝顶齐平为918.50m，底部交至现状地面高程，下游坡面采用C20混凝土拱格内植草皮护坡。

（2）坝体排水设计。采用棱体排水和褥垫排水综合排水型式。排水棱体的顶部高程为887.00m。棱体内、外坡比均为1：1.5，顶部宽度2m。褥垫深入坝体内30m，褥垫厚度50cm。

（3）高边坡结构设计。结合放水塔开挖和大坝填筑所需土方量，对右坝肩岸坡进行边坡处理设计，边坡设计综合坡比为1：1.2，单级坡比：①高程为913.50m以下设计坡比为 1 ： 3；②高程为 913.50~918.50m 设计坡比为 1 ： 1.5；③高程为 918.50m 以上设计单级坡比为 1 ： 0.6。边坡在坝顶高程 918.50m 以下均采用 20cm 厚的 C25 钢筋混凝土护坡，下设 20cm 厚的级配碎石和 20cm 厚的细砂垫层，高程 918.50m 以上边坡及大坝下游边坡全部采用 C20 混凝土拱格内植草皮护坡。每级边坡坡脚设计一道横向排水沟兼做边坡基础。边坡在高程 918.50m 处设 8m 宽平台兼做库区道路，918.50m 高程以上每设两级 4m 宽的平台，设计一级 6m 宽的平台。每级平台上垂直坝轴线方向设一道横向排水沟，顺坝轴线方向每隔 30m 设一道纵向排水沟。

大坝坝体填筑中

大坝坝坡、放水塔及导流箱涵施工

2.3.2　溢洪道

溢洪道采用开敞式溢洪道，布置于大坝左岸，在进出口条件符合要求的基础上力求长度最短，轴线按直线控制，溢洪道轴线与坝轴线夹角为 70.5°，进口位于坝轴线上游 40m，由进水渠、控制段、泄槽段和消力池及护坦五部分组成，全长 251.1m，溢洪道最大泄量 49.5m³/s。控制段采用宽顶堰，堰顶高程 912.90m，堰宽 4m，顺水流方向长 15m；泄槽段底坡比降为 1 ： 4.5，全长 153.6m。泄槽底板下设计纵横排水沟，纵向排水沟设置在泄槽底板轴线处，其末端与消力池反滤层衔接。出口采用底流消能，护坦接入坝址下游原河道。

（1）消能段。消能形式采用底流消能，消力池为等宽矩形，池宽 4m、池深 2m、池长 25m，池底高程 879.00m，尾坎厚 1m，尾坎顶高程 881.00m，边墙为 C25 钢筋混凝土重力式挡墙结构，底板为 100cm 厚 C25 钢筋混凝土结构，底板设 φ50PVC 排水孔，孔距 1.5m，呈梅花形布置，底板下设 30cm 厚砂砾石反滤层。延安黄河引水工程管线穿越消力池，管线与消力池交叉，为保证建筑物安全，要求该段延安黄河引水管线深埋于溢洪道基础之下的基岩内。

（2）坝址下游袁家沟原河道防护。为防止溢洪道水流斜冲对岸导致泄洪不畅，影响管理房及下游坝脚等其他建筑物安全，设计对坝体下游河道两岸进行防护处理，防护结构采用挡墙及护坡结合的防护形式，挡墙基础坐落于河底基岩上。

河道两岸防护及溢洪道进口施工中　　　　　　　　溢洪道施工中照片

2.3.3　导流输水放空建筑物

（1）导流输水放空建筑物。导流洞结合输水、放空建筑物布置，施工期作为导流洞使用，工程运行期作为输水放空洞，属于永久和临时结合建筑物。

导流输水放空洞位于大坝右岸，轴线为弧线布设，正常运行时主要有泄洪排沙、输水及放空水库的功能。输水放空洞进口位于坝轴线上游120m，主要由进水渠段、放水塔段、洞身段、出口消能段和出水渠段等部分组成，全长499.5m，其中洞身段长281m。施工导流期在放水塔前设导流箱涵，施工结束后结合永久工程进行部分段拆除。

导流洞主要由进口导流箱涵段、放水塔、洞身段和出口导流明渠段组成，进口底板高程为890.00m，全长594.5m，箱涵段长95m。

泄洪排沙、放空水库由放水塔底部2.5m×2.0m的工作闸门控制流量，洞子为无压输水，洞子出口设置41m长消能段，消能段后设计156m长出水渠与下游河道连接，设计放空流量2.9m³/s，设计泄洪排沙流量20m³/s。

输水管道进口设于放水塔上游侧壁上，即在铅直方向布设3个顺水流方向的叉管，每个叉管均穿过放水塔塔壁，作为不同库水位时的进水口，进水口高程分别为896.00m、906.00m和910.70m，管道穿过放水塔合并后进入输水洞内，洞内采用锚杆支架及管卡将管道固定于输水洞顶部，出洞后则采用地埋管道方式，设计输水流量0.06m³/s。

（2）放水塔。放水塔为岸塔式布置，顺水流方向长13.5m，宽7.5m，塔身段由塔基、闸室段、塔筒段及塔顶启闭机房四部分组成。放水塔为长方筒形钢筋混凝土结构，塔身高

28.5m。塔底部孔口作为导流、泄洪排沙及放空进水口，输水时采用塔壁设输水管道分层取水，取水口高程分别为896.00m，906.00m和910.70m，放水塔进口、出口底板高程均为890.00m。

（3）洞身段。长281m，明挖洞段长30m，洞室段长251m，隧洞进口高程890.00m，洞身段比降为1%，隧洞出口底板高程887.19m。结合水库运行、施工导流、地勘资料及洞顶围岩厚度等因素，确定采用导流洞与输水、放空结合的方案：即后期导流洞作为输水放空洞进行泄洪排沙、放空水库，并在放水塔及洞内布设管道的方式满足水库输水功能。隧洞为无压洞，隧洞断面采用圆拱直墙形式，通过水力计算，考虑洞内净空要求及洞子机械化施工要求，确定隧洞断面净尺寸宽 × 高 =2.5m×2.75m。隧洞底板、侧墙及顶拱均采用C25钢筋混凝土衬砌。

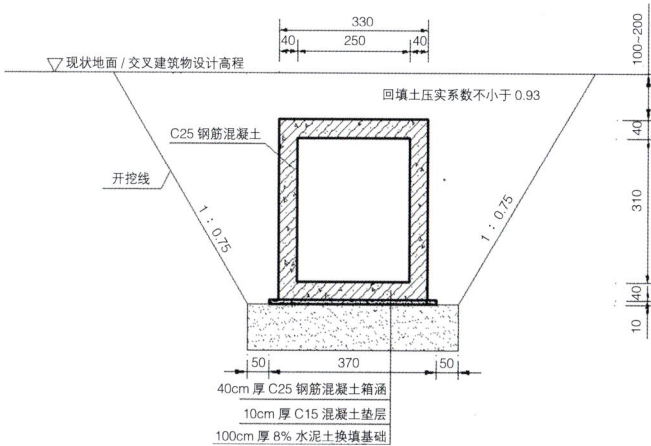

进口导流箱涵标准横断面设计图（单位：cm）

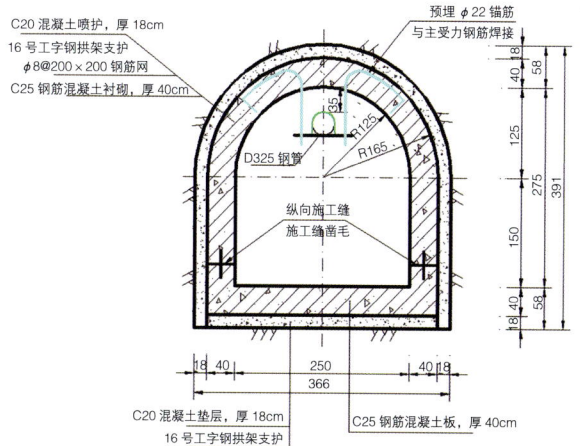

导流输水放空洞标准横断面设计图（单位：cm）

放水塔及塔前导流箱涵完工照片

3 技术难点

3.1 湿陷性黄土地区水库建设的高边坡处理

大坝左右岸边坡较高，右岸坝顶以上高边坡约 100m，范围较广，水库蓄水后，若坝址上游右岸岸坡失稳，将对大坝、放水塔及洞子安全造成危害，设计中结合放水塔开挖和大坝填筑料要求，参考当地已成工程实例进行设计，确保水库建筑物正常使用。

右坝肩高边坡设计综合坡比为 1：1.2，单级坡比：①高程 913.50m 以下设计坡比为 1：3；②高程 913.50~918.50m 设计坡比为 1：1.5；③高程 918.50m 以上设计单级坡比为 1：0.6。

边坡设计：考虑雨水冲刷、水土保持、环境保护和美观等的影响，大坝上游右岸边坡在坝顶高程 918.50m 以下均采用 20cm 厚的 C25 钢筋混凝土护坡，下设 20cm 厚的级配碎石和 20cm 厚的细砂垫层，高程 918.50m 以上边坡及大坝下游边坡全部采用 C20 混凝土拱格内植草皮护坡。每级边坡坡脚设计一道横向排水沟兼做边坡基础。

边坡平台宽度设计：边坡在高程 918.50m 处设 8m 宽平台兼做库区道路，918.50m 高程以上每设两级 4m 宽的平台，设计一级 6m 宽的平台。

边坡排水设计：每级平台上垂直坝轴线方向设一道横向排水沟，顺坝轴线方向每隔 30m 设一道纵向排水沟，排水沟为 C20 混凝土矩形结构。

3.2 建筑物布设

水库供水对象文安驿镇已被列为延安市重点建设乡镇，水库坝址距文安驿镇较近，但延延高速和延安黄河引水工程从坝址下游沟口穿过，水库建筑物与引黄管道、引黄隧洞及延延高速桥等均存在交叉，且在满足水利功能的前提下，要做到与周边环境相协调，将水库做成人水和谐的形象工程，建筑物的布设及后期的正常运行均应综合考虑各种复杂因素。

4 运行情况

延川县袁家沟水库于 2016 年开工建设，截至目前，大坝、放水塔及输水放空洞等主要建筑物已建设完成，溢洪道正在建设中，建设期间，已成建筑物运行状况良好。

袁家沟水库建设中照片

后河沟水库工程
（浅山丘陵区均质土坝）

1 工程基本情况

1.1 项目背景

铜川市印台区处于渭北黄土高原南部边缘地带，属我省严重的干旱缺水地区，红土镇近年来工农业发展用水需求增加很快，现状主要水源为地下水，地下水超采严重，供需矛盾十分突出。后河沟水库位于印台区红土镇西北 6km 处，是《陕西省抗旱规划实施方案》中的抗旱应急水源工程，为解决该地区农业灌溉和供水问题，加快城乡一体化进程、促进区域经济社会可持续发展而修建。

1.2 工程建设条件

1.2.1 水文条件

后河沟为上马沟左岸一级支流，上马沟为白水河右岸一级支流。白水河流域面积 762km²，后河沟流域面积 25.4km²，坝址控制流域面积 21km²，流域为土石山区，多年平均径流量 99.9 万 m³，30 年一遇洪水洪峰流量 129m³/s，300 年一遇洪水洪峰流量 247m³/s。多年平均输沙量 2.64 万 t。

1.2.2 地质条件

工程区处于鄂尔多斯台陕北斜坡之南，地震基本烈度为Ⅶ度。库区两岸为黄土梁，山体高大宽厚。地形封闭条件好，库区两岸的地层岩性为中更新统老黄土，不存在永久渗漏问题。坝基以弱透水的重粉质壤土为主，无湿陷性，但局部存在砂砾石层，渗透性较大，易发生管涌破坏，是主要渗漏通道；强风化的岩土分界面，强风化厚度 1~2m，渗透性较大。两侧坝肩地貌单元为一级阶地，表层岩性黄土状重粉质壤土，表层具有湿陷性。

2　工程总体设计

2.1　工程等别和标准

水库多年平均供水量 50.5 万 m³，本工程等别为 Ⅳ 等、工程规模为小（1）型水利工程。相应的大坝、溢洪道、导流输水洞等主要建筑物为 4 级，次要建筑物与临时建筑物按 5 级设计。主要建筑物大坝、溢洪道、导流输水洞按 30 年一遇洪水标准设计，300 年一遇洪水校核；溢洪道消能防冲建筑物的洪水标准为 20 年一遇设计；施工导流为 5 年一遇洪水标准。

工程区地震动峰值加速度 a=0.10g，地震动反应谱特征周期 T=0.45s，相应的地震基本烈度为 Ⅶ 度。水库工程使用年限 50 年。

2.2　工程任务与规模

该工程以红土镇区生活用水和高效农业灌溉用水为主，具有常规水源和抗旱应急备用水源的双重任务。常规任务为红土镇区 1.4 万人口的生活用水及 2000 亩果园灌溉；抗旱应急任务为红土镇 2.9 万人提供基本生活用水。工程设计水平年为 2020 年。生活供水设计保证率 90%，高效农业灌溉设计保证率 50%，特大干旱年抗旱应急供水保证率 95%。

水库总库容 291 万 m³，其中死库容 90 万 m³，调节（兴利）库容 70 万 m³，滞洪库容 91 万 m³，淤积库容 130 万 m³。设计向红土镇居民生活供水量 39.4 万 m³，灌溉供水 11.1 万 m³，抗旱应急情况下，3 个月供水量为 8 万 m³。输水管道设计流量 0.045m³/s，设计水库放空流量 4.24m³/s。

2.3　总体布置

水库枢纽工程由大坝、溢洪道、导流输水建筑物三部分组成。大坝采用均质土坝坝型，坝顶高程 1021.50m，最大坝高 30m，坝顶长 224m，坝顶宽度 5m。坝体上游边坡为 1∶3；下游坝坡坡比均为 1∶2.75，坝体采用排水棱体排水。

溢洪道采用开敞式溢洪道，布置于大坝右岸，在进出口条件符合要求的基础上力求长度最短，轴线按直线控制，溢洪道轴线与坝轴线夹角为 74°，进口位于坝轴线上游 110m，由进口段、控制段、泄槽段和消力池及护坦段五部分组成，全长 314.2m。

导流输水洞位于大坝左岸，兼有导流、输水及水库放空功能。导流输水洞进口位于坝轴

后河沟水库效果图

线上游 180m，洞身与坝轴线夹角为 90°，主要由放水塔段、进口暗涵段、洞身段、出口消能段等部分组成，全长 302.95m。

2.4　主要建筑物设计

（1）大坝。坝型采用均质土坝，坝顶高程 1021.50m，最大坝高 30m，坝顶长 224m、宽度 5m，坝顶道路采用 C25 混凝土路面。坝体上游边坡为 1∶3，采用 30cm 厚 C25 钢筋混凝土网格内嵌干砌石护坡，下设 30cm 厚反滤层，在 1011.00m 高程处设 2m 宽马道；下游坝坡坡比为 1∶2.75，采用 C20 混凝土拱格内植草皮护坡，在 1011.50m 和 1001.50m 高程处各设一级马道。坝体采用堆石排水棱体排水型式。坝基段 0+075.58~0+163.75 段开挖截渗槽，截渗槽深 5m，底宽 8m，两侧边坡均为 1∶1。

（2）溢洪道。溢洪道采用开敞式溢洪道，布置于大坝右岸，由进口段、控制段、泄槽段和消力池及护坦段五部分组成，全长 314.2m，溢洪道最大泄量 110m³/s。堰顶高程为 1015.70m，控制段采用宽顶堰，堰长 15m、宽 10m，为 50cm 厚 C25 钢筋混凝土结构，边墙采用 C25 钢筋混凝土扶壁式挡墙。

（3）导流输水洞。导流输水洞位于大坝左岸，兼有导流、输水及水库放空功能。由放水塔段、进口暗涵段、洞身段、出口消能段等部分组成，全长302.95m。其中放水塔长4.9m、宽4.4m、高19.5m，为筒状矩形断面C25钢筋混凝土结构，导流时段进口底板高程为1002.00m，运行期输水进口底板高程为1007.00m，塔内布设检修闸门和工作闸门各一扇。

（4）输水管道。输水管道进口设于放水塔内，采用D273钢管以洞顶架管方式穿过导流输水洞，出洞后则采用地埋管道方式，设计输水流量0.045m³/s。放空水库以放水塔闸门控制，无压输水，出口设置消力池，池后采用282m长DN1200钢筋混凝土管与下游河道连接，设计放空流量4.24m³/s。

（5）防汛道路。防汛道路全长2.4km，其中进场道路全长1.83km，上坝路全长365m，场区道路200m。采用双车道，路面宽5m。

3　技术要点

3.1　砂砾石地层的分布位置规律不明确，防渗处理范围不易确定

由地质条件论述及其地质剖面图可知，覆盖层中上部与下部均分布有⑧ 1砂砾石层，中间夹杂有⑧冲洪积重粉质壤土，⑧与⑧ 1的层位划分是按照含泥量或砂砾石量的百分率来确定，并且地质分层线在钻孔以外仅为推测，有可能上下两层砂砾石在上游坝基或库区存在连通，砂砾石地层的分布位置规律不明确，防渗处理范围不易确定。

3.2　坝基砂砾石层渗透系数大，渗透水量多

拟建坝基以弱透水的重粉质壤土为主，坝基下含细粒土砾（GF），坝基重粉质壤土层以下为强风化的岩土界面，为防止坝基渗漏及渗透破坏，应对含细粒土砾（GF）层及下部岩土界面处强风化岩采取截渗工程措施，当在含细粒土砾（GF）层中及下部岩土界面处强风化岩层中采取截渗措施后，可将整个坝基概化为一均质弱透水的坝基，取其渗透系数为0.05m/d（5.78×10^{-5} cm/s），含水层厚度按16m考虑，坝基渗漏量为21.3m³/d，单侧绕坝渗漏量为4.85m³/d。在不截渗的情况下，坝基渗漏量为1459 m³/d。

3.3　覆盖层厚度大，防渗处理难度大

拟建坝坝体顶高程为1021.50m，大坝高30m，坝体覆盖层厚度15.5~24.6m，平均

厚度约20m,覆盖层厚度约为坝体高度的2/3,防渗工程量较大,特别是坝肩防渗处理难度大。

3.4 坝基渗漏处理措施

大坝防渗范围主要是坝基覆盖层内的砂砾石与基岩上部的强分化层,渗透系数大于 3.6×10^{-2} cm/s。后河沟水库覆盖层平均厚度在 20m,本设计对坝基中上部砂砾石层采用明挖回填截水槽;对左右坝肩及坝基下部强透水含细粒土砾层采用60cm 厚 C10 塑性混凝土防渗墙;对基岩上部的强风化层采用帷幕灌浆进行截渗。防渗方案采用:截水槽 + 混凝土防渗墙 + 灌浆帷幕方案。

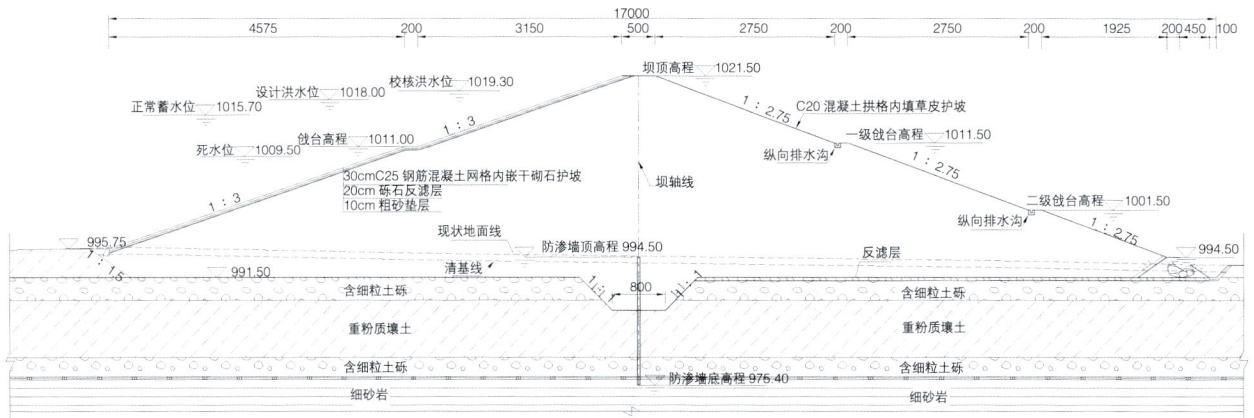

大坝标准横断面设计图(单位:cm)

3.5 土基溢洪道结构及消能设计

溢洪道纵断面基本按照地层分界线的坡降进行确定,尽量避免土质高边坡的问题,溢洪道泄槽段分为两段,前段 28.8m 坡降为 1:10,下游陡坡段坡降采用 1:5。溢洪道末端岸坡覆盖有 5m 厚湿陷性黄土,且溢洪道出口下游为一级阶地,高差较小,不具备挑流消能条件,下游消能方式采用底流消能。泄槽横断面宜采用矩形断面,当结合基岩开挖采用梯形断面时,边坡不宜缓于 1:1.5,设计中应注意由此引起的流速不均匀问题。后河沟水库溢洪道基础为土基,不存在开挖基岩的问题,且泄槽采用梯形断面时,水流入池流速为 20m/s 左右,土基消能不宜选用挑流消能方式。综合各方面因素,泄槽段选用矩形断面。

溢洪道基础处理。依据《地质勘察报告》溢洪道桩号 0+048~0+230 段中线及右侧,岩性为⑩层红黏土(半胶结黏土岩),具有弱膨胀性,中线以左,开挖后局部有可能存在具湿陷性的③层黄土状重粉质壤土,不管是⑩层红黏土,还是③层黄土状重粉质壤土,对水均极为敏感,故对该段作整片灰土垫层,厚度取 0.5~1.0m,以防产生不良地质问题。溢洪道湿陷性基础处理采用灰土挤密桩，桩径 0.4m，桩长 8m，间排距为 0.9m。溢洪道红黏土地基具有微膨胀性，为保证工程安全，在溢洪道垫层以下设计 100cm 厚 2∶8 灰土垫层。

4　建设情况

后河沟水库工程于 2015 年开工建设，工程已建设完成。

后河沟水库

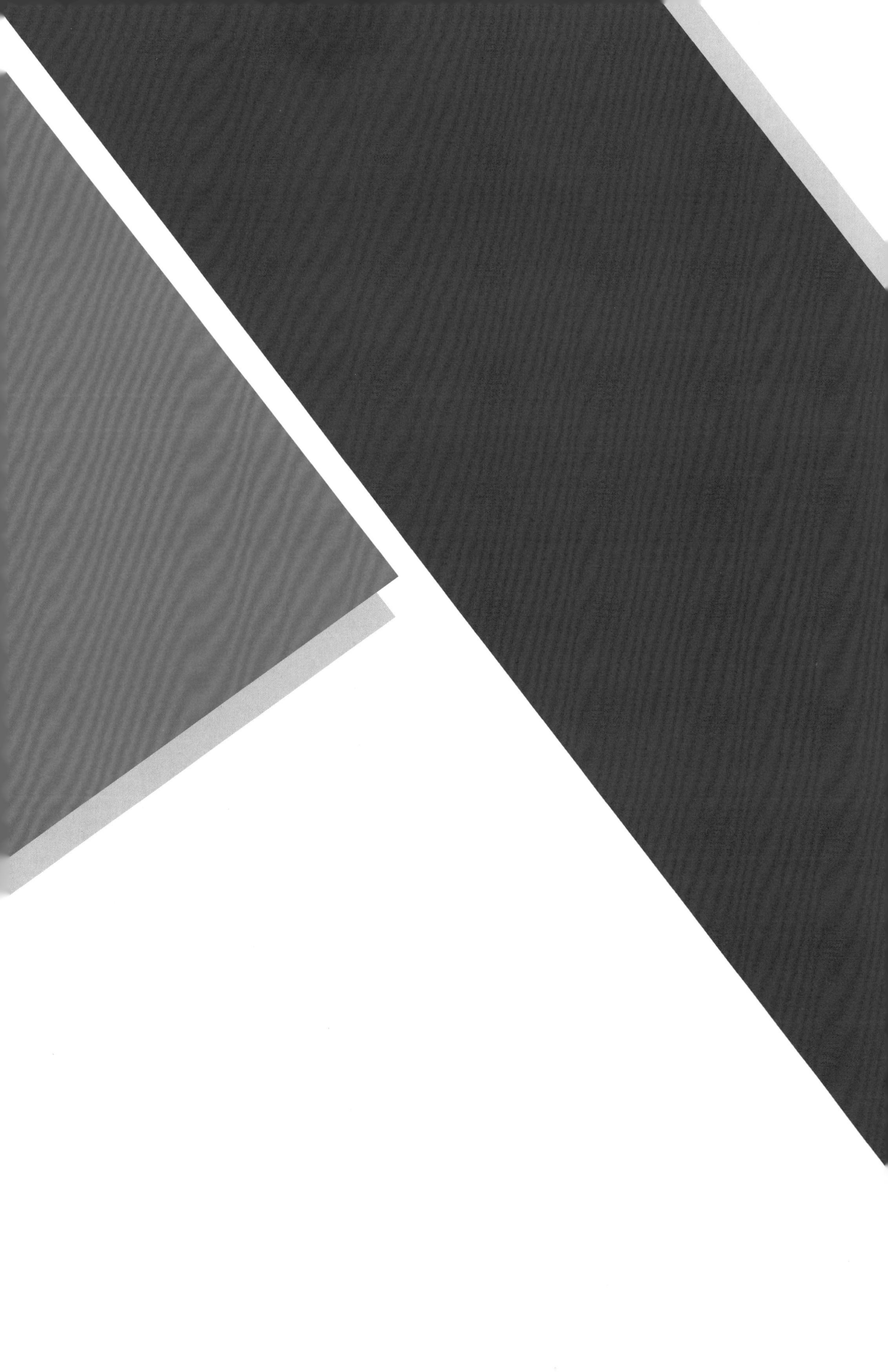

陕西省渭河下游"二华夹槽"地区应急分洪滞洪工程

1 工程基本情况

1.1 项目背景

受三门峡水库运行影响，库区泥沙淤积严重，特别是渭河下游"二华夹槽"地区河床大幅度抬升，南山支流受渭河洪水顶托倒灌，入渭行洪受阻，出口段已经成为临背差高达 3m 以上的地上悬河，过洪及抗洪能力降低，易造成洪水决堤、漫溢等险情。在 2010 年"7·24 洪水"罗夫河决口后，陕西省委、省政府提出"确保南山支流堤防不决口"的号召，陕西省水利厅高度重视，与地方政府多次研究，为了保障"二华夹槽"的防洪安全，改善当地生产及生态环境，在维持夹槽区现状防洪体系框架基础上，提出修建石堤河、罗纹河应急分滞洪工程。

罗夫河决口

石堤河决口

1.2 工程建设条件

石堤河应急分滞洪工程分洪口以上多年平均径流量为 3207 万 m³，多年平均输沙量为 2.57 万 t，20 年和 50 年一遇设计洪峰流量分别为 234m³/s、344m³/s。

罗纹河应急分滞洪工程分洪口以上多年平均径流量为 2650 万 m³，多年平均输沙量为 2.12 万 t，20 年和 50 年一遇设计洪峰流量分别为 206m³/s、303m³/s。

罗夫河应急分滞洪工程分洪口以上多年平均径流量为 4201 万 m³，多年平均输沙量为 3.36 万 t，20 年和 10 年一遇设计洪峰流量分别为 280m³/s、188m³/s。

分洪区均处于渭河一级阶地之上，地层属于第四系全新统冲积层（Q_4^{al}），岩性主要为壤土（夹有透镜体状细砂层）、中砂。地下水位低于河水位，河水补给两岸地下水。整个分洪区地形平坦，无不良地质现象存在。工程区区域构造稳定性分级属稳定性稍差地区，地震的基本烈度Ⅷ度，地震动反应谱特征周期 $T=0.45s$，动峰值加速度 $a=0.20g$。

2 工程总体设计

2.1 工程任务

按照国家确定的本区域防洪标准（华县境内支流堤防防洪标准为 20 年一遇洪水标准），克服防洪手段单一，以保证堤防安全、不发生移民搬迁为原则，选择有条件的地域进行应急削峰，起到减轻支流防洪压力，防止决堤淹没灾害发生。同时结合洪水资源利用，在低洼地带对南山支流可能成灾的常遇中小洪水合理分滞利用，为发展生态旅游产业提供重要的基础条件。

2.2 工程标准

为将石堤河、罗纹河堤防平堤洪水（相当于 50 年一遇洪水）降至 20 年一遇设防标准，确定石堤河分洪流量为 110m³/s，分洪水量为 103 万 m³；罗纹河分洪流量为 97m³/s，分洪水量为 99 万 m³。

为将罗敷河堤防平堤洪水降至 10 年一遇设防标准，确定石堤河分洪流量为 92m³/s，分洪水量为 240 万 m³。

2.3 工程等别

挡水堤：依据《水利水电工程等级划分及洪水标准》（SL 252—2017）和《蓄滞洪区设计规范》（GB 50773—2012），确定挡水堤工程级别为 5 级。

分洪闸、退水闸：根据《水闸设计规范》（SL 265—2016），分洪闸采用堤防工程级别为 4 级，挡水堤设置退水闸级别为 5 级。

排水沟：按照《灌溉与排水工程设计规范》（GB 50288—2018），排水沟的工程级别为 5 级。

2.4 总体布置

石堤河分洪区：石堤河分洪区选在天然气管线以北，东下路、西秦路之间。从石堤河分洪闸，沿干沟布设引洪渠，在谢家堡村东南处跨过天然气管线向北修建分洪区，南以管线为界，北侧至村庄止，东依东下路。分洪区南侧挡水堤长度 3.69km，北侧挡水堤长度 3.09km，共计长度 6.78km，所形成的分洪区蓄洪水面积 135 万 m²，约 2114 亩。

石堤河应急分滞洪工程效果图

罗纹河分洪区：罗纹河分洪区南边与干沟北岸走向基本一致，东距离罗纹河左堤不小于 200m 布设挡水堤且与引洪渠相接，西沿着东下路，北结合分洪区面积大小，布置为曲线形式。分洪区南侧挡水堤长度 3.46km，北侧挡水堤长度 3.76km，共计长度 6.87km，所形成的分洪区蓄洪水面积 132 万 m^2，约 2038 亩。

罗夫河分洪区：罗夫河分洪区布置在二华干沟以北，南岸利用现状二华干沟左岸渠堤，西沿着秦电二期灰池，东沿着柳叶河左岸堤防以西 150m，北沿着军事界牌及警戒线，新建挡水堤 7.70km，所形成的分洪区蓄洪水面积 162 万 m^2，占地约 2631 亩。

2.5 主要建筑物设计

2.5.1 石堤河分洪区

（1）引洪渠。引洪渠堤顶宽 12m，沥青路面硬化，硬化宽度 7.0m，渠顶超高 1.0m，临、背水侧坡比均为 1：3，临水侧采用 30cm 厚铝锌合金网垫防护，坡脚采用 1m×1m 铝锌合金网箱护基，背水坡采用草皮防护。

（2）挡水堤。设计堤顶超高为338.20m，顶宽15m，堤顶道路硬化采用沥青路面，硬化宽度8m。临水侧坡比为1∶10，坡脚观景平台宽4m，平台高程为337.20m；平台下开挖坡比1∶3，为防止正常蓄水情况下风浪对边坡的冲刷破坏，设计对正常蓄水位高程335.90~336.90m之间边坡采用干砌卵石砌护。背水侧坡比为1∶5，采用草皮护坡。

（3）道路。引洪渠堤顶宽度为12m，由临水侧至背水侧依次为：宽度1.0m路肩绿化带，宽度2.0m休闲步道，宽度1.0m花卉绿化隔离带，宽度7.0m车行道（兼做观光、防汛车道），宽度1.0m路肩绿化带。挡水堤堤顶宽度为15m，由临水侧至背水侧依次为：宽度1.0m路肩绿化带，宽度2.0m休闲步道，宽度2.5m花卉绿化隔离带，宽度8.0m车行道（兼做观光、防汛车道），宽度1.5m路肩绿化带。

（4）分洪闸。分洪闸为三孔两门，闸孔净宽4.0m，上游为叠梁检修闸门，下游为平面工作闸门。叠梁采用电葫芦进行启闭工作，闸门采用螺杆启闭机进行启闭工作。设计分洪闸由铅丝笼石防冲段、闸前铺盖段、闸室段、涵洞段、陡坡段、消力池段和海漫段组成，共计长度91m。

（5）退水闸。设计流量为0.5m³/s，为单孔闸门，闸孔宽1m，闸门类型为双向止水铸铁闸门，启闭机采用LQ-30手动螺杆启闭机。设计退水闸由上游引渠、闸室、涵管、下游尾渠四部分组成，总长275m。

（6）穿路箱涵。设计过流量为82.8m³/s，穿西秦箱涵为10孔（单孔净高1.6m，净宽2.0m），每5孔为一跨，共设两跨，两跨净距宽10m，每跨总宽13.2m。

（7）闸房。设计使用年限为50年，采用钢筋混凝土框架结构，墙体采用普通烧结多孔240砖墙，建筑总高度4.8m，净高3.9m，建筑面积为110.5m²。在闸房两侧设计双跑钢爬梯，爬梯平台采用花纹钢板，扶手采用40m×1.5m双钢管，总高度为3.84m。

2.5.2　罗纹河分洪区

（1）挡水堤。设计堤顶超高为338.20m，顶宽15m，堤顶道路硬化采用沥青路面，硬化宽度8m。临水侧坡比为1∶10，坡脚观景平台宽4m，平台高程为337.20m；平台下开挖坡比1∶3，为防止正常蓄水情况下风浪对边坡的冲刷破坏，设计对正常蓄水位高程335.90~336.90m边坡采用干砌卵石砌护。背水侧坡比为1∶5，采用草皮护坡。

（2）道路。挡水堤堤顶宽度为15m，由临水侧至背水侧依次为：宽度1.0m路肩绿化带，宽度2.0m休闲步道，宽度2.5m花卉绿化隔离带，宽度8.0m车行道（兼做观光、防汛车道），宽度1.5m路肩绿化带。

（3）分洪闸。设计流量为 97m³/s，分洪闸为三孔两门，闸孔净宽 3.5m，上游为叠梁检修闸门，下游为平面工作闸门。叠梁采用电葫芦进行启闭工作，闸门采用螺杆启闭机进行启闭工作。设计分洪闸由铅丝笼石防冲段、闸前铺盖段、闸室段、涵洞段、陡坡段、消力池段和海漫段组成，共计长度 90m。

（4）退水闸。设计流量为 0.5m³/s，为单孔闸门，闸孔宽 1.0m，闸门类型为双向止水铸铁闸门，启闭机采用 LQ-30 手动螺杆启闭机。设计退水闸由上游引渠、闸室、涵管、下游陡坡及消能段五部分组成，总长 50m。

（5）穿路箱涵。设计过流量为 82.80m³/s，穿由里箱涵为 10 孔（单孔净高 1.6m，净宽 2.0m），每 5 孔为一跨，共设两跨，两跨净距宽 10m，每跨总宽 13.2m。

（6）连通涵管。全长 404m，设计最大过流流量为 1.51m²/s，采用 DN1500C25 钢筋混凝土 I 级管（壁厚 125mm、单节长 2m），设置单孔闸门。

（7）闸房。设计使用年限为 50 年，采用钢筋混凝土框架结构，墙体采用普通烧结多孔 240 砖墙，建筑总高度 5.8m，净高 3.9m，建筑面积为 100.75m²。在闸房两侧设计双跑钢爬梯，爬梯平台采用花纹钢板，扶手采用 40×1.5m 双钢管，总高度为 2.15m。

2.5.3　罗夫河分洪区

（1）引洪渠。引洪渠堤顶宽 8m，沥青路面硬化，硬化宽度 6.0m，渠顶高程 333.00m，临、背水侧坡比均为 1 : 3，临水侧采用 M7.5 浆砌石衬砌，背水坡采用草皮防护，设计渠底比降 0.5‰。

（2）挡水堤。设计堤顶超高为 333.0m，顶宽 8~12m，临、背水侧坡比为 1 : 3，为防止正常蓄水情况下风浪对边坡的冲刷破坏，设计挡水堤迎水坡采用 M7.5 浆砌石护坡，护坡厚度 0.3m，背水坡采用草皮护坡。

（3）道路。堤顶路面采用沥青路面，宽 6.0m，厚度 8cm，下铺 20cm 厚碎石垫层，底层用 15cm 厚的灰土。两侧砌筑混凝土路沿石。路面由中心向两侧作坡，坡度为 2%。

（4）分洪闸。分洪闸为三孔闸门，闸孔净宽 3.0m，设计分洪流量 91.65m³/s，闸门采用螺杆启闭机进行启闭工作。设计分洪闸由铅丝笼石防冲段、闸前铺盖段、闸室段、涵洞段、斜坡段、消力池段和海漫段组成，共计长度 88m。

（5）退水闸。设计流量为 9.5m³/s，为单孔闸门，闸孔宽 2.0m，闸门类型为 SPZ 型双向止水平面铸铁滑动闸门，启闭机采用 LQ-5 手动螺杆启闭机。设计退水闸由上游引渠、闸室、涵管、下游尾渠四部分组成，与二华排水干沟相衔接。

（6）闸房。设计使用年限为 50 年，采用钢筋混凝土框架结构，墙体采用普通烧结多孔 240 砖墙，建筑总高度 5.6m，建筑总长度 14m，宽度 4.6m，建筑面积 64.4m^2。

3 技术难点

（1）分洪标准的确定。工程定位是现状防洪措施的补充，分洪标准的选取要恰当，既不能给主管部门带来不利的影响，又要切合工程实际情况。根据南山支流设防标准为 10~20 年一遇洪水，平堤流量大约相当于 30~50 年一遇洪水，因此最终选定分洪标准为石堤河、罗纹河堤防平堤洪水（相当于 50 年一遇洪水）降至 20 年一遇设防标准，罗夫河堤防平堤洪水降至 10 年一遇设防标准。

（2）闸门分洪流量的确定。工程闸门布置在堤防上，且垂直河道水流方向，闸门进水属于法向进水，可参考资料较少，要准确计算闸门的分洪流量、河道的下泄流量是比较困难的。计算不准会造成闸门的设计尺寸难以确定，分洪总量也会出现偏差。

（3）分洪区面积、容积的确定。分洪区位于华州区"白菜心"地域，耕地资源宝贵，所以工程能否正常实施，占地面积大小是决定因素。要合理确定分洪库容、面积、水深相关曲线，选出最优方案。

（4）解决水体富营养化问题。分洪区蓄水后水体不更新易出现富营养化问题，应根据蓄水量，如何确定水体更新水量，保证不出现水体富氧化问题，这个问题解决不好，直接影响工程的成败。

4 技术创新

（1）在"二华夹槽"地区，选取低洼地形区修建蓄滞洪区，一方面是提高华县南山支流洪水可控性，降低夹槽区洪水威胁；另一方面是改善农业产业结构和当地生态环境，促进库区群众脱贫致富，实现洪水资源综合利用。该工程是一项在"二华夹槽"地区完善防洪体系的创新举措。

（2）工程是按照现代生态水利工程治理理念进行设计，不仅要满足防洪要求，还要兼顾景观需求。在工程总体布局时不仅满足水面面积、防洪库容的要求，还要预留景观平台、休闲平台、服务区、管理区等功能区布置。为了满足日常景观蓄水，设计枯水位预留了 0.6m 的景观水深。

5 运行情况

工程建成后运行状况良好，能保护约 17 万亩耕地不受洪水淹没威胁，年平均减少洪灾损失约 800 万元。促进本地区工农业结构调整，发展渔业养殖、生态旅游，效果满意，是一项在"二华夹槽"地区解决防洪安全问题的创新举措。

"二华夹槽"工程建成图

榆佳工业园区应急供水工程

1 工程基本情况

1.1 工程概况

榆佳工业园区位于陕西省榆林市佳县王家砭镇西北部榆佳公路和神王公路的交汇处,距离榆阳区、佳县县城、榆神工业区和榆横工业区的运输半径均超过 40km,榆佳高速紧贴工业园区南缘,榆佳铁路专线紧贴工业园区北缘。2005 年随着《扶持南部县加快经济社会发展规划(2005—2010)》的批复,榆林市扶持南部县发展战略全面启动,为与"扶南项目"对接,同时促进县域社会经济发展,佳县适时地确定建立榆佳工业园区,成为带动全县发展的中心。

目前榆佳工业园区正处在初步建设阶段,为适应工业园区的快速发展,部分企业将计划 2017 年 6 月投产运营,其中包括陕西有色天宏瑞科硅材料有限责任公司(以下简称"有色公司"),但工业园区的基础设施(比如企业用水)正处在建设阶段,原计划的企业用水水源为黄河水,到 2017 年 6 月将无法完成施工为企业解决用水问题,不能满足企业按照规定时间投产运营的要求,根据榆林市佳县人民政府 2016 年 6 月 30 日会议精神,该工程主要解决榆佳工业园区内有色公司能够按时入驻投产的临时用水问题。

依据有色公司用水量需求,设计平均日用水量为 2000m³。工程主要建设内容包括:①取水枢纽工程,新建溢流坝长 33m,冲沙闸 1 座,引水闸 1 座及引水渠工程;②一级泵站工程;③一级输水管道工程,DN450 钢管,长 1.072km;④二级泵站工程;⑤二级输水管道工程,DN250 的球墨铸铁管,长 7.5km;⑥房屋建筑工程;⑦供电设施工程;⑧电气及自动化控制系统。

1.2 工程建设条件

佳芦河属黄河一级支流,全年雨量充沛,且距工业园区较近,取水枢纽处多年平均径流量为 1220 万 m³,选取佳芦河作为工业用水水源,满足用水要求。

佳芦河河床及漫滩岩性为砾石,表层分布有薄层砂壤土。管线沿途穿越的地貌单元主要有黄土梁峁、风沙滩地等,地形起伏,地面高程 1113.00~1193.00m。沿线穿越加大的冲沟段主要为修建道路时的素填土，岩性以粉细砂为主，厚度大，一般 5~30m，填筑质量不一，均匀性差。风沙滩地区岩性主要为粉细砂，黄土梁峁区地层岩性主要黄土。沿线地下水位埋深较大，地下水对工程基本无影响。

佳芦河河道

瓜地峁沟淤地坝

2 工程总体设计

2.1 工程等别和标准

本工程的供水对象为企业用水，工程等别为Ⅳ等小（1）型工程，主要建筑物级别为 4 级，次要建筑物级别为 5 级，临时建筑物为 5 级。

取水工程主要建筑物防洪标准为 20 年一遇洪水设计，50 年一遇洪水校核。

工程区地震动峰值加速度为 0.05g，相应的地震基本烈度为Ⅵ度，设计不考虑地震因素。

2.2 总体布置

该供水工程由佳芦河向工业园区输水，取水枢纽位于榆林市佳县佳芦河与瓜地峁沟交汇口上游，一级泵站布置在取水枢纽左侧。一级泵站与沉沙池之间采用引水管线沿着支沟瓜地岇沟右岸的沙丘地进入沉沙池，二级取水泵站布置在沉沙池临水侧坝坡上，二级泵站与榆佳工业园区之间的管线沿着运煤专线及工业园区道路布设，接入在建的工业园区内有色公司净水厂经过水处理后作为企业的用水。

管径：DN450 钢管，1.6MPa
管道埋深：1.5m
设计流量：300~900m³/h
管道长度：1km，单管

一级泵站供水线路

支流汇入口

瓜地岇沟

泵房

坝长：76m，坝高 11.5m
调蓄池顶高程：1081.5m
总库容：107 万 m³
标准：30 年设计，300 年校核

二级缆车式取水泵站

管理房

泵房

沉沙池：7.2m×3m×1m（深）
压力前池：8m×6m×4m（深）
泵站抽水流量：300~900m³/h
水泵台数：2 台（300+600）
净扬程：52m

佳芦河

榆佳高速

坝长：33m，坝高 3.5m
溢流堰堰顶高程：1050.50m
冲沙闸底高程：1048.50m
冲沙闸尺寸：1m×1m

管线输送至工业园区在建水厂

管径：DN250 球墨铸铁管，2.5MPa
管道埋深：1.5m
设计流量：125m³/h
管道长度：7.2km

榆佳工业园区应急供水工程布置图

（1）取水枢纽。在现状低坝取水下游约 50m 新建一道溢流堰，在溢流堰左侧依次布设排沙闸和引水渠，引水渠道左侧布设沉沙池、进水前池和泵房。

（2）泵站方案。一级站以佳芦河干流来水为水源，通过修建溢流坝和提水泵站将水输送至拟建瓜地岇沉沙池内；二级站以瓜地岇沉沙池为水源，通过泵站提水将水输送至榆佳工业园区水厂，采用缆绳式取水方式。

（3）调蓄水池。调蓄水池选择对现状支流瓜地岇沟淤地坝进行加固改造，采用淤地坝的死库容作为调蓄水池。

（4）引水管线。一级输水管线总长 1.072km，线路沿线全部为爬坡段，线路布置以尽量少占耕地，减少穿路和跨河原则；二级输水管线由瓜地岇沟沉沙池向榆佳工业园区有色公司在建净水厂输水，该段管线按照原有的已成管线线路布设，施工时在高程、横向上和已成管线错开布设。

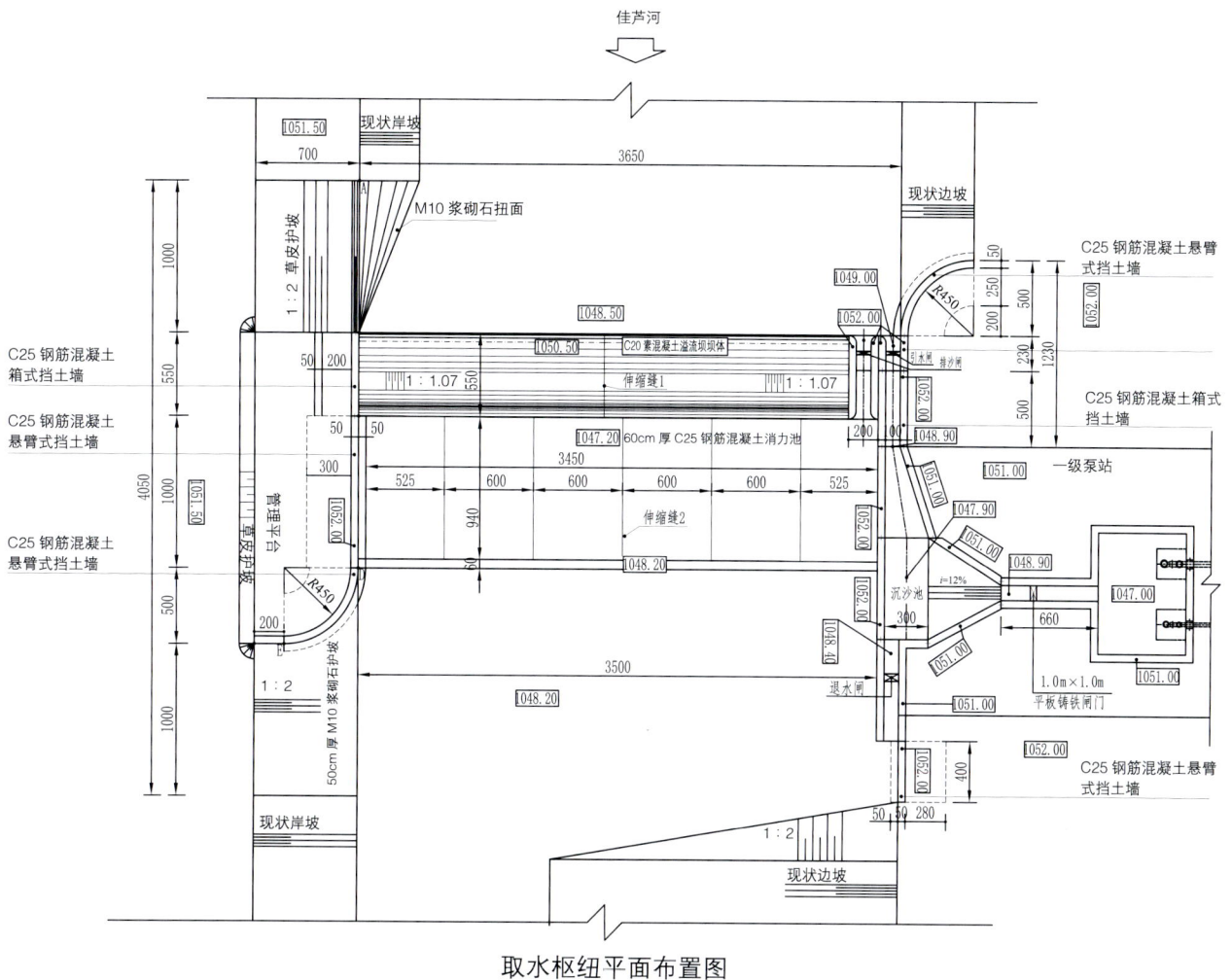

取水枢纽平面布置图

2.3　主要建筑物设计

（1）引水枢纽。取水枢纽由溢流坝、冲沙闸、引水渠、沉沙池 4 部分组成。其中溢流坝坝高 3.5m，坝长 33.0m，坝顶高程 1050.50m，采用 C20 素混凝土砌筑，堰型为 WES 剖面，基础坐落于河底原状砂卵石层上。

冲沙闸布置在左岸，闸门尺寸长 × 宽 =1m×2m，采用手电两用螺旋式启闭机。

引水渠紧靠左岸边坡布置，渠宽 1.0m，渠道进口高程 1049.00m，渠首设闸门控制。

沉沙池布设在引水渠后，分别采用长 5.0m、底坡 1/50 和 1/10 的渠道与引水渠相连，池长 6.7m、宽 3.0m、深 1.0m、池底高程 1047.90m。末端设计一道退水闸；进水前池布置在沉沙池的左侧，与沉沙池之间采用一道闸门控制水流。

（2）泵站。一级站因河道来水量变化范围较大，设计引水流量为 300~900m^2/h。布置潜污泵 2 台，大小泵搭配。

二级站设计采用潜水泵提水，设计流量 125m^2/h，设计扬程 120m。水泵安装在钢

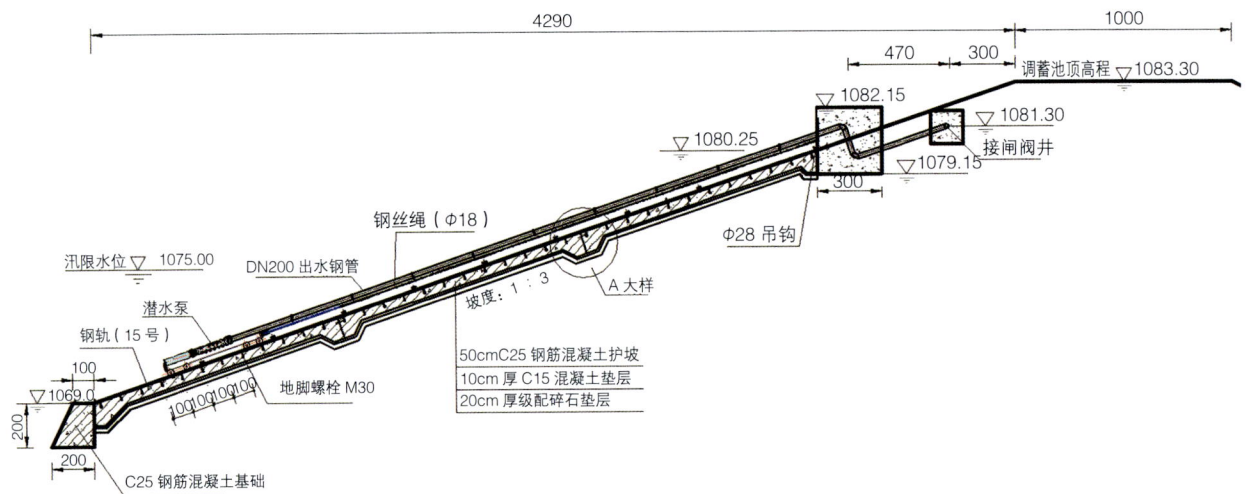

缆车式取水泵站断面设计图

制泵车上，沉沙池蓄水初期，要求泵车固定在库底，待水位高于泵口50cm以上方可启动水泵。

（3）引水管道。输水管线分为两段设计，一段由佳芦河一级泵站输水至沉沙池内，该段为爬坡段，地形高差为55m，管线设计为单管，管径为DN450钢管；一段由二级缆车式取水泵站沿着现状运煤专线路沿布设至榆佳工业园区有色公司在建净水厂，采用DN250球墨铸铁管。

（4）调蓄水池。按照《水土保持工程设计规范》（GB 51018—2014）的规定，瓜地岇沟淤地坝为Ⅱ等工程，相应建筑物级别为3级，总库容48.3万 m^3，设计洪水频率为20年一遇，校核洪水频率为50年一遇，设计淤积年限为10年，加固后枢纽由土坝及放水工程"两大件"组成。

3 技术要点

（1）抽水方式。针对佳芦河河流含沙量大，径流年内分配不均，干流取水流量不稳定，取水困难的问题，一级泵站采用了适用于多泥沙水质的潜污泵抽水方式，将泵直接布置在前池内抽水，允许洪水淹没，不需修建泵房，土建工程投资小，管理方便。二级泵站采用轨道式取水方案，该方案适用于水位落差较大、水流速度慢、风速较小、斜坡较长的场地。工程投资小，施工工期短。

（2）调蓄水池。因该项目为应急供水工程，要求施工工期短，投资小，设计采用淤地坝作为调蓄池，对支流雨洪资源利用的同时，在汛期将干流的洪水存放至库区供枯水季节用水，加大雨洪资源利用，大大节省了工程投资。

（3）管理。通过自动化控制系统，对河道水位、前池水位、库区水位、水泵出水压力、流量进行监测，对潜污泵、潜水泵、电动阀等进行启闭控制，大大提高了运行管理水平，节省了管理费用。

4　运行情况

榆佳工业园区于 2017 年建成，经过两年多的运行，工程运行状况良好，满足工业区需水要求，为当地经济发展提供了保障，同时改善了当地的生态环境，是一项在多泥沙河流上采用新技术取水和利用淤地坝蓄水的成功典范。

已建成的缆车式取水泵站和进水前池，截至目前，该工程已持续给工业园区供水每年达 30 万 m^3 以上，为佳县政府创造了巨大的效益。

缆车式取水泵站

一级泵站沉沙池

渭南市澄城县温泉抽水站更新改造工程

1 工程基本情况

1.1 项目背景

温泉抽水站位于渭南市澄城县中部，取水水源为交道镇西塘村西南洛河干流及河道左岸一处露头泉眼，工程原来由五级提水泵站组成，设计抽水流量 0.98m³/s，是一座以灌溉为主，兼顾供水的综合抽水站，工程受益范围涉及澄城县交道、庄头、城关三镇 4.78 万人，3.05 万亩耕地。

温泉抽水站一级、二级、三级站 1979 年建成，四级、五级站 1995 年续建。因建设年代久远，建设标准偏低，且运行多年，泵站机泵、电气设备效率低下、能耗高、安全性能低，严重制约了灌区粮食增产与农民增收，制约了灌区经济社会的快速发展。为改善当前局面，澄城县水务局启动了温泉抽水站更新改造工程。

1.2 工程建设条件

澄城县温泉抽水站一级泵站位于洛河下游段，控制流域面积 25136km²，多年平均径流量为 8.2 亿 m³，多年平均悬移质输沙量为 6942 万 t，汛期（6—9 月）平均含沙量为 185kg/m³，非汛期平均含沙量为 8kg/m³；30 年一遇洪峰流量为 5560m³/s，100 年一遇洪峰流量为 8505m³/s。

工程区位于陕北黄土高原南部的黄土台塬区，工程分布从洛河河道至塬面边坡，至塬面中部，线路较长。区内塬面宽缓，塬坡较陡。

工程区的季家川二级站及边坡、交道三级站、樊家川一级站以上的输水管线均存在湿陷问题。

2 工程总体设计

2.1 工程等别和标准

温泉抽水泵站属Ⅲ等中型工程，其中：樊家川一级站、季家川二级站属Ⅲ等中型泵站，主要建筑物为 3 级，次要建筑物为 4 级；交道三级站、郑家四级站属Ⅳ等小（1）型泵站，主要建筑物为 4 级，次要建筑物为 5 级。

樊家川一级站为临河泵站，防洪标准按 30 年一遇洪水设计，100 年一遇洪水校核。

洛河水源灌溉设计保证率 50%，温泉水源灌溉设计保证率 80%。

2.2　工程任务

温泉抽水站更新改造工程任务为拆除重建樊家川一级站和季家川二级站，加固改造交道三级站和郑家四级站，具体是对泵站主体建筑物进行拆除重建或改造，对主机组、电气设备、金属结构、输电线路及变电站进行更新，对泵站辅助生产设施及管理设施进行改造。

2.3　总体布置

温泉抽水站更新改造按照清浑分流、分质供水的原则，采用双水源双系统双管线设计，在保证传统作物灌溉的同时大力发展高效节水灌溉。其中洛河水源建设引水闸、引水渠、沉沙池、引水管道等设施进行引水，确保引水水量、水质满足传统灌溉需求，设计引水流量 0.77m³/s；温泉系统通过加固水源保护壳体，设置潜水泵提水至一级站内前池，后设梯级泵站逐级提水，输送高效节水灌溉水源，设计流量 0.11m³/s。更新改造后，温泉抽水站共设置梯级泵站 4 座，安装水泵 15 台套，累计扬程 405.5m，总装机 4860kW，工程属Ⅲ等中型泵站，设计灌溉面积 3.05 万亩，总设计流量 0.88m³/s。

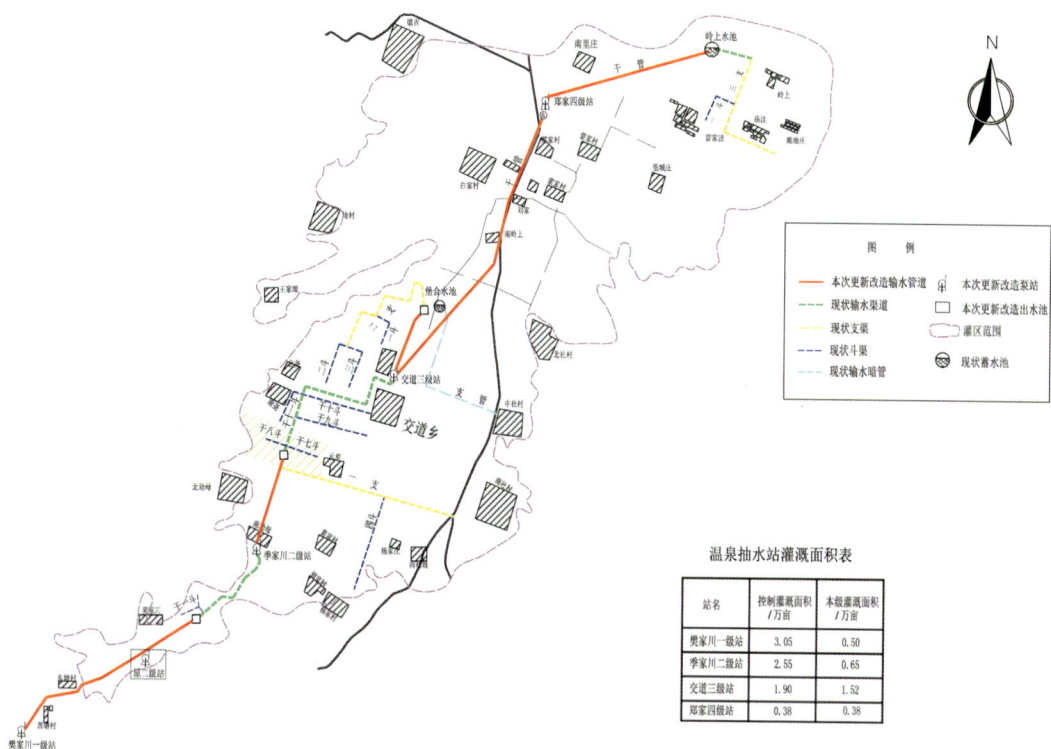

温泉抽水站灌溉面积表		
站名	控制灌溉面积 /万亩	本级灌溉面积 /万亩
樊家川一级站	3.05	0.50
季家川二级站	2.55	0.65
交道三级站	1.90	1.52
郑家四级站	0.38	0.38

澄城县温泉抽水站更新改造工程灌区平面图

泵站更新改造后樊家川一级站、季家川二级站机电设备完好率达 100%，土建工程完好率达 100%；交道三级站、郑家四级站机电设备完好率达 95%，土建工程完好率达 90%；四座泵站能源单耗小于 5kW·h，泵站装置效率不低于 65%；灌溉水利用系数传统灌溉从 0.45 提高至 0.68，高效节水灌溉方式提高至 0.8。

3 技术难点

（1）温泉泵站为一座梯级抽水泵站，共设 4 级，总地形扬程高达 360m。梯级泵站间流量匹配设计难度大，且泵站水泵台数多，多工况水泵工作点计算难度大。

（2）传统灌溉系统水源为洛河水，泥沙含量大，工程水源排沙设计难度大。

（3）泵站为典型的高扬程、长距离输水工程，水锤防护方案难度大。

（4）泵站装机功率大，电压等级高，因设两套灌溉系统，机组多数情况不同时运行，故变电站应综合考虑运行管理和能源消耗进行设计，技术难度大。

4 技术亮点

4.1 一级站布置

受建站时温泉泉眼水位限制，一级泵站处在深挖方段，挖深 40m。随着泉水水位不断下降，后期泉水无法自流入进水池，通过在泉眼内布设潜水泵将水提升至进水池内。2015 年修建的引洛渠道工程利用一级站上游 500m 处河道上天然跌坎的高差，在洛河左岸山体坡脚下修建引水渠道，将洛河水自流引至一级站进水池，取水口与现状进水池高差达 13m，设计采用 3 道跌水将 9m 高差消减引至进水池。在更新改造方案设计时，将一级站站内地坪整体抬高，拆除现状防洪墙，前移新建进水池和泵房，彻底改变现状深基坑内通风、采光差，进水池清淤困难、交通不便的状况。同时通过抬高地坪约 10m，减小水泵扬程，降低能耗。

4.2 泥沙处理

洛河为著名的多泥沙河流，为解决泥沙问题，设计在洛河引水渠道上结合现场地形及地质条件，设置条形沉沙池一座，池厢长 90m，宽 3m，池内临河测设置排沙通道，并在排沙通道末端设置冲沙退水闸一座。同时各级泵站进水部分采用单机单池单流道单闸结构形式，进水池采用圆形结构，防止泥沙淤积。

4.3　减少泵站梯级

温泉抽水站现状为五级抽水泵站，由于一级、二级站间没有灌溉面积，现状二级站功能为将一级站出水提升至二级站出水池，随着近些年水泵技术的提升，流量扬程范围进一步加大，更新改造方案将现状二级站去除，将水直接提升至三级站，由五级提水改为四级，大大减少后期运行管理成本。

4.4　水泵选型及流量匹配

更新改造方案去掉二级站，将水直接提升至三级站，一级站扬程增加约 100m，在水泵选型方面，常规的中开双吸离心泵已不满足流量扬程要求，考虑到自平衡或节段式多级泵维修不便的因素，设计采用先进设备中开式多级泵，减少水泵轴向力，进出水管布置简单，运行管理维修便利。另外，温泉抽水站按灌溉系统多级布设，各站水泵台数多，上下两级泵站之间流量匹配难度大，设计中研究计算了多种工况水泵工作点，通过与水泵设计厂家沟通，调整性能曲线，以保证各站之间流量衔接连续稳定。

4.5　水锤防护方案

本项目不仅扬程高，而且输水管线长，水泵事故停机产生的水锤压力对泵站及管道安全将产生重大影响，因此水锤防护具有重要的意义。设计采用美国水锤水击分析软件 HAMMER 计算输水系统各种情况水锤压力，通过数值模拟方法对系统在水力过渡过程中的特性进行研究，分析系统水锤作用而引起的非正常运行最不利参数，最终提出合理的水锤防护、关阀开阀程序、控制时间、分段管道最大水锤压力、进排气阀设置的建议、在管理上应注意的事项等。项目采用两阶段关闭液控阀＋防水锤压力罐＋防水锤空气阀的水锤防护方案确保工程运行安全。

4.6　35kV 变电站设计

项目四级泵站均设有变电站，一级、二级泵站为 35kV 变电站，三级、四级泵站为 10kV 变电站。为适应各站不同系统不同台数水泵运行需要，本着管理方便、节约能耗的原则，设计主变压器采用大小配运行方式，同时结合泵站综合自动化系统，通过通信电缆与安装在现场的所有微机保护与监控进行信息交换，通过遥控可以合理调配负荷，实现优化运行，从而为实现现代化管理提供必须的条件。另外，增加继电保护装置，在运行过程中发生故障和不正常现象时迅速有选择性发出跳闸命令将故障切除或发出警报，从而保证电力系统稳定运行。

5　工程效益

　　泵站更新改造工程的完成，不仅使得各站装置效率明显提高，能源单耗下降，可节电10%~20%，而且设备状况大为改善，运行效率、安全性大幅提高，加上计算机自动化控制系统的应用，节省了管理和运行费用成本。更为重要的是恢复和提高了灌溉标准，改善了灌溉条件，保证了农业的稳产高产。

更新改造前的一级泵站

更新改造后一级泵站

更新改造前一级泵站基坑

更新改造后一级泵站基坑

更新改造前变电站

更新改造后变电站

渭南市港口抽黄大型灌溉泵站更新改造工程

1 工程概况

1.1 项目背景

港口抽黄灌区位于陕西省关中东部，设计灌溉面积 20.89 万亩，有效灌溉面积 12.02 万亩，设计流量 7.3m³/s，灌区共分南头塬、寺角营塬、吴村塬、高桥塬、孟塬、南场 6 个灌溉系统，最多设 5 级提水泵站，累计最高总扬程 294.57m。灌区共建泵站 12 座，安装抽水机组 49 台套，总装机 2.5 万 kW。

泵站始建于 20 世纪 70 年代，建设标准偏低，主机组材质和工艺水平差，大部分电气设备属淘汰产品，耗能高，运行安全可靠差，水泵抽汲黄河泥沙水磨蚀严重，流量衰减，效率低下；主体建筑物老化破损，功能减退，灌溉面积逐年减少，严重制约了灌区粮食增产，农民增收，制约了灌区经济社会的快速发展。2011 年，港口抽黄灌区 9 座灌溉泵站列入了陕西省大型灌溉排水泵站更新改造项目。

1.2 工程建设条件

灌区首级取水泵站位于黄河岸边，多年平均径流量 204.7 亿 m³，多年平均输沙量 4.074 亿 t，平均含沙量 19.9kg/m³。工程处黄河 30 年一遇洪峰流量为 18100m³/s，100 年一遇洪峰流量为 20180m³/s。

工程区位于关中平原东部，区内地形西南高，东北低，南部主要为秦岭北麓黄土台塬，北部主要为黄、渭河阶地及漫滩。零级站站址位于潼河出口古汉台黄河漫滩区，岩性为第四系全新统冲积砂壤土，且靠近弯道主流区，其浪蚀和冲刷掏蚀作用强烈，岸边塌岸问题严重。塬上泵站分布于黄土塬区、渭河二级、三级阶地。黄土塬南高北低，相对较平缓，工程建筑物主要建于 Q_3 黄土塬地层之上，具有不同程度的湿陷性。

2　工程总体设计

2.1　工程等别和标准

港口抽黄大型灌溉泵站属Ⅱ等大（2）型工程，列入本次更新改造的9座泵站均属Ⅲ等中型泵站，主要建筑物为3级，次要建筑物为4级。

零级站为临河泵站，枢纽建筑物按Ⅲ等中型工程，防洪标准按30年一遇洪水设计，100年一遇洪水校核。

设计灌溉保证率75%。

2.2　工程任务

列入更新改造的泵站共计9座，分别为零级站、港口一级站、望远沟站、凹里站、试验站、花五站、西傲站、西泉店站和张家城站。根据安全鉴定结论，更新改造的任务是对试验站进行加固改造，对其余8座泵站进行拆除重建。具体任务是对泵站主体建筑物进行拆除重建或加固改造，对主机组、电气设备、金属结构、输电线路、变电站进行更新，对泵站辅属生产设施及管理设施进行改造，进一步提高泵站防洪、灌溉标准，提高抵御自然灾害的能力，恢复灌溉面积确保粮食安全、农业增产、农民增收。

2.3　总体布置

港口抽黄灌区设计灌溉面积20.89万亩，设计灌溉流量7.3m³/s，在潼河入黄口右岸设置首级泵站——零级站，采用浮船移动式泵站向下级泵站供水，根据灌区实际地形地貌、耕地分布情况，将灌区分为南头塬、寺角营塬、吴村塬、高桥塬、孟塬、南场6个灌溉系统，列入本次改造的9座泵站分布在不同区域控制不同系统，灌区最多设5级提水，累计最高总扬程294.57m。

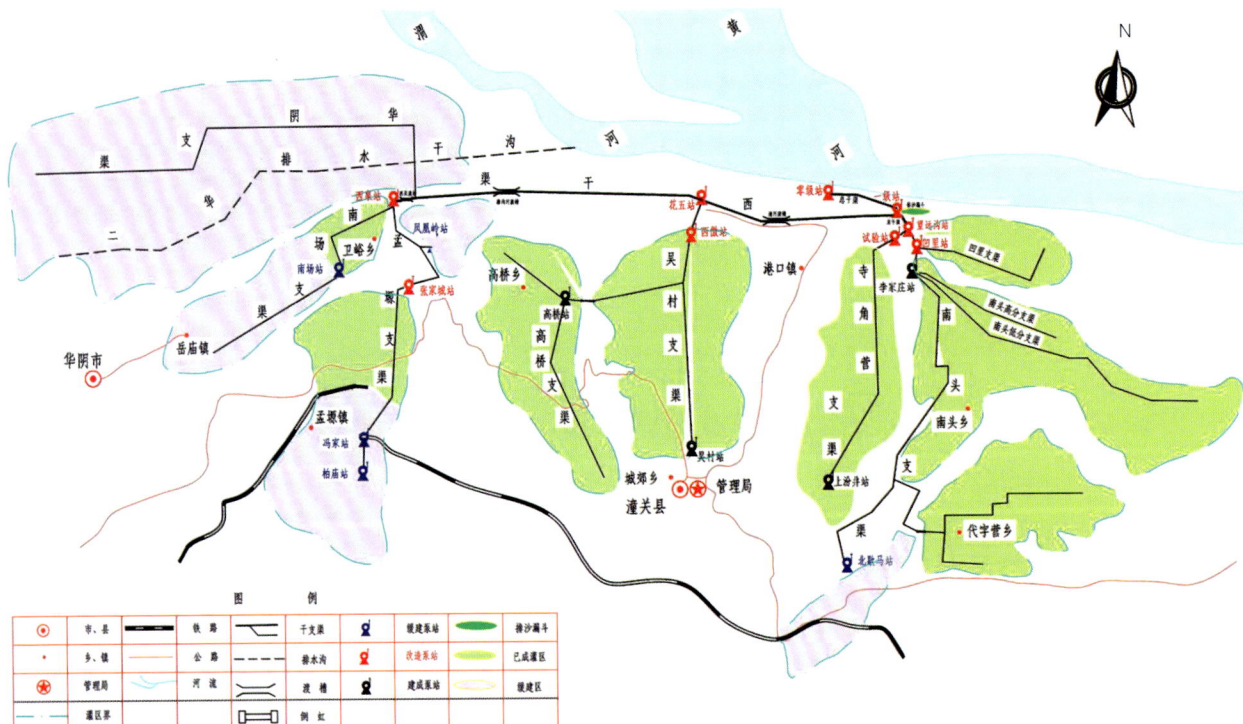

渭南市港口抽黄灌区大型泵站改造项目平面布置图

3 技术难点

（1）工程水源为黄河水，泥沙含量大，不仅造成泵站引水渠、前池等泥沙淤积，而且对水泵磨蚀严重，因此建筑物及设备抗泥沙设计难度大。

（2）零级站是陕西省规模最大的浮船泵站，位于黄河风陵渡段，水流流速大、风大、水位随不同季节变幅大，取水方式选择、浮船锚固设计及岸坡防护难度大。

（3）泵站建设年代早，自动化程度低，如何建成现代化泵站，提高运行管理水平难度大。

4 技术亮点

本工程涉及泵站9座，每座泵站均有自身的特点，现主要介绍零级站和花五站。

4.1 零级站

零级站是首批列入陕西省大型灌溉排水泵站更新改造项目之一，也是陕西省目前规模最大的浮船泵站。设计中采用了多种新结构、新设备、新理念，提高了工程设计水平，工程安全可靠。零级站更新改造工程设计荣获了2020年度陕西省优秀工程设计工业类三等奖。

（1）取水方式选择。结合零级站的黄河水情、河岸地质及岸边附属设施，可供选择的取水形式有斜拉沉浮（FC）式泵站、自然升降浮坞式（FQ）泵站及浮船式泵站。考虑到零级站站址风大、水流流速大，且为适应不同水位变幅，设计采用钢浮船方案，由进水钢管、输水软管、锚固装置、行车、水泵电机、船体附件、斜拉钢缆等组成。浮船长 37.4m，宽 12.2m，吃水深度 1.30m。船体上部采用节能轻质建筑材料钢结构厂房，依靠船体及设备自重、岸边锚固等措施保持稳定。

（2）浮船锚固设计。区别于浮船泵站单靠缆绳锚固型式，更新改造设计增加刚性悬臂支撑锚固系统，通过钢桁架及钢铰等刚性结构将浮船悬臂支撑在岸边平台上，同时平台底部增设钢筋砼抗拔灌注桩增加系统整体受力特性。该锚固系统有效抵抗了黄河大流速、高风速对浮船泵站的冲击，稳定性高。

（3）岸边防护设计。设计采用刚性桩基础与柔性格宾笼联合防护结构，有效解决了黄河土质岸坡侵蚀冲刷引起的塌岸问题。通过浮船岸边支撑平台下部灌注桩来增加土体稳定性，同时在平台临河侧设置多层台阶状格宾笼石，刚柔并济，最大限度增加抗冲刷深度，适应塌岸变形能力强，有效保护岸坡稳定及浮船泵站的安全。

4.2　花五站

花五站是港口抽黄 9 座泵站中规模较大、水泵机组最多、投资最大的一座泵站，泵站设高低扬程水泵两套抽水系统，涉及水泵电机选型、进、出水水工部分、管道部分设计、大跨度厂房设计、高低压电气部分设计及自动化控制设计等内容，基本涵盖了常规泵站设计的所有内容。

4.2.1　泥沙淤积、磨蚀设备问题

为解决黄河多泥沙水源淤积问题，进水部分采用单机单池单流道单闸结构形式，进水池采用钢筋混凝土圆形结构，防止泥沙淤积。

黄河水源含砂量大，砂粒多为石英砂，长石沙，砂粒硬度高，为了提高水泵使用寿命，设计泵体采用耐磨球墨铸铁 QT500-7；叶轮采用钢板叶轮，工作面喷镀 Ni60；密封环采用铸钢材质，ZG270-500，工作面喷镀 Ni60，大大提高水泵的耐磨蚀性能。

4.2.2　泵房环境改善、管理水平提高

花五站机组共 8 台，均为 10kV 电动机，为彻底改善泵房机组噪声对运行管理的影响，主副厂房分开布设，成 L 形布置型式，主厂房属大跨度结构，地下部分采用箱式结构，地上

部分采用框架结构，其中吊车梁、屋面大梁、屋面板采用装配式工业厂房设计，较好地完成了厂房抗震设计。副厂房采用三层楼结构（中间层为电缆夹层），内设高低压室、电容器室、中控室。

泵站增设自动化控制系统，包括数据监测系统、设备控制系统、继电保护及直流系统、视频监控系统、火情预警系统、运行管理系统等六大系统，可轻松完成前池水位、泵后压力、轴承温度、管道流量数据采集，操作人员中控室可实现远程操控，完成水泵、闸阀、闸门、风机等设备的启停，大大提高工作效率，改善人员工作环境。

5　工程效益

泵站更新改造工程的完成，不仅使得各站装置效率明显提高，能源单耗下降，可节电10%~20%，而且设备状况大为改善，运行效率、安全性大幅提高，加上计算机自动化控制系统的应用，节省了管理和运行费用成本。更为重要的是恢复和提高了灌溉标准，改善了灌溉条件，保证了农业的稳产高产。

更新改造前的零级站

更新改造后零级站全貌

更新改造后花五站全貌

更新改造后花五站泵房全貌

神木县石窑店工业集中区取水工程

1 工程基本情况

1.1 项目背景

神木县石窑店工业集中区位于县城北 30km 的悖牛川河道堤防背水侧，根据《神木县石窑店工业集中区总体规划（2006—2020 年）》，总用地 11.5km²，工业区近期投资 19.6 亿元，远期投资 33.7 亿元，建设项目包括：石窑店煤矿、甲醇厂、兰炭厂、煤焦油、型焦厂等。根据计算，工业区近期年需水总量为 561.22 万 m³，远期年需水总量为 1332.91 万 m³，其中生活用水近、远期需水总量为 182.5 万 m³，工业及其他用水近、远期需水总量为 378.72 万 m³、1150.41 万 m³。

目前，周边采矿企业和群众生活用水暂时靠打井取水，地下水资源开采量已不能满足工业区的需求，且悖牛川径流年内分配不均，枯水期来水量不能满足用水要求，必须修建地表水取水工程及具有调蓄功能的设施，才能保证工业区的各项建设顺利进展和正常运行。

1.2 工程建设条件

工程处多年平均径流量 11683 万 m³，95% 频率保证年的年径流量 2570 万 m³；多年平均悬移质输沙量为 1226 万 t，输沙模数为 8029t/（km²·a），平均含沙量 124.37kg/m³，平均输沙率为 97.54kg/s；20 年一遇及 50 年一遇设计洪峰流量分别为 5140m³/s、6980m³/s。

取水工程建设前河道内情况

工程区悖牛川河道宽阔，工业区场地现状地形平坦，地层上部为中细砂、砾卵石，厚度约为 7m，下部为泥岩、砂岩、煤岩，为 Ⅱ 类、Ⅲ 类岩体。

2　工程总体设计

2.1　工程等别和标准

本取水工程的供水对象为神木县石窑店工业集中区，工程等别为 Ⅳ 等小（1）型工程，主要建筑物级别为 4 级，次要建筑物级别为 5 级。

取水工程主要建筑物防洪标准取 20 年一遇洪水设计，50 年一遇洪水校核。工程区地震动峰值加速度为 0.05g，相应的地震基本烈度为 Ⅵ 度，设计不考虑地震因素。

2.2　工程任务

石窑店工业集中区取水工程任务是：修建取水工程向工业区居民、工业及其他用户供水，包括：①修建生活用水净水厂和泵站，将渗流井地下水输送至用户管网；②修建地表水取水枢纽和调蓄水池，用泵站将地下水输送至工业及其他用水对象管网。

2.3　总体布置

（1）引水枢纽。工程区河段石窑店选煤厂厂区以上段防洪堤顺直，但在防洪堤起点处右岸山体为卡口河道宽度 130m，之下又有 350m 长的凹岸段，根据工程取水、冲沙、泄洪等的要求，引水枢纽布置在河道平直段。考虑到河道防洪，施工简单快速、节省投资等方面要求，拦水建筑物采用橡胶坝。

（2）引水闸及引水管道。橡胶坝蓄水区的蓄水由引水管道输送至泵站前池及调蓄水池。

（3）调蓄水池。调蓄水池布置在防洪堤保护区内，选煤厂下游侧，顺防洪堤纵向布置，占地面积 202 亩。

（4）泵站。泵站分生活和生产供水泵站和水池提水泵站两部分，布置于净水厂与调蓄水池之间。生活和生产供水泵站用于将前池中的水加压输送至工业及其他用水配水管网、将前池中的水提升至生活用水净水厂、将净水厂中的水加压输送至生活用水配水管网。水池提水泵站用于将调蓄水池中的水提升至前池。

（5）净水厂。净水厂布置在调蓄水池岸边的工业区规划用地内，占地 15.3 亩。厂区内输水管道按工艺布置要求,从加压泵站提水至净水车间。厂区内自用水由加压泵房出水管道供给,然后经厂区给水管网供给到各个水厂内用水节点,并在各个用水节点前设置检修阀,管道采用 UPVC 给水管道。

2.4　主要建筑物设计

（1）引水枢纽。①橡胶坝,2 座,充气式,总长 275.6m,其中上游 1 号橡胶坝长 139.8m,高 2.5m,下游 2 号橡胶坝长 135.8m,高 3.5m,蓄水区长 850m,均宽 140m,均深 2.5m;②冲沙闸,1 座,2 孔,单孔净宽 4.5m,高 5.0m;③冲沙槽,长 864m,宽 10.7m,纵比降 2.5‰,中隔墙长 806.6m。

（2）引水管道。管径 DN1600mm,设计引水流量 3.0m³/s,在泵站前池处分流,至调蓄水池支管管径 DN1400mm,设计引水流量 2.635m³/s,至前池支管管径 DN800mm,设计引水流量 0.365m³/s。

（3）调蓄水池。1 座,蓄水总容量 203 万 m³。顶部长 479.9m,宽 279.9m,底部长 400m,宽 200m。池顶以外设置 20m 宽的防护区,其中池顶外边缘设置铁艺栏杆,栏杆以外设置巡视检修道路宽 3.5m,总长 1550m,道路之外为绿化带,防护区边缘处设置 3m 高砖砌围墙,并与水厂厂区围墙连接,与外界分隔,围墙总长 1873m。

（4）泵站。生活及生产供水泵站、水池提水泵站各 1 座,前池各 1 座,净水厂提水水泵机组 3 台,生活用水加压水泵机组 3 台,生产及其他用水近远期加压水泵机组共 6 台,水池提水近远期水泵机组 6 台。

（5）净水厂。1 座,日供水量 0.5 万 m³/d。其包括反应池、沉淀池、滤池、清水池各 2 座,综合办公楼、净水车间等构筑物。

3　技术难点

3.1　河道径流年内分配不均,枯水期断流严重

根据水文站实测资料统计知,①径流年际变化大。多年平均径流量为 9130 万 m³,最大年径流量为 2.84 亿 m³（1979 年）,最小径流量为 0.21 亿 m³（2006 年）,相差 13 倍;②近年来径流量小,以 1997 年以来的 10 年间最为明显,近 10 年平均年径流量为 0.38 亿 m³,不到多年平均径流量的一半;③断流现象频繁,近期尤为严重。经统计有 8 年出现超过

1 个月的断流情况，且均出现在 1995 年以后，最严重年出现在 2005 年，有 1 月、2 月、11 月、12 月共 4 个月断流；④年内分配不均。经统计，多年平均汛期 7—9 月天然来水径流总量占全年的 67.5%，最大年为 85.1%（1976 年）。

对拟建工程处多年日平均流量、天然径流大于某流量天数进行统计知：①日平均流量小。多年日平均流量为 3.63m³/s，而近 10 年的日平均流量为 1.52m³/s，不到多年日平均流量的一半，近 10 年来大于年平均流量的天数占全年的 3.6%；②满足取水工程要求的天数少，近年来更为恶化。满足远期供水 3.66 万 m³/d 流量要求的天数多年平均为 260d，仅占全年的 71%，满足近期供水 1.54 万 m³/d 流量要求的天数多年平均为 327d，不到全年的 90%。近 10 年来最好年份满足远、近期供水流量的天数仅为全年的 73%、95%。最差年出现在 2005 年，满足远期供水流量要求的天数仅占到全年的 25%、42%。

3.2 河流含沙量大，取水受限，处理困难

悖牛川位于内蒙古和陕北的水土流失严重区，属多泥沙河流。流域内植被稀疏，多风沙，多干旱；沟壑纵横，侵蚀严重；河床比降较大，水流急，洪枯流量相差悬殊；洪水陡涨陡落，历时短，含沙量大。根据水文站实测资料统计，多年平均悬移质输沙量为 1226 万 t，输沙模数为 8029t/（km²·a），平均含沙量为 124.37kg/m³，最大含沙量 1280kg/m³，平均输沙率为 97.54kg/s。泥沙主要集中在汛期，7—8 月输沙量占全年输沙量 90.99%，6—9 月输沙量占全年输沙量 99.07%。

当来水中含沙量过大，取水枢纽不能将含沙量沉淀到一定限度，达不到工业用水水质要求。当设定的取水含沙量值太低时，悖牛川来水量又不能满足工业区用水需求。

设计取水含沙量最大值为 60kg/m³，经橡胶坝蓄水区沉淀后，能达到 1kg/m³ 以下，按不利情况取水含沙量 1kg/m³ 全部沉淀到蓄水池的情况进行计算，则蓄水池全年沉淀泥沙 1560m³，池底沉泥 19cm。

3.3 调蓄水池深度大，边坡稳定影响工程安全

根据勘察结果可知，地面以下 0~7m，不完整，碎裂结构，7~22m，较完整，层状结构，22~45m，完整，整体状。各主要结构面结合程度为一般～差。岩体类别分为三类，4.7~7.0m 以上为Ⅳ类岩体；7.0~22.0m 为Ⅲ类岩体；22.0~45.0m 为Ⅱ类岩体。

当库区开挖后，对岩质边坡不作护坡工程时，在工程设计寿命内，风化崩塌将使库区边坡变得不稳定，局部的崩塌、掉块现象将时有发生。

4 技术创新

（1）蓄水建筑物。据前述，由于悖牛川天然径流存在日平均流量小、满足取水工程要求的天数少、断流现象频繁、年内分配不均、年枯水期缺水量大等问题，且近年来较严重，因此，必须修建具有调蓄功能的工程，对悖牛川地表水进行径流调节，实现悖牛川地表水供水丰枯平衡，保证供水安全。而悖牛川在工业区附近的4条支流流域面积小，径流总量不满足供水要求；且沟道内富含煤层，不宜修建水库蓄水。

本次将调蓄水池由传统的地面修建大坝蓄水，创新为地下式深挖水池蓄水，解决了本地无法修建水库大坝的实际困难，工程竣工后，经过多年的蓄水运行，状况良好，深挖式地下蓄水库蓄水效果良好，达到了蓄水目的。

（2）调蓄水池取水形式。设计取水枢纽利用橡胶坝冲沙槽及蓄水区沉沙、冲沙，将泥沙基本处理在调蓄水池之前，避免了蓄水池淤满报废问题，且可用泥浆泵抽排清理。

（3）调蓄水池结构。设计调蓄水池深度42m，深度大，经过详细的勘察，分析该地区岩体结构、风化裂隙的发育程度、岩石力学试验成果、岩质边坡的岩体分类等，通过采用合理的开挖坡比和采取一定的工程措施后确保深挖式调蓄水池结构安全；通过分析该地区地下水赋存条件及水力特征，采取一定的工程措施后该地区修建深挖式调蓄水池不会产生渗漏问题；设计采用机械化大开挖施工，池壁采用混凝土板衬砌。经施工过程监督检查及竣工后运行，根据施工单位及甲方反馈情况，调蓄水池结构安全、稳定，形式简单，施工容易，运行管理方便，效果良好，实现了深挖结构安全稳定。

（4）冲沙槽引水沉砂冲沙。悖牛川河中小洪水发生次数多，泥沙含量较高。设置冲沙槽工程主要目的就是为解决工程正常运行期小洪水带来的泥沙入库淤积问题。

主河道疏浚整平后，为利于导流冲沙，设计冲沙槽底低于蓄水区滩面，常流量和小流量洪水都通过冲沙槽下泄，因此，冲沙槽将作为橡胶坝建成后河道的"主河槽"。

工程所在河段因受右岸山体的钳制，山体陡岸对河水流势起控导作用，能使主流长期在这里座弯，且常依附山体行洪很长距离而不脱流，水流与河槽相互制约，相互影响，形成相对稳定的河段。工业区在左岸，因此，将冲沙槽布置在河床右岸，入流条件比较稳定，而且蓄水区布置在河床左岸，同堤防景观改造工程结合，便于居民亲水休闲。

冲沙槽沿右岸山体坡脚布设，根据确定的塌坝流量130m³/s、冲沙闸闸孔过流能力和结构尺寸、上下游坝高等计算结果，确定槽底最小宽10.7m，沿河道纵向总长864m。

冲沙槽为定期冲洗式运行，设计最大冲沙流量130m³/s。上游来水量大于设计冲沙流量时，冲沙槽应在橡胶坝塌坝之前采用闸门全开敞冲沙下泄，待冲沙槽冲洗完毕后，洪水完全通过时方可关闭冲沙槽退水冲沙闸，冲沙槽开始沉沙运行，并结合橡胶坝充气情况，使冲沙槽进口水深重新达到设计工作水深要求。

5　运行情况

调蓄水池于 2012 年建成，将丰水期河道多余水量存蓄，并对泥沙进行沉淀处理，在枯水期将调蓄水池内水量供给工业区，保障工业区正常生产。经过多年的蓄水运行，蓄水水量稳定，水质清澈，满足工业区需水要求，为当地经济发展提供了保障；调蓄水池边坡结构安全、稳定，运行管理方便；调蓄水池及橡胶坝同时形成水面工程，改善了当地的环境。

工程运行状况良好，效果满意，是一项在陕北严重缺水地区以及多泥沙河流上采用新技术成功的工程。

蓄水池建设中

石窑店调蓄水池开挖情况

蓄水池竣工

石窑店调蓄水池竣工蓄水情况

橡胶坝竣工

6 获奖情况

该工程于 2017 年荣获陕西省第十八次优秀工程设计三等奖。

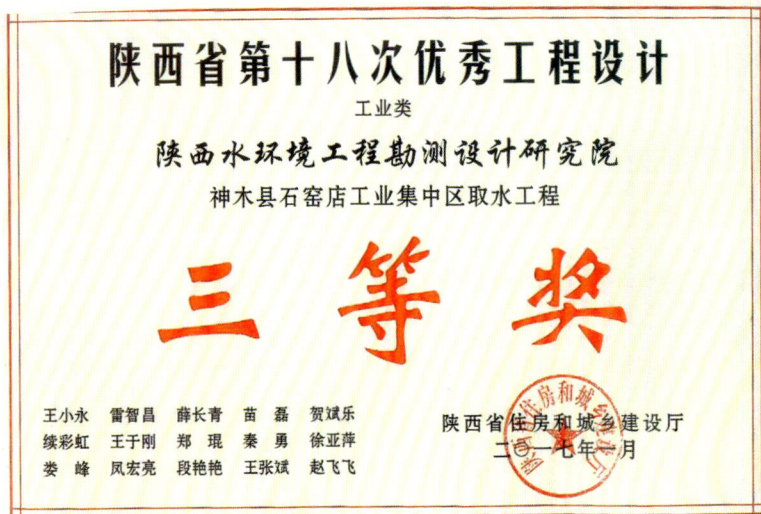